CIM: EL COMPUTADOR EN LA AUTOMATIZACIÓN DE LA PRODUCCIÓN

Andrés García Higuera
Fernando J. Castillo García

Ediciones de la Universidad
de Castilla-La Mancha
Cuenca, 2007

GARCÍA HIGUERA, Andrés
CIM, el computador en la automatización de la producción / Andrés García Higuera, Fernando J. Castillo García.– Cuenca : Ediciones de la Universidad de Castilla-La Mancha, 2007
272 p. ; 22 cm. - (Ciencia y Técnica ; 50)
ISBN10 84-8427-444-6 ; ISBN13 978-84-8427-444-5
1. Gestión de la producción 2. Fabricación integrada por ordenador 3. Robótica I. Castillo García, Fernando J. II. Universidad de Castilla-La Mancha, ed. III. Título IV. Serie
658.5
621-52:681.31
681.51

Edita: Servicio de Publicaciones de la Universidad de Castilla-La Mancha.
Directora: Carmen Vázquez Varela.

Colección CIENCIA Y TÉCNICA nº 50
1ª ed. Tirada: 500 ejemplares.

Diseño de la colección y de la cubierta: C.I.D.I. (Universidad de Castilla-La Mancha).

I.S.B.N. 10: 84-8427-444-6
I.S.B.N. 13: 978-84-8427-444-5
Depósito Legal: CU-0406-2006
Fotocomposición e impresión: Trisorgar, S.L.

Impreso en España - *Printed in Spain. (U.E.)*

A mi esposa Joaqui
y a mis hijas Ana y Victoria,
sin cuyas continuas interrupciones
escribir este libro habría resultado
una tarea mucho más aburrida.

A. G.

ÍNDICE

Prefacio

La rápida evolución experimentada por la industria informática está teniendo una gran repercusión en los sistemas de producción. Y es que, ante el gran aumento en la complejidad que acarrean las nuevas técnicas de gestión cada vez más dinámicas, la creciente demanda de información entre los diferentes eslabones de la cadena de suministro acaba irremisiblemente afectando a la cadena de fabricación.

Para hacer frente a la demanda de información sobre el estado de la producción en cada instante aparecen los "Sistemas de Producción Integrados por Computador" (CIM: Computer Integrated Manufacturing). Con estos sistemas se pretende utilizar la potencia de los computadores para hacer posible una integración total de los diferentes elementos de fábrica. Lo cual no quiere decir que se vaya a una agrupación o asimilación de elementos para hacerlos cada vez más grandes y complejos. La era de los grandes dinosaurios industriales ha quedado atrás.

Hoy en día, los sistemas pequeños, más rápidos y dinámicos, son más capaces de hacer frente a los continuos cambios del entorno. Para ello se requiere que sus componentes se encuentren perfectamente conectados de forma que puedan reaccionar mejor adaptándose unos a los nuevos requerimientos de otros; es la integración a la que se refiere el concepto de CIM. Igual que grandes manadas de pequeños mamíferos rápidos e inteligentes reemplazaron a los grandes dinosaurios, las grandes empresas con elevada producción tienden a estructurarse en pequeños elementos con un alto nivel de autogestión. Aunque siempre recurriendo a una gran capacidad de intercomunicación entre los elementos para que sus maniobras individuales en cada instante no les distancien de una estrategia global.

Hoy en día esta integración se ha de llevar aún más allá, de forma que la gestión de las diferentes líneas de producción o diferentes fábricas sea capaz de adaptarse de forma dinámica a las nuevas tendencias de los mercados y a las nuevas ofertas o exigencias de los proveedores.

En lo que sigue se va a dar una visión global de las nuevas estructuras que adquieren las empresas; principalmente las de producción. Se dedicará especial atención al análisis de los diferentes departamentos de empresa y su funcionamiento. Todo ello sin perder de vista la idea de la integración total del conjunto y comentando las herramientas que se utilizan para conseguirla.

Andrés García Higuera

1. UNA INTRODUCCIÓN AL CIM

1.1. INTRODUCCIÓN

La Producción Integrada por Computador CIM (Computer Integrated Manufacturing) es un concepto muy amplio puesto que reúne un gran número de tecnologías relacionadas con los computadores. Además, su implementación permite abordar el control de un entorno empresarial y de fabricación de gran complejidad. Este capítulo introductorio refleja este aspecto y establece la escena en que se integra esta materia. Los objetivos del capítulo son:

- Introducir el concepto de CIM mediante algunas definiciones.
- Explicar por qué las empresas están implementando CIM.
- Explicar los orígenes del CIM y dar ejemplos de integración.
- Mostrar cómo el CIM es parte de una gran revolución en la fabricación.
- Plantear ideas sobre las líneas actuales de evolución del CIM.

1.2. EL SIGNIFICADO Y ORIGEN DE CIM

Actualmente se está viviendo una etapa en que las tecnologías heredadas de la industria química y del área eléctrica convergen hacia un mismo punto; confundiéndose los aportes de ambas mientras se saca partido de la experiencia de cada una. Los computadores actuales, con procesadores muy rápidos y con capacidades gráficas avanzadas, permiten integrar en una misma máquina funciones de supervisión y control. Esto, unido a las potencialidades de los controladores actuales y las velocidad y seguridad de las redes de datos con nuevas tecnologías como la fibra óptica, dan lugar a arquitecturas a la vez poderosas y simples de configurar, poner en marcha y mantener.

El acrónimo CIM va a ser utilizado para referirse a "La integración de la información relativa a la administración de empresas, ingeniería, fabricación y gestión, que abarca todas las funciones de la compañía desde el análisis de mercado hasta la distribución del producto".

El amplio significado de CIM implica un objetivo a largo plazo. En muchas empresas el CIM se concentra inicialmente en la integración de la fabricación como un objetivo prioritario. De esta forma se relacionan las demás funciones con la fabricación; que puede ser considerada como el elemento central del CIM. Los tres principales elementos a considerar son:

- Procesos de planta (particularmente cuando son controlados por computador).
- La planificación de la ingeniería de fabricación de esos procesos.
- La planificación de la producción y control tanto de los procesos de planta como de los materiales utilizados.

Algunos autores han intentado capturar la esencia más amplia del CIM llamándolo Empresa Integrada por Computador CIE (Computer Integrated Enterprise). Otros han utilizado el término CIME (Computer Integrated Manufacturing Enterprise). Y también se ha utilizado en ocasiones el término CIME

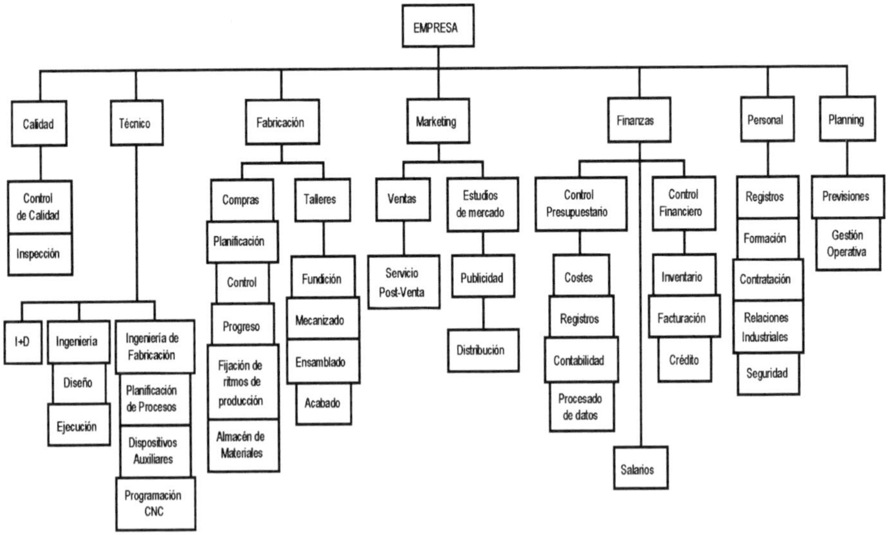

Fig. 1.1: La estructura jerárquica de las empresas

(Computer Integrated Manufacturing and Engineering). Solamente el término CIM se ha establecido como habitual; pero el concepto detrás de dicho término es tan amplio que puede significar cosas bastante distintas para diferentes grupos de trabajo.

Partiendo de la estructura jerárquica tradicional de una empresa como la que se muestra en la Fig. 1.1, es posible plantear unos modelos más elaborados; los cuales van a permitir mejorar el rendimiento de la empresa al favorecer una mayor integración entre los diferentes departamentos de la misma.

1.2.1. La rueda del CIM

Uno de los modelos que recoge el concepto de la integración total de todas las funciones de la empresa es la rueda del CIM (Fig. 1.2) de la "Sociedad de Ingenieros de Fabricación" (USA).

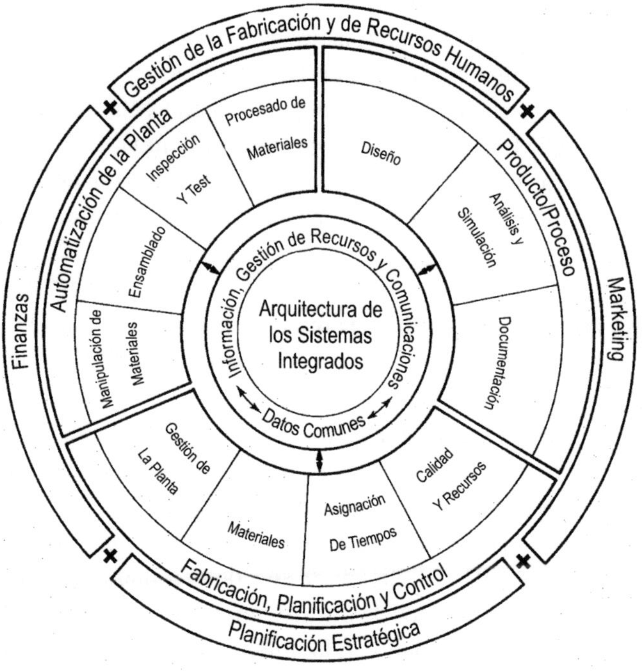

Fig. 1.2: La rueda del CIM

Ventajas:

- Enumera 21 aspectos de la operación de la compañía relacionándolos entre sí sobre un núcleo de "Arquitectura integrada de sistemas y administración de recursos de información".
- Enfatiza la totalidad de la integración y la necesidad de una arquitectura para proporcionar la integración y de una estrategia relacionada con la organización y administración de la información y de los datos de la compañía.

Inconvenientes:

- La función de la calidad ha pasado actualmente de ser una función separada a ser un nexo de unión entre todos los componentes de la organización. Esto ha sido reconocido por la aparición de la TQM (Total Quality Management) de forma que la rueda del CIM debería actualmente tener un círculo de calidad a su alrededor.
- La rueda del CIM omite las relaciones externas de la compañía con sus proveedores y clientes. Lo que en la actualidad supone una seria limitación pues estas relaciones se están potenciando extremadamente.

La rueda del CIM rompe con el concepto tradicional de la empresa compuesta por una jerarquía de departamentos. Sin embargo su aplicación principal se limita a una única empresa y, más aún, a una única planta de fabricación.

1.2.2. La pirámide de la automatización (o pirámide del CIM)

En entornos complejos como éste es frecuente recurrir a arquitecturas por niveles. En este caso se habla de la "pirámide de la automatización CIM" (Fig. 1.3), en la cual se identifican diferentes niveles dentro del proceso industrial. La existencia e interrelación entre los diferentes niveles es posible gracias a las redes de información y los grandes avances en los computadores. Los niveles jerárquicos que se describen a continuación no requieren de equipamiento necesariamente sofisticado y son desarrollados actualmente utilizando computadores personales de última generación y otros sistemas de control; poniéndose especial cuidado en la integración de todos los componentes entre sí.

Nivel 1: La base de la pirámide, el nivel elemental, está formada por toda la instrumentación y accionamientos de terreno; como sensores de nivel, temperaturas, variadores de velocidad, válvulas y otros. Esta instrumentación entrega sus señales hacia el nivel jerárquico superior o nivel 2.

Nivel 2: También conocido como control de célula. En dicho nivel se encuentran los PLC´s (dispositivos que se analizarán en detalle más adelante) y controladores, encargados de la regulación, el control de secuencias y los enclavamientos de seguridad y operación del proceso. Las señales llegan desde el nivel inferior vía alambrado o en algunos casos vía redes de comunicación dedicadas.

Nivel 3: Nivel de supervisión y adquisición de datos. Donde se recoge en tiempo real toda la información generada en el nivel de control, estados de proceso enclavamientos, variables asociadas a los lazos de control y otros. Las principales tareas de este nivel son la supervisión integral del proceso, la optimización de la operación y el mantenimiento preventivo. Es en este nivel donde se almacena en una base de datos la información del proceso. Un operador puede en todo momento generar las consignas para todos los lazos del proceso y verificar su funcionamiento.

Nivel 4: El nivel 4 es el nivel de administración de la producción. Permite la planificación de la producción, facilita la ingeniería de proceso, al dar a los responsables información global actualizada de todo el proceso productivo. En este nivel pueden identificarse tanto falencias como cuellos de botella u otros como fortalezas de las distintas etapas del proceso productivo. Todo esto se logra teniendo en este nivel, que está comunicado vía redes a los niveles 3 de una o más plantas, información en tiempo real. Los responsables de la planificación pueden optar en base a los stocks disponibles y pedidos de productos activar las diferentes etapas de la producción de manera coordinada, basándose en información que les está llegando directamente a su escritorio. El control de calidad puede llevarse a cabo de manera más eficiente, con información almacenada que puede revisarse cuando sea necesario.

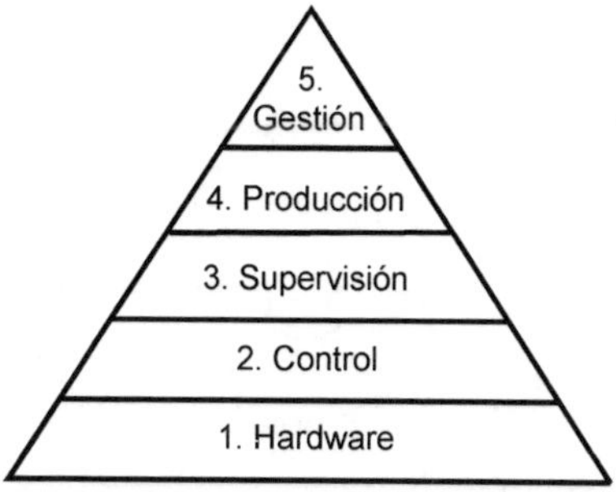

Fig. 1.3: Pirámide de automatización

Nivel 5: Este es el nivel de manejo corporativo. Permite la planificación corporativa, la administración de los recursos y la optimización de las finanzas. Todo esto se logra teniendo en este nivel, que está comunicado vía redes a los niveles 4 de una o más plantas, información en tiempo real de lo que está pasando globalmente. Así, en base a información actual los responsables del manejo corporativo de la empresa o grupo de empresas relacionadas pueden, de acuerdo a las políticas corporativas vigentes, enviar las señales correctivas a las diferentes empresas.

1.3. LA ESCENA CAMBIANTE DE LA FABRICACIÓN Y DE LA ADMINISTRACIÓN

Existen diferentes aproximaciones a la evolución de las compañías. Mientras que en occidente se evoluciona a escalones mediante la aplicación de nuevas tecnologías, en Japón se evoluciona poco a poco involucrando a los operarios. En cualquier caso la utilización de nuevos métodos y filosofías de producción da lugar a una mayor necesidad de integración a nivel de empresa.

Por otro lado la industria en la actualidad está evolucionando rápidamente a modelos de interconexión rápida y eficaz entre diferentes componentes de la cadena de suministro. El objetivo es que exista una comunicación mucho más estrecha entre proveedores y clientes y en este sentido están surgiendo nuevos conceptos en diferentes aspectos como los que se expondrán más adelante.

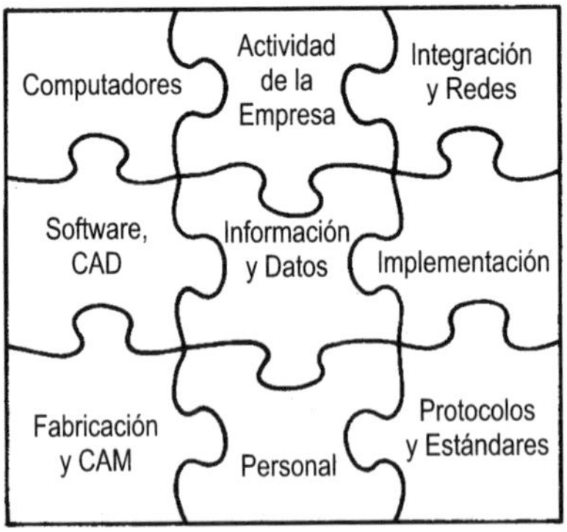

Fig. 1.4: El puzzle del CIM.

1.3.1. Evolución a nivel de empresa

La aplicación de nuevos elementos software como CAPP (Computer Aided Process Planning), MRP (Material Requirements Planning) y MRPII (Manufacturing Resource Planning) y la introducción de nuevas disposiciones de hardware como los FMS (Flexible Manufacturing Systems), junto con nuevos métodos de operación como TQM (Total Quality Management) han producido una gran evolución en las tecnologías de fabricación.

Esta evolución viene muy influenciada por la filosofía de fabricación JIT (Just In Time) que, para simplificar se puede decir que constituye el ideal al que pretenden aproximarse las empresas de fabricación. Aunque en realidad existen numerosas estrategias empresariales a las que el CIM viene a satisfacer.

La introducción del CAD/CAM/CAE (Computer Aided Design/Computer Aided Manufacturing/Computer Aided Engineering) junto con el CNC (Computer Numerical Control) ha aproximado a las compañías a ese objetivo final del JIT (Just In Time). Esto las ha llevado a plantearse la inclusión en la red informática que ya está presente en todo el proceso productivo de otros departamentos como los de calidad, estudios de mercado/ventas (marketing) y administración.

El CIM reúne diferentes aspectos del funcionamiento de la empresa, como en un puzzle. La "Implementación" constituye el proceso de unión de todas esas piezas, el acto de hacer el puzzle, aunque en la Fig. 1.4 se muestra la implementación como una pieza más para facilitar su representación.

1.3.2. Gestión Integrada de la Cadena de Suministro

Donde se empieza a hablar de APS (Advanced Planning and Scheduling - Planificación Avanzada) en el que la A puede también referirse a "Automated" (automatizado). La planificación y asignación de tiempos se hace ahora atendiendo a complejos métodos de previsión de la demanda, basados en datos procedentes de una mucho más estrecha relación con los clientes. Y esta planificación se hace además transparente a los proveedores facilitándoles así su propia planificación de forma que las entregas de material queden más aseguradas.

Hoy en día los sistemas de fabricación están experimentando la implantación de sistemas de SCM (Supply Chain Management o Gestión de la Cadena de Suministro); que integran a proveedores de materias primas, fabricantes, almacenes, centros de distribución y minoristas. Siguiendo el proceso gestionado por estos sistemas los productos son fabricados y entregados en la

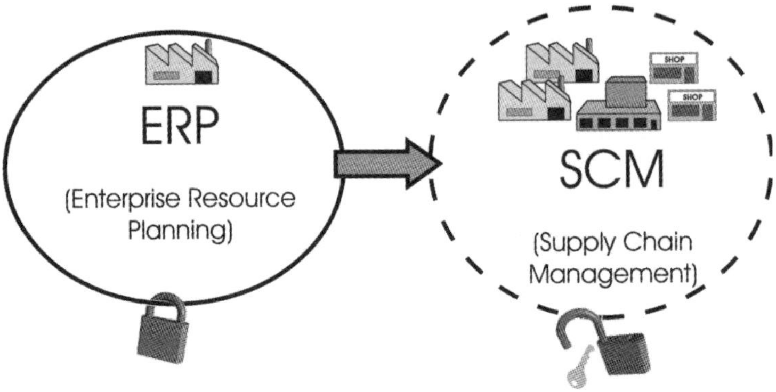

Fig. 1.5: ERP versus SCM

cantidad adecuada en el momento oportuno; a la vez que se minimizan costes y se satisfacen los requerimientos del cliente.

Cabe aquí destacar especialmente la diferencia de concepción entre ERP – dirigido a la empresa como entidad mayormente aislada – y SCM que tiene en cuenta al proceso completo de producción y suministro (Fig. 1.5).

Esta idea de colaboración e intercambio de información entre empresas viene recogida en el concepto de CPFR (Collaborative Planning Forecasting and Replenishment o Planificación, Previsión y Provisión Cooperativos entre empresas).

1.4. LA NECESIDAD DEL CIM

Existen diversas razones para la gran relevancia del CIM. Una puede ser que "ayuda a satisfacer la estrategia de negocio de la compañía". El CIM es un medio hacia un fin; el cual viene dado por la estrategia empresarial. La forma en la que el CIM ayuda a alcanzar este objetivo es compleja. A continuación se exponen algunas de sus actuaciones más significativas.

1.4.1. Presiones de la competencia

El CIM permite a las compañías hacer frente a las presiones de la competencia. Lo que se consigue reduciendo:

- Tiempo de puesta en el mercado – desde la introducción de un nuevo concepto en la fase de diseño hasta que el nuevo producto sale al mercado.
- Costes – la reducción de costes por unidad de producto puede implicar la reducción de materias primas o del tiempo que el operario dedica a esa unidad de producto.

- Inventario – también llamado costes de almacenamiento, la reducción puede venir dada por un menor espacio y por una simplificación del sistema de almacenamiento.

Esto se debe lograr a la vez que se aumenta:

- Calidad – tanto del producto como del servicio asociado.
- Respuesta al usuario – rapidez de respuesta e inclusión de cambios en el producto para satisfacer necesidades específicas.

Estas acciones vienen definidas por la aplicación de los conceptos de JIT (Just In Time) y TQM (Total Quality Management); de forma que el CIM se encarga de manejar toda la información que hace posible esa aplicación.

Ejemplo: concesionarios de automóvil con un terminal en el que el cliente puede ir seleccionando las diferentes opciones que quiere incluir en su vehículo. Algunos fabricantes ofrecen ya listas de opciones muy amplias. De forma que las preferencias del cliente pasan directamente a la línea de fabricación en la que se va a montar el vehículo deseado. El CIM se encarga de hacer esto posible a unos costes y con un plazo de entrega razonables.

1.4.2. Coordinación y organización de datos

Las empresas acostumbran a tener estructuras jerarquizadas como la que se mostró en la Fig. 1.1. El CIM ayuda a las compañías a adaptarse a los cambios en el mercado dinamizando las comunicaciones entre los diferentes departamentos. Esto se consigue por medio de sus bases de datos y sus redes de comunicación.

Existen cuatro clases de datos en la empresa:

- Cada grupo específico tiene sus propios datos funcionales, su propia información y conocimiento.
- Cada grupo genera datos sobre su funcionamiento relacionados con el producto, son los datos de producto.
- La empresa necesita de un flujo de datos para el control interno de sus operaciones, lo que toma la forma de planes o instrucciones, son los datos de operación.
- Es necesario realimentar información para informar del estado de las diferentes instrucciones: datos de funcionamiento.

Básicamente la empresa debe ser capaz de mantener una organización adecuada que le permita un funcionamiento dinámico y debe, además, gestionar su conocimiento relativo a sus productos. Algunas de las ventajas principales de la coordinación y organización de los datos de una empresa son:

- Eliminar papel y el coste asociado a su uso.

- Automatizar la comunicación dentro de la factoría y aumentar su velocidad.
- Facilitar la ingeniería simultánea.
- Mejorar el rendimiento obtenido de la amplia presencia de computadores personales en la empresa.
- Necesidad de transferir información entre diferentes computadores, lo que ha originado una gran demanda por los sistemas abiertos.

1.5. CONSIDERACIONES ADICIONALES

Seguidamente se van a introducir una serie de consideraciones que vienen afectando la propia definición del CIM y de su alcance.

1.5.1. Significado de "integrado"

La palabra "integrado" puede tener diferentes significados (Fig. 1.6, Fig. 1.7). Una máquina herramienta puede tener integradas diversas funciones, como taladrado y fresado. Pero esta misma máquina puede también estar integrada en el sentido de encontrarse unida a una célula de fabricación flexible (FMS) con la que intercambia información. Una FMS puede integrar una fresadora y una taladradora, que pasan así de ser máquinas separadas a formar parte de una misma unidad.

La integración a la que hace referencia el CIM se parece más a la presente en la FMS. El CIM une diferentes elementos que mantienen su forma original. Pero además el CIM puede integrar diferentes sistemas tales como:

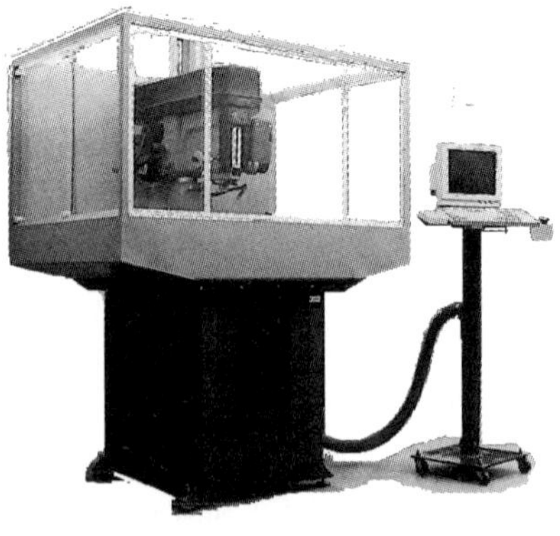

Fig. 1.6: Integración: una única máquina que integra diferentes funciones

Fig. 1.7: Integración: diversas máquinas para formar un sistema flexible de fabricación

- Redes de computadores.
- Software de sistemas informáticos.
- Procesos de negocio, actividades y tareas.
- Toda la información de la compañía por medio de bases de datos.
- Procesos y actividades de fabricación, por medio de redes.

1.5.2. Comunicaciones externas

Se ha llegado a hablar del CIM como la integración de sistemas dentro de una misma empresa. Pero actualmente las empresas tienen una gran dependencia de sus proveedores y de sus clientes (que pueden se otras empresas). Esto se acentúa más cuando se persigue el objetivo de la fabricación JIT (Just In Time), donde el almacenamiento tanto de productos como de piezas es muy reducido.

Por tanto la empresa debe ser capaz de intercambiar información con sus proveedores a través de lo que se ha llamado EDI (Electronic Data Interchange).

La demanda de transmisión electrónica entre compañías se ha extendido a la información sobre los productos a fabricar, cuyas especificaciones deben ahora incluirse en sistemas de CAD. El intercambio de datos relacionados con el CAD es mucho más complejo que el simple intercambio de órdenes de compra y facturas. Además las empresas requieren una rapidez de respuesta cada vez mayor de sus proveedores ante modificaciones hechas en el producto demandado.

1.5.3. Islas de automatización y software

Las máquinas de control numérico constituyen islas de fabricación que se pueden unir entre sí para constituir células flexibles de fabricación. Pero estas máquinas siguen teniendo una identidad por sí mismas y están capacitadas para realizar una tarea fuera de ese entorno de la célula flexible. Cuando se han utilizado computadores para automatizar una máquina se consigue una combinación que se conoce como isla de automatización.

De la misma manera puede existir una unidad de software que se utiliza en un único computador y que permite por sí misma desarrollar una determinada tarea; se habla entonces de una isla de software.

En los años 60 la programación dirigida a la fabricación asistida por computador implicaba dos etapas separadas: la generación de ficheros de programa para la máquina herramienta a partir de los planos de la pieza y un post-procesado completamente separado que preparaba ese programa para su utilización por medio de la máquina.

En los años 80 este proceso se vio dinamizado gracias a la utilización de los sistemas de CAD en conjunción con sistemas de generación de programas de máquina (Fig. 1.8). En este punto se ha ido evolucionando hacia un enlace directo entre ese diseño CAD, la generación de programas NC y su descarga a la máquina.

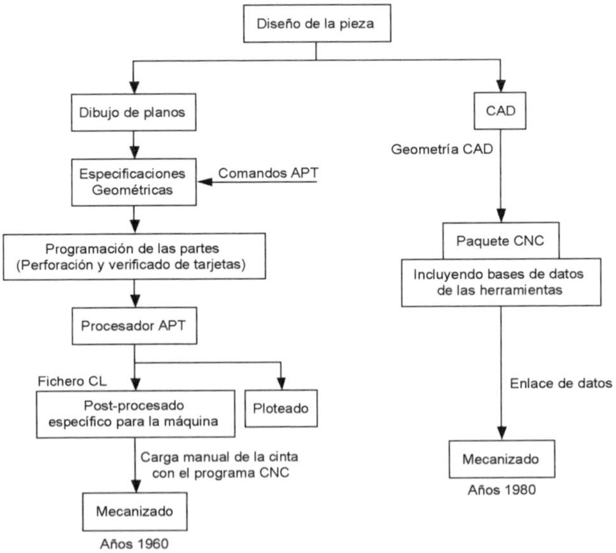

Fig. 1.8: Desarrollos en la generación de programas NC

En la actualidad se está comenzando a considerar la integración de este proceso de fabricación a partir del diseño con información procedente de sistemas externos. Estos sistemas externos pueden ser capaces de aportar datos como especificaciones del material a procesar – datos proporcionados por servidores habilitados por los proveedores de materia prima o partes preprocesadas – o posibilidades de las herramientas y aparatos – proporcionados por sus suministradores.

1.5.4. Sistemas dedicados y sistemas abiertos

En términos de comunicación el contrario de dedicado es abierto, mientras que en términos de automatización lo contrario de dedicado es flexible. Los sistemas abiertos posibilitan la comunicación entre diferentes computadores. Están basados en interfaces neutrales, es decir, no dedicados. Los sistemas tradicionales basados en islas de automatización y de software cumplían razonablemente bien con sus objetivos puesto que solo una pequeña parte de cada sistema había de ser abierta.

La introducción del concepto de la portabilidad del software con la utilización de lenguajes de alto nivel ha venido también a ayudar a la estandarización necesaria para el desarrollo de los sistemas abiertos. Algo similar es lo que se necesita en CIM.

1.5.5. Protocolo de automatización de la fabricación (map)

O Manufacturing Automation Protocol (MAP).

Los fabricantes de sistemas informáticos han desarrollado sus propios productos intentando hacerse con su cuota de mercado. De forma que el mercado ha actuado como una fuerza que se ha opuesto a la estandarización en lugar de facilitarla.

De esta forma las empresas que disponen de estos sistemas informáticos pueden contar con arquitecturas muy distintas y con software totalmente incompatible.

Las grandes empresas de fabricación (como las del sector del automóvil) están realizando grandes inversiones en automatización y en la integración de sus diferentes sistemas informáticos. De forma que estos grandes consumidores de sistemas informáticos están ejerciendo una presión muy fuerte para buscar la estandarización adquiriendo únicamente aquellos sistemas que pueden comunicarse con otros.

Así surgió el lanzamiento de la iniciativa MAP (Manufacturing Automation Protocol), el uso de sistemas abiertos y el movimiento hacia la empresa integrada (iniciativa de GM). Otras empresas como Boeing se han interesado especialmente por la comunicación de información basada en sistemas de diseño CAD y otros tipos de información técnica entre diferentes computadores, frecuentemente pertenecientes a distintas empresas. De esta forma surgió el TOP (Technical Office Protocol).

1.6. CONCLUSIÓN

El CIM es un concepto muy amplio que agrupa diversas estrategias empresariales y de fabricación. La aplicación del CIM comienza por la integración de la planta y en la actualidad se está encaminando hacia la integración total de la empresa para en un futuro abarcar la cadena de suministro completa.

En este capítulo se ha introducido el concepto de CIM mediante algunas definiciones y se ha analizado el significado de "Integración". También se han presentado a discusión las condiciones en el entorno industrial y de fabricación que están presionando para su aplicación. Además se ha presentado la principal línea de evolución del CIM tendente a alcanzar una integración a gran escala que abarque toda la cadena de suministro; lo que ha dado pie a la presentación de conceptos como el EDI (Electronic Data Interchange).

2. LA EMPRESA

2.1. INTRODUCCIÓN

En el capítulo anterior se vio como una empresa maneja una serie de datos relacionados con cada área de la misma y que deben ser utilizados por varios departamentos de manera secuencial o simultánea.

En este capítulo se presentará una definición básica de empresa y se hará una clasificación de los tipos de empresas existentes, poniendo especial énfasis en la empresa de fabricación. A continuación se explicará cuales son las actividades básicas de la empresa manufacturera en relación al producto de fabricación. Además, se explicará cuál es la organización estructural básica de la empresa dedicada a la fabricación así como las operaciones de planta más importantes que se realizan. Más tarde, se explicará en qué consiste un sistema de producción y su clasificación desde el punto de vista de la fabricación del producto y de cómo se satisface la demanda.

2.2. DEFINICIÓN Y TIPOS DE EMPRESA

Desde un punto de vista general, se puede definir la empresa como *una organización de recursos humanos, materiales y financieros que ofrecen productos y/o servicios.* Aunque existe una gran cantidad de tipos de empresas a lo largo de los diferentes sectores principalmente se pueden clasificar en tres grandes grupos (Tabla 2.1):

a) Industriales: la actividad primordial de este tipo de empresas es la producción de bienes mediante la transformación y/o extracción de materias primas. Las industrias, a su vez, son susceptibles de clasificarse en:

- Extractivas: cuando se dedican a la explotación de recursos naturales, ya sea renovables y no renovables. Ej.: empresas pesqueras, madereras, mineras y petroleras, etcétera.
- Fabricantes: (o de fabricación) son empresas que transforman las materias primas en productos terminados, y pueden ser de dos tipos:
    - Empresas que producen bienes de consumo final: producen bienes que satisfacen directamente la necesidad del consumidor. Ej.: productos alimenticios, prendas e vestir, aparatos y accesorios eléctricos, etcétera.
    - Empresas que producen bienes de producción: estas empresas satisfacen preferentemente la demanda de las industrias de bienes de consumo final. Ej.: industrias productoras de papel, maquinaria pesada, materiales de construcción, productos químicos, maquinaria ligera, etcétera.

b) Comerciales: son intermediarias entre productor y consumidor, su función principal es la compra-venta de productos terminados y pueden clasificarse en:
- Mayoristas: cuando efectúan ventas en gran escala a otras empresas (minoristas) que a su vez distribuyen el producto al consumidor.
- Minoristas o detallistas: las que venden el producto al menudeo o en pequeñas cantidades al consumidor.
- Comisionistas: se dedican a vender mercancía que los productores les dan a consignación, percibiendo por esta función una ganancia o comisión.

c) Servicios: como su denominación lo indica, son aquellas que brindan un servicio a la comunidad y pueden o no, tener fines lucrativos y pueden clasificarse en función del sector en el que suministren el servicio: transporte, turismo, servicios públicos, educación...

Este capítulo se centrará fundamentalmente en la *empresa industrial de fabricación*, aunque sin olvidar totalmente los otros tipos de empresas mostrados.

Tipos de Empresas					
Industriales		**Comerciales**			**Servicios**
Extractivas	Fabricantes	Mayoristas	Minoristas	Comisionistas	Según servicio

Tabla 2.1: Tipos de Empresa

2.3. ACTIVIDADES DE UNA EMPRESA DE FABRICACIÓN

En el apartado anterior se dijo que una empresa de fabricación (fabricantes) es aquella que transforma las materias primas en productos terminados en este apartado se va a profundizar algo más en este concepto. La Fig. 2.1 muestra las principales actividades relacionadas con el producto dentro de una empresa. La mayoría de las flechas en el diagrama representan flujo de información, aunque las de la parte inferior también representan movimiento del producto. En la mayoría de los casos es conveniente una realimentación de la información por lo que la mayoría de las flechas deben considerarse como bidireccionales.

El diagrama tiene dos finales en su parte inferior, estos representan dos clases principales de productos, bienes de consumo y de capital. Los bienes

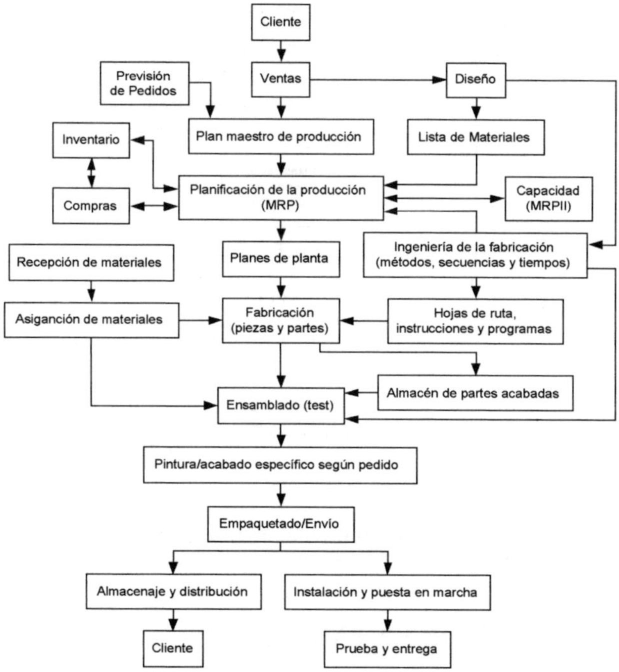

Fig. 2.1: Actividades de una empresa de fabricación

de consumo generalmente salen de la fábrica listos para su distribución. Los bienes de gran capital (como un turbo-alternador) no se tienen porqué finalizar en la propia planta, pero antes de su entrega es necesario realizar diversas pruebas y ensayos para demostrarle al cliente el funcionamiento satisfactorio (véase clasificación de las empresas de fabricación en el aparatado anterior). Los flujos de información de estos bienes son, naturalmente, diferentes al final de sus secuencias de fabricación. La Fig. 2.1 no pretende ser muy detallada, tan sólo pretende dar una idea de las actividades de la compañía. También hay que tener en cuenta que no se han considerado importantes actividades financieras y administrativas.

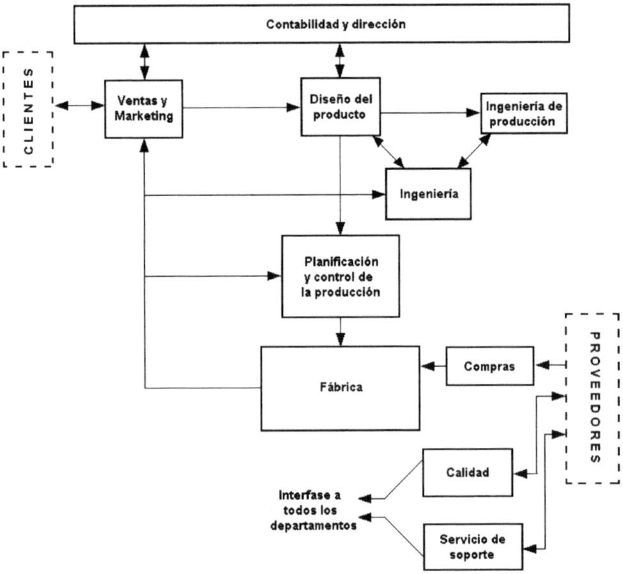

Fig. 2.2: Organización de una empresa

2.4. ORGANIZACIÓN DE LA EMPRESA

La organización tradicional en una empresa de fabricación se puede resumir con el esquema que se muestra en la Fig. 2.2. A continuación se enumerarán los principales departamentos mostrados en el esquema de dicha figura, explicando cuál es su misión principal, sus funciones internas y la interfase con otros departamentos y elementos que forman partc del esquema organizativo de la empresa.

2.4.1. Contabilidad y Dirección

Su misión principal es establecer los objetivos globales de la empresa. Entre sus funciones directas se encuentran las financieras y la planificación a medio y largo plazo.

Dentro de sus funciones financieras se pueden distinguir la gestión de capitales, la planificación financiera, el análisis financiero y la planificación estratégica. Además es responsable de la contabilidad general y la contabilidad de costes y gestiona el libro mayor y las cuentas con los clientes y proveedores.

2.4.2. Ventas y marketing

El departamento de ventas y marketing de una compañía opera a dos niveles, como la interfase con el mercado (función de marketing) y la interfase con consumidores existentes y potenciales (ventas). Las funciones realizadas por este departamento incluyen investigaciones de mercado, análisis de ventas, publicidad, gestión de personal de ventas, etcétera. Los canales típicos de comunicación dentro de este departamento se muestran en la Fig. 2.3.

Las actividades asociadas a la venta de los productos son parte del departamento de marketing y se ocupa de los clientes y sus pedidos. Incluye la venta, la tramitación de los pedidos y el envío de la mercancía. Puede además tratarse de productos genéricos o bajo pedido.

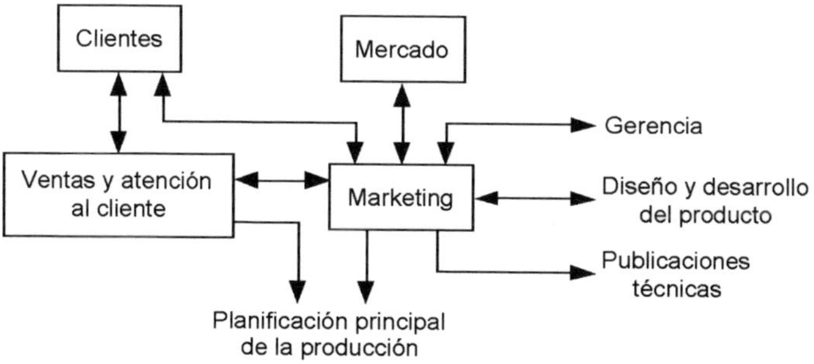

Fig. 2.3: Comunicaciones de marketing y ventas

Las empresas que fabrican productos con una cierta sofisticación técnica deben ser capaces de dar asistencia técnica y de puesta en marcha así como demostraciones del buen funcionamiento del producto. Esto implica la necesidad de una mayor sofisticación del departamento de marketing.

De esta forma el departamento de marketing utiliza grandes cantidades de datos textuales y gráficos así como bases de datos con facilidades para su análisis.

Además actualmente los pedidos pueden realizarse de forma electrónica. E-comercio que viene a aumentar la complejidad e importancia de este departamento y la complejidad que el manejo de su información puede representar.

2.4.3. Diseño del Producto

Diseño del producto y de sus partes, análisis de componentes y de materiales disponibles. Diseño con herramientas CAD/CAE. Los departamentos se diseño viene utilizando cada vez con mayor frecuencia software de manejo de documentos para mantener actualizado el flujo de documentos y su estado de elaboración. Esto resulta cada vez más necesario debido a los nuevos requerimientos de calidad y seguridad. Los cambios en los productos han de ser totalmente documentados y transmitidos a los diferentes departamentos de forma, por ejemplo, que el departamento de marketing pueda informar a los clientes.

Las salidas de este departamento incluyen especificaciones de producto, listas de partes y materiales, dibujos (o datos CAD), texto y mensajes. Éstas están dirigidas inicialmente al control de la ingeniería de producto y de procesos productivos.

2.4.4. Ingeniería

Las funciones de ingeniería de una empresa pueden ser divididas en diversas actividades como se indica en la Fig. 2.4. Cada una de estas actividades cuenta con sus propias herramientas software y tiene sus propias necesidades de comunicación.

• Investigación y Desarrollo de Nuevos Productos: en los actuales mercados con gran nivel de competencia los productos han de renovarse con gran rapidez. Se deben investigar nuevos materiales, nuevos diseños y nuevos métodos productivos. Se deben realizar simulaciones, prototipos y ensayos. La información necesaria para todo este proceso comprende gestión de datos en tiempo real y complejo software de análisis, grandes cantidades de informes con textos, imágenes, gráficas e incluso vídeo. La información asociada puede proceder de fuentes externas como universidades, librerías, oficinas de patentes, informes de laboratorios, etcétera.

• Ingeniería de Producción: productos nuevos y mejorados pueden requerir nuevos métodos de producción. Además los productos existentes pueden beneficiarse de nuevas técnicas de producción para reducir costes de fabricación. La empresa debe investigar constantemente y ser capaz de adquirir y administrar datos sobre procesos productivos. Este departamento crea especificaciones de control de procesos, rutas de fabricación, operación de la planta y programas de control numérico para máquinas CNC. Se encarga además de la selección de métodos y herramientas de fabricación. Los paquetes de CAPP (Computer Aided Process Panning) han venido a ayudar en este tipo de tareas y en el análisis de la influencia de los procesos en la calidad del producto se han utilizado sistemas expertos. A los sistemas tradicionales de fabricación se les han ido añadiendo progresivamente células de fabricación flexibles, robots, cintas transportadoras y sistemas integrados de fabricación. Todos estos son elementos gobernados por computadores. La ingeniería de fabricación recibe entradas del diseño y desarrollo del producto así como datos estadísticos sobre el funcionamiento de la planta. Las principales salidas van hacia la operación de la planta.

Fig. 2.4: Comunicaciones en Ingeniería

2.4.5. Planificación y Control de la Producción

El departamento de Planificación y Control de la Producción (MPC) es uno de los más importantes en una empresa de fabricación. Entre sus funciones principales convierte los planes de dirección en instrucciones de fabricación llevando a cabo lo que comúnmente se denomina "Plan Maestro de Producción" (MPS), así como la realización de la planificación detallada del requerimiento de materiales (MRP) y el estudio de capacidades para realizar un plan global y que permita ejecutar los planes, planificando actividades y coordinando las compras. Dada su importancia se volverá sobre las funciones de este departamento a lo largo de este escrito.

2.4.6. Fábrica

En ella se realiza la planificación de los trabajos e informes, el movimiento de materiales, los procesos de fabricación, el control de procesos en planta y el control de calidad.

2.4.7. Compras

Implica la selección de proveedores y el manejo de solicitudes y órdenes de compra para partes y materiales. Entre las entradas internas se encuentran los requerimientos de material procedentes de la planificación de material así como demandas de material JIT (Just-in-time) procedentes de las operaciones de la planta. Las entradas externas pueden incluir hojas de embarque y de entrega de los suministradores. Las salidas para los proveedores incluyen contratos, planificaciones, dibujos, órdenes de compra, recepcionado y solicitudes de listados y de especificaciones de partes y de procesos. Muchas empresas pueden utilizar intercambio electrónico de información con sus proveedores.

2.4.8. Servicios de Soporte

Se encarga fundamentalmente de la seguridad, de las tareas del personal de mantenimiento, recursos humanos y del mantenimiento de los ordenadores y equipos.

2.4.9. Calidad

El departamento de calidad está convirtiéndose en uno de los más importantes dada la creciente demanda de sus servicios. El alto grado de competencia que se está alcanzando en la actualidad supone un menor margen para errores; los productos han de responder fielmente a las especificaciones y para ello estas deben encontrarse claramente identificadas. Igualmente deben fijarse las diferentes pruebas a realizar sobre los productos y servicios que se ofrecen a los clientes; así como a los materiales de entrada.

2.5. OPERACIONES DE PLANTA

En el apartado anterior se ha descrito cual es la estructura organizativa de una empresa de fabricación. Entre los distintos departamentos vistos se ha explicado cuál es el flujo de información existente entre ellos. En este apartado se describirán algunas de las operaciones de planta más importantes en la empresa manufacturera.

Estas operaciones de planta se desarrollan en los departamentos descritos anteriormente (ver Fig. 2.2) y algunas de ellas son interdepartamentales, es decir, se comienzan en algún departamento y se desarrollan o finalizan en otros. A continuación se describen algunas de estas operaciones básicas explicando cuál es la relación departamental o interdepartamental en cada una de ellas.

2.5.1. Administración y control de la producción

Esta sección se encarga de los suministros necesarios para el micro-nivel de funciones de planificación dinámicas para todas las operaciones de la planta en las células de trabajo, área funcional o pie de planta asignando prioridades, personal y maquinaria. Además de las actividades directamente relacionadas con la fabricación, otras actividades incluyen la administración del transporte a pie de planta, asignación de material y control de las entregas. Además de la entrada de planes del *departamento de planificación y control de la producción* recibe datos en tiempo real realimentados del proceso de fabricación y ensamblado. Las salidas incluyen planificaciones detalladas y prioridades que se utilizan para administrar operaciones a pie de planta (*departamento de fábrica*).

2.5.2. Recepción de materiales

Esta función incluye la aceptación y seguimiento de los bienes, materiales, suministros y equipos procedentes de suministradores de procesos o de subensamblado o de otros lugares dentro de la misma planta (*departamento de fábrica)*. Las entradas de datos incluyen la recepción de informes y avisos de órdenes de compra (*departamento de compras)*. Las salidas incluyen los avisos e informes sobre recibos con documentación apropiada para los servicios de compras y de control de la producción, así como el encaminado de los materiales hacia su destino específico dentro de la compañía. También se envían datos a los *departamentos de contabilidad y dirección*, *compras* y *planificación y control de la producción.*

2.5.3. Almacenaje e inventario

Se asegura de que los materiales se almacenan adecuadamente y que son accesibles desde los puntos adecuados de producción. Los materiales pueden incluir materias primas, partes, suministros, productos inacabados y finales así como material de soporte a la producción y equipamientos tales como herramientas y soportes. Este equipamiento es mejor almacenarlo de forma separada de los materiales y partes asociados con la producción. Las funciones del almacenamiento incluyen identificación de los elementos tales como tarjetas de almacén, gestión de ubicaciones en el almacén, procesado de extracciones parciales y su gestión así como la planificación de ciclos de inventario y recuentos. Las entradas de esta sección incluyen pedidos de almacenamiento y selección procedentes de las funciones de planificación de la gestión de la producción (*departamento de planificación y control de la producción*). Las salidas incluyen notificaciones de pedido y de recepción para su uso en gestión de la producción y contabilidad (*departamento de compras y departamento de contabilidad y dirección*).

2.5.4. Procesos de fabricación

Sus principales funciones incluyen la administración de todos los procesos de producción, el procesado de materiales, la fabricación de partes, el reprocesado de componentes y ensamblado de productos finales. La tendencia actual en los procesos de mecanizado, fabricación y ensamblado es la de emigrar hacia procesos más continuos con el objetivo de conseguir mínimo inventarios intermedios. Las aproximaciones utilizadas para conseguir este flujo continuo son los sistemas flexibles de fabricación, fabricación celular, fabricación bajo pedido (JIT) y la aplicación de tecnología de grupo. Desgraciadamente, en muchos casos, los sistemas han sido implementados para ser autónomos sin fijarse en otras funciones o actividades.

Las necesidades de manejo de información dentro de los procesos de fabricación pueden incluir datos analógicos y digitales, texto, gráficos, geometría incluyendo programas de CNC y otros programas de aplicación. El procesado de esta información puede requerir respuestas muy rápidas. Las entradas a este área incluyen documentos de taller (*departamento de fábrica*), instrucciones de operador, planificaciones de la administración de la producción así como programas CNC de la ingeniería de fabricación.

Las salidas consisten en pedidos de herramientas y materiales, peticiones de mantenimiento de máquinas (*departamento de soporte*), pedidos de trasferencia de material (*departamento de fábrica*), informes de producción (*departamento de planificación y control de la producción*) y paradas para la administración de la producción, informes sobre trabajos y tareas realizados para contabilidad y nóminas e informes estadísticos de procesos para administración de la producción y desarrollo de procesos.

2.5.5. Test e inspección

Estas actividades son ahora únicamente una parte de la filosofía de gestión de la calidad total que debe comprender todas las actividades de una compañía no únicamente las operaciones de la planta. El identificar la calidad como una actividad separada puede, por tanto, no ser lo más apropiado. Sin embargo el test de productos y elementos para asegurarse de que satisfacen las especificaciones es una de las actividades del control de calidad a pie de planta. Esto incluye análisis e informes de resultados de los mismos de forma rápida para evitar que se siga produciendo en malas condiciones. Los tests de calidad y las especificaciones de producto son entradas procedentes de ingeniería. Las salidas incluyen inspección de productos fabricados y resultados de los tests de productos para administración de la producción y calidad. Los datos sobre piezas defectuosas y partes desechadas pueden ser enviados a desarrollo de la fabricación y mantenimiento de la planta (*departamento de Calidad*).

2.5.6. Transferencia de los materiales

Esto implica el movimiento de materiales, herramientas, partes y productos hacia las áreas funcionales de la planta. Estas actividades pueden ser manuales; semi-automáticas, utilizando carretillas elevadoras, camionetas o cintas transportadoras; o completamente automatizadas, utilizando lanzaderas, cintas transportadoras automatizadas, AGV's (Automated Guided Vehicles) e incluso tubos neumáticos. El manejo del material puede implicar pérdida de tiempo y ocasionar pérdidas y daños de forma que una fuena filosofía de operación es la de reducir el manejo del material. Las entradas a esta función pueden ser simples peticiones de manejo de material (*departamento de fábrica*). Pueden ser manuales o generadas por el sistema de planificación (*departamento de planificación y control de la producción*). Las salidas incluyen la notificación de movimientos completados a administración de la fabricación.

2.5.7. Embalado, carga y envío

Esta operación viene al final de la secuencia de fabricación. Sostiene el movimiento del productos hacia los consumidores, distribuidores, almacenes u otras plantas. Entre sus actividades se encuentra la selección del medio y la ruta de envío, composición de cargas para preparar contenedores o para satisfacer a los consumidores y a los transportistas, preparación de órdenes y listas de embarco así como notificación de envíos y devolución de productos a los proveedores. La entrada principal procede del servicio de pedidos e incluye el producto, método y fecha de envío (*departamento de compras*). Las salidas incluyen la notificación de fechas de envío a los servicios de pedidos, facturación y contabilidad (*departamento de contabilidad y dirección*).

2.5.8. Servicios y mantenimiento de la planta

La función de esta actividad consiste en asegurar la disponibilidad de equipamiento e instalaciones necesarias para la producción. Las categorías de mantenimiento incluyen rutinas, planes y emergencias así como los servicios de prevención e inspección. Muchos de los usuarios avanzados actuales de sistemas están evolucionando hacia el uso de herramientas de diagnóstico basadas en sistemas expertos que reducen tiempos de paradas. Las entradas, o peticiones de mantenimiento, pueden ser iniciadas por el personal de la planta, los sistemas de mantenimiento e inspección o sistemas de monitorización del proceso y equipos (sistemas SCADA).

Las salidas incluyen peticiones de compra o mantenimiento, planes de mantenimiento de uso en administración de la producción, pedidos de equipos procedentes de ingeniería de servicios y notificaciones de costes relativos a los trabajos de mantenimiento para contabilidad de costes. El mantenimiento también necesita llevar registros de mantenimiento y operacionales para todos los equipos utilizados en la planta. Los servicios a pie de planta mantienen la factoría provista de los servicios necesarios para la producción tales como energía, agua y aire comprimido. Realizarán la gestión de estos servicios así como la relativa a la seguridad de la planta, control ambiental, mantenimiento en campo y la instalación de computadores y sistemas de comunicación.

Los servicios de mantenimiento y planta son importantes para todas las compañías pero sus necesidades de gestión de datos pueden ser abordadas de forma relativamente independiente de las necesidades de gestión de datos de la compañía. La gestión y planificación del mantenimiento puede necesitar muchas de las actividades discutidas para los productos. Por ejemplo, el mantenimiento puede requerir el diseño de repuestos de planta, fabricarlos en sus propios talleres, etcétera. Sin embargo, estas actividades se desarrollan por lo general de forma independiente al resto de las actividades de la compañía (*departamento de soporte*).

2.6. SISTEMAS DE PRODUCCIÓN

Se puede definir un sistema de producción como aquel que partiendo de uno o varios de los siguientes *inputs*:
- Materia prima.
- Bienes de equipo.
- Herramientas de producción.
- Energía.
- Trabajo.

añade valor a un producto inicialmente incompleto. En la Fig. 2.5 se muestra el esquema de un sistema de producción:

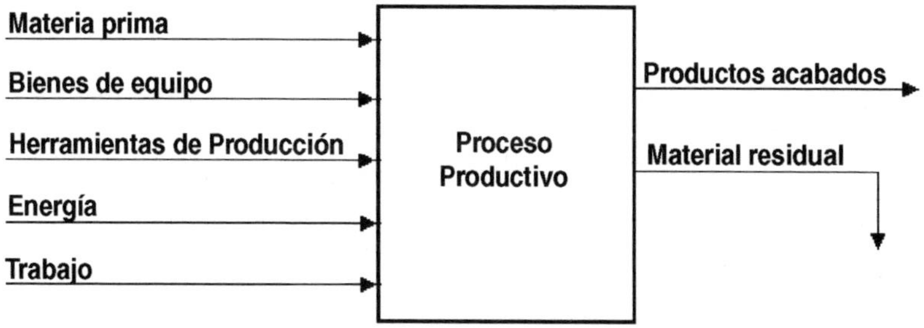

Fig. 2.5: Esquema general de un sistema de producción

La clasificación de los sistemas de producción puede realizarse principalmente en base a dos criterios:
- Cómo se fabrica el producto con el sistema de producción.
- Cómo se satisface la demanda con una estrategia de producción.

Atendiendo al primero de los criterios, es decir, a la clasificación en función de cómo se fabrica el producto con el sistema de producción, estos se clasifican en:
- Proyecto.
- Job shop.

- Repetitivo.
- Línea.
- Continuo.

Atendiendo a como se satisface la demanda con una estrategia de producción, que depende del tiempo de producción y del tiempo de espera del cliente, se tienen los siguientes sistemas de producción:

- Ingeniería bajo pedido (ETO).
- Fabricación bajo pedido (MTO).
- Ensamblado bajo pedido (ATO).
- Fabricación en stock (MTS).

En la Fig. 2.6 se muestra un esquema que muestra estos tipos de sistemas productivos y sus tiempos de fabricación.

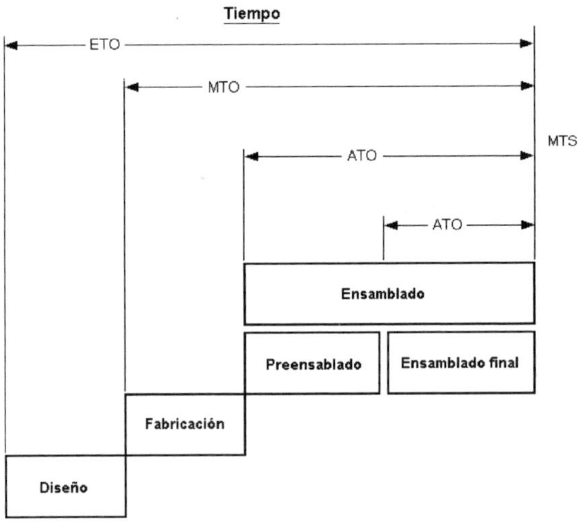

Fig. 2.6: Sist. de producción según cómo se satisface la demanda

2.7. CONCLUSIÓN

En este capítulos se han descrito los diferentes tipos de empresa y se ha realizado un análisis algo más detallado de aquellas dedicadas a la fabricación. Para estas empresas se han descrito los diferentes departamentos que las constituyen y se ha realizado un breve repaso a las funciones más significativas de cada uno de ellos.

3. MODELOS DE SISTEMA CIM Y SU IMPLANTACIÓN

3.1. INTRODUCCIÓN

En el capítulo anterior se analizaron las diferentes tareas que se han de llevar a cabo en las empresas de fabricación así como la división en departamentos encargados de realizar esas tareas concretas. En este capítulo se verá cuales son los diferentes modelos de CIM desarrollados por diferentes foros con objeto de mejorar la integración entre departamentos. Por último se comentarán diferentes técnicas encaminadas a facilitar la implantación de los diferentes modelos CIM.

3.2. MODELOS DE SISTEMAS CIM

A continuación se exponen algunos de los primeros modelos CIM desarrollados por distintas empresas y que son considerados como pioneros dentro del CIM:

- Modelo IBM.
- Modelo NIST-ASF.
- Modelo SIEMENS.
- Modelo DIGITAL.
- Modelo ESPRIT-CIM-OSA.

3.2.1. Modelo IBM

El modelo IBM se consideró como pionero en el campo del CIM aunque no era un modelo CIM general. Comenzó con el desarrollo de COPICS (communication-oriented production information and control system) en los años 70 y promocionaba sus propias soluciones a nivel hardware y software. En la Fig. 3.1 se muestra el esquema general de las operaciones básicas realizadas en cada etapa de ejecución del plan maestro, operativo y de ejecución en el modelo CIM propuesto por IBM.

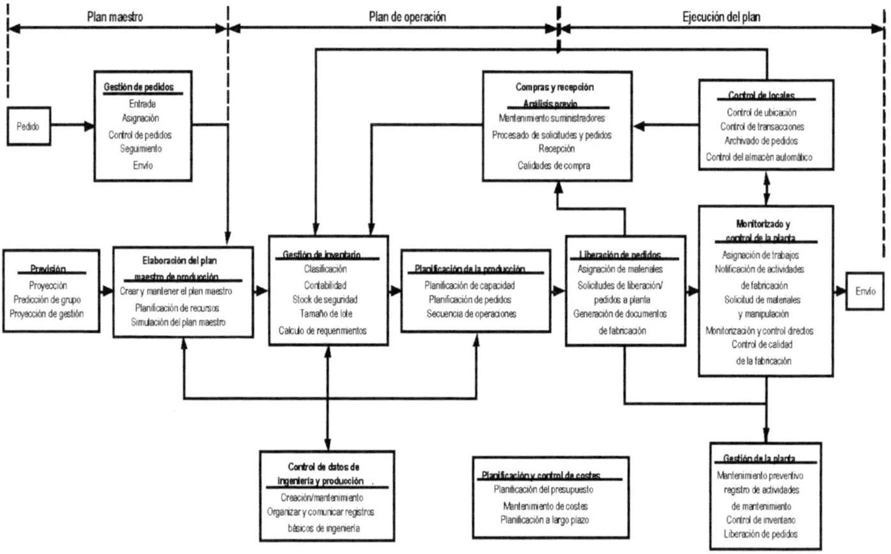

Fig. 3.1: Modelo CIM de IBM: Operaciones básicas en las etapas de planificación

Como cabe esperar de una empresa como IBM se observa que las operaciones consideradas preferentemente son aquellas que implican un mayor flujo de información y un mayor control informático. Desde este punto de vista IBM presenta un modelo CIM que responde a la arquitectura elemental que se muestra en la Fig. 3.2.

3.2.2. Modelo NIST-AMRF

Este modelo fue propuesto por NIST (National Institute of standards and technology) y comenzó con el desarrollo de AMRF (Advanced Manufacturing Research Facility). Posee una estructura jerárquica y transparente de planificación y control, separando las funciones de dirección, planificación y control. Este modelo CIM de NIST-AMRF puede ser representado gráfica-

Fig. 3.2: Arquitectura elemental del modelo CIM de IBM

mente tal como aparece en la Fig. 3.3; donde se puede apreciar el especial énfasis en la producción que hace este modelo.

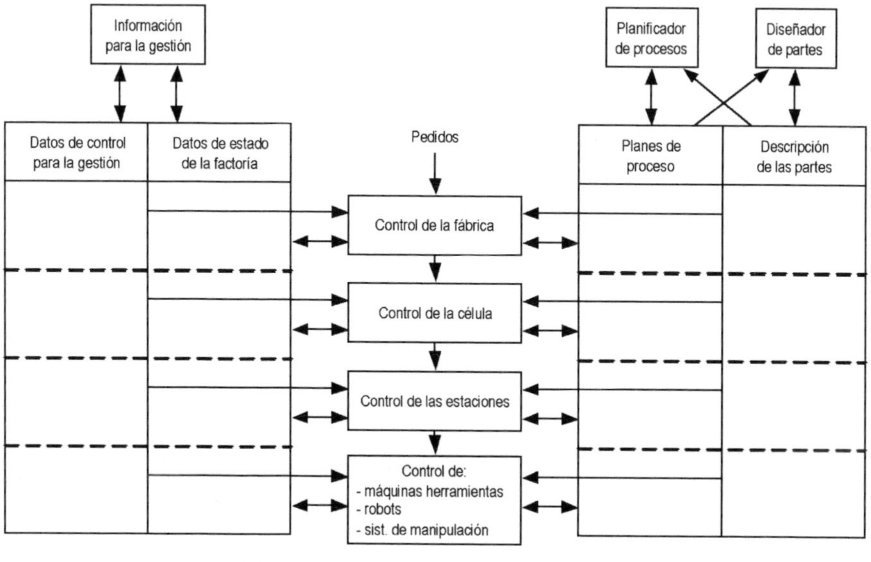

Fig. 3.3: Modelo CIM de NIST-AMRF

3.2.3. Modelo SIEMENS

Este modelo tal como se muestra en la Fig. 3.4 se basa en un modelo jerárquico de empresa. Pone gran énfasis en el flujo de información e incorpora por primera vez el CAO (Computer Aided Organization). Puesto que fue desarrollado por una empresa con penetración en una gran variedad de campos relacionados con la gestión y la producción se trata de un modelo bastante completo. Aunque se puede comprobar que este modelo hace un mayor énfasis en la fabricación, cuyas actividades quedan especialmente bien reflejadas; mientras que resulta claramente insuficiente para representar las interrelaciones entre diferentes empresas.

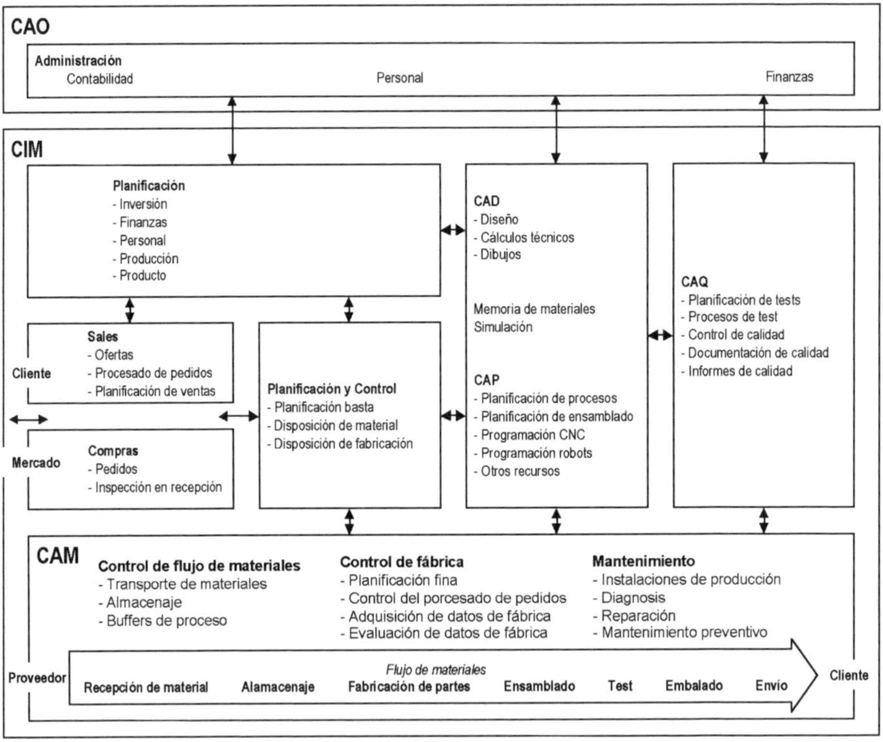

Fig. 3.4: Modelo CIM de SIEMENS

3.2.4. Modelo DIGITAL

Este modelo soporta todas las funciones de la empresa y da una visión general de todo el sistema. Divide las funciones en sub-funciones modulares y define claramente las interfases entre ellas. En la figura 3.5 se muestra el modelo CIM de DIGITAL pudiéndose apreciar el especial énfasis que se hace a la hora de reflejar las relaciones entre los diferentes departamentos. De nuevo se trata de un modelo que se centra en la empresa en cuestión dejando al margen su situación en relación a otras empresas del entorno.

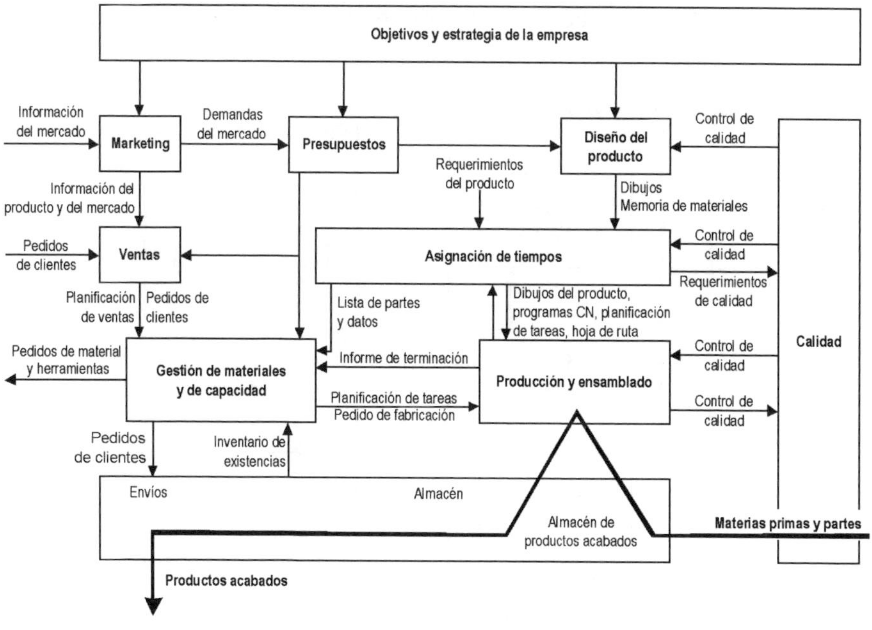

Fig. 3.5: Modelo CIM de DIGITAL

3.2.5. Modelo ESPRIT-CIM-OSA

ESPRIT es un programa de R&D (Research and Development) orientado a la industria.

Se realiza una propuesta de una arquitectura abierta (OSA) que permita configurar sistemas CIM a partir de módulos genéricos. Los entornos de una empresa CIM-OSA son de forma básica dos: el entorno de ingeniería y el de operación. De esta forma en la Fig. 3.6 se muestra el entorno mientras que en la Fig. 3.7 se muestra como se realiza el diseño de un sistema de producción con ayuda del modelo ESPRIT-CIM-OSA.

El modelo ESPRIT-CIM-OSA utiliza cuatro puntos de vista para describir una empresa:

- Funcional: se refiere a las propiedades funcionales estáticas y dinámicas de la empresa: funcionalidad, comportamiento y estructura.
- Información: describe la información que necesita cada función desde el punto de vista del usuario.
- Recursos: define todos los recursos y su relación con las funciones, la información y la organización.
- Organización: describe la estructura organizativa de la empresa.

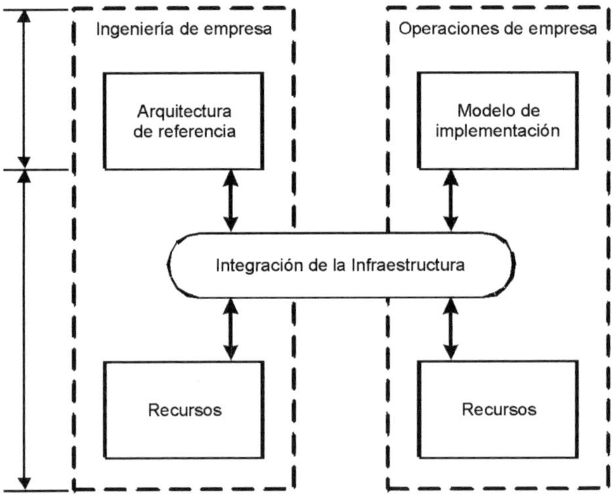

Fig. 3.6: Entornos del modelo empresarial CIM-OSA

Como resumen, se puede decir que el modelo ESPRIT-CIM-OSA es un modelo CIM genérico que contiene bibliotecas de módulos HW y SW. Posee herramientas de configuración de sistemas de producción con ayuda de una infraestructura de integración y herramientas de descripción, configuración y simulación del sistema de producción.

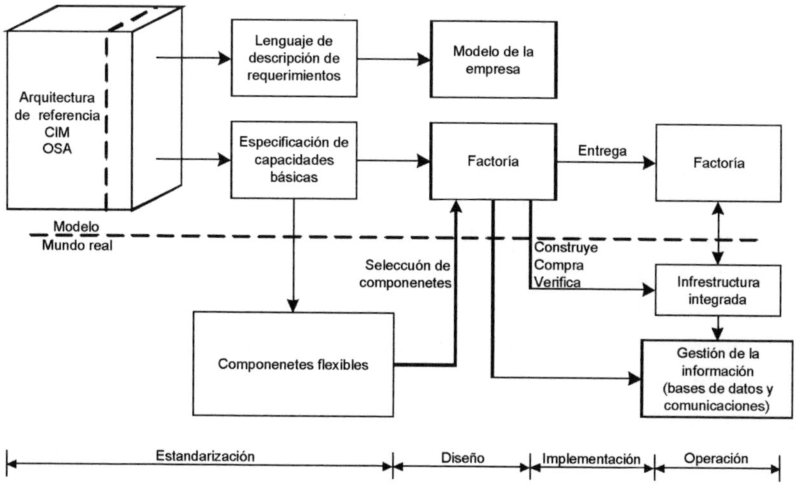

Fig. 3.7: Diseño de un sistema de producción con el modelo ESPRIT-CIM-OSA

3.3. IMPLANTACIÓN DE UN SISTEMA CIM

La implantación de un sistema CIM se realiza para conseguir, entre otros, los siguientes objetivos:

- Costes de fabricación bajos.
- Mayor calidad del producto.
- Mejor control de la producción.
- Mejor atención al cliente.
- Menores inventarios.
- Mayor flexibilidad.
- Menores tamaños de lote.

Los pasos a seguir para la consecución de los objetivos descritos son:

- Evaluación de la empresa.
- Simplificación.
- Implementación y medida de resultados.

A continuación se van a describir más detalladamente los pasos enumerados.

3.3.1. Evaluación de la empresa

La primera evaluación que se debe realizar es la *evaluación tecnológica* en la cual se realiza un análisis del nivel de tecnología y complejidad de los sistemas de producción. Además, se debe acometer una *evaluación de los recur-*

sos humanos estudiando el grado de colaboración de los empleados. Y por último, realizar una *evaluación de los sistemas de producción* para entender cómo funciona el sistema de producción.

3.3.2. Simplificación

La simplificación es un proceso que elimina todas las operaciones innecesarias de cada actividad u operación, mejorando la productividad y efectividad del departamento y de la organización. Se deben realizar, en la medida de lo posible, simplificaciones en el transporte, en las esperas en colas, en el establecimiento de máquinas, en el procesado, en la inspección...

Conviene tener en cuenta que, aunque únicamente la parte de procesado añade valor al producto final mientras que todas las demás operaciones suponen costes que no añaden valor al producto, éstas últimas no se pueden eliminar en su totalidad.

Algunos aspectos fundamentales a tener en cuenta en la etapa de simplificación son los siguientes:

- La eliminación de costes se centra casi siempre en la eliminación de mano de obra.
- Sin embargo, en la mayoría de los casos, la mano de obra supone sólo 2-10% del coste del producto.
- Eliminando únicamente mano de obra no se produce en general ahorros significativos.
- Las operaciones de coste añadido llegan a suponer el 70% de las actividades de la empresa.

3.3.3. Implantación y medida de resultados

Para realizar esta etapa el primer paso es medir los resultados a intervalos regulares y anotar los cambios efectuados en el sistema de producción. Algunos de los criterios más usados para la medida de resultados son:

- Tiempo de ciclo.
- Velocidad de inventario por producto.
- Tiempo de establecimiento de máquinas.
- Eficiencia de la fabricación.
- Calidad y corrección de piezas defectuosas.
- Productividad y sugerencias de los empleados.

Al último paso consistirá en la compra e instalación de HW y SW que cumplan las especificaciones desarrolladas en los apartados de evaluación y simplificación.

Es frecuente cometer el error de comenzar la implementación de CIM con el último paso; es decir: automatizando todos los defectos del sistema. Con lo que el resultado suele ser que la producción no mejora.

3.4. CONCLUSIÓN

En este capítulo se ha realizado un breve repaso de los modelos más popularmente conocidos que permiten visualizar una estructura CIM. Los cuales proporcionan una panorámica básica para entender el mundo de las relaciones entre departamentos y sus respectivas tareas dentro de una empresa; aunque generalmente hoy en día estos modelos se quedan algo cortos al no proporcionar una representación igualmente clarificadora de las relaciones entre empresas a lo largo de la cadena de suministro.

Además en este capítulo se han planteado una serie de nociones elementales sobre los pasos a seguir a la hora de implementar un modelo CIM y de comprobar su validez.

4. INGENIERÍA DE LA PRODUCCIÓN I

4.1. INTRODUCCIÓN

Las empresas modernas presentan experiencias de cambios permanentes en los procesos de producción y, a la vez, tienen que afrontar los retos de un mercado globalizado, cambiante y altamente competitivo. Las empresas de fabricación tradicionales son jerárquicas, enfocadas a los bienes de capital y producción en masa, estáticas y con resistencia al cambio; centralizadas entorno a una gerencia que controla los procesos. Como respuesta a estos retos surge la necesidad de dotar a las empresas de una estructura flexible, ágil y pro-activa. Optándose por estructuras planas donde el personal de los diferentes departamentos trabaja en equipo en la búsqueda de soluciones a los problemas complejos que aparecen en el funcionamiento de las empresas modernas.

La ingeniería de producción tiene un marcado carácter multidisciplinar y proporciona una visión de conjunto sobre los procesos. Estas características le confieren una especial capacidad para contribuir a la gerencia de los procesos de cambio y mejoramiento continuo. Dando respuestas a interrogantes fundamentales como: ¿por qué cambiar?; ¿qué cambiar?; ¿hacia dónde cambiar? Y ¿cómo producir el cambio?

4.1.1. Elementos de la ingeniería de producción

A continuación se enumeran algunos de los elementos más importantes de los que consta la ingeniería de producción:

- Planificación del proceso.
- Programación de las máquinas de producción.
- Diseño de anclajes.

- Estándares de trabajo y producción.
- Ingeniería de planta.
- Análisis para fabricación y ensamblado.
- Estimación de costes de fabricación.

Quizá la más importante de las tareas de las que se encarga la ingeniería de producción sea la planificación del proceso. Esta tarea –también conocida como planificación de la fabricación, procesado de materiales o secuencia de fabricación– se define como el procedimiento empleado para desarrollar una lista detallada de operaciones de fabricación para un producto en concreto.

4.1.2. Objetivos de los capítulos sobre ingeniería de producción

Los objetivos principales a alcanzar en estos dos capítulos que se van a dedicar a la ingeniería de producción son:

- Entender los requerimientos clave para el desarrollo y la automatización de sistemas de producción multi-nivel.
- Entender cuestiones asociadas con la automatización de.
- Operaciones típicas a nivel de máquina.
- Células flexibles.
- Factorías modernas.
- Ser capaz de diferenciar entre diferentes configuraciones de producción y sus usos, así como de describir sus subsistemas.
- Entender las necesidades de computación y comunicaciones para un entorno de fabricación integrado.

En este primer capítulo dedicado a la ingeniería de producción se van a describir los equipos de control utilizados. Así mismo se abordarán cuestiones relativas a la integración de los sistemas de producción a nivel de máquina y de célula.

4.2. EQUIPOS DE CONTROL

Conforme las necesidades de los usuarios, la tecnología y la capacidad de los fabricantes evolucionan, la concepción tradicional de los sistemas de control de procesos está sufriendo profundas transformaciones. Esta necesidad de adaptación a la nueva realidad tanto funcional como tecnológica afecta a la propia definición de los productos de control de procesos.

Existe una gran variedad dentro de lo que podemos denominar aplicaciones de supervisión y control. En el entorno de este estudio, nos referimos a ellas como sistemas basados en microprocesador con funciones de control y/o información de un proceso industrial. Las funciones básicas de un sistema de supervisión y control pueden encuadrarse dentro de las siguientes grandes categorías:

- Adquisición de datos.
- Almacenamiento de datos.
- Procesamiento de datos.
- Comunicación de datos.

Muchos sistemas de información únicamente supervisan el proceso; otros van más allá y, basados en los datos de planta adquiridos, sugieren acciones de control al operador. En cualquier caso, y dada la complejidad de la mayoría de las instalaciones industriales, suele ser necesario realizar subdivisiones a la hora de realizar el control; tal como se representa en la Fig. 4.1 estas subdivisiones pueden ser:

- Geográficas.
- Según las funciones de control.
- Según las funciones de proceso.
- Por tiempo de ejecución.

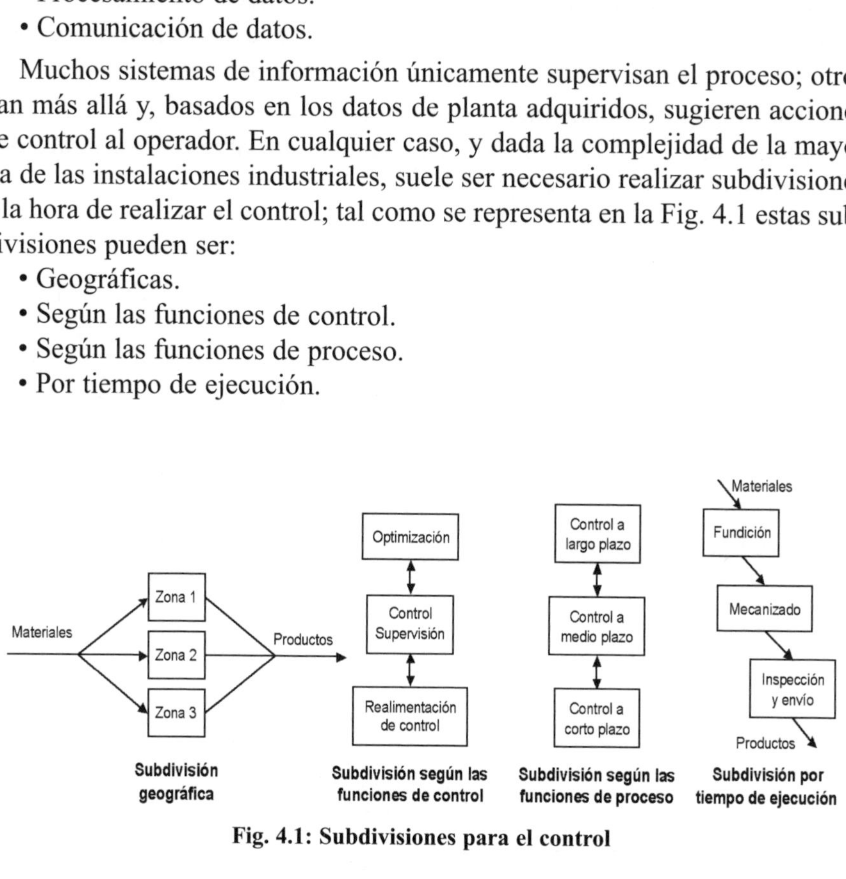

Fig. 4.1: Subdivisiones para el control

4.2.1. Tipos de control

La separación entre sistemas de control distribuido (DCS - Distributed Control Systems) y centralizado, así como el uso de autómatas programables (PLC - Programmable Logic Controller) para resolver problemas de automatización de procesos industriales está comenzado a diluirse frente a unas necesidades de usuario (mayor calidad de producto final, reducción de tiempos de entrega, control de costes, integración del conjunto de los sistemas de información de la empresa, respeto al medio ambiente) que sólo pueden ser satisfechas recurriendo a las ventajas de las diferentes tecnologías trabajando conjuntamente. Aún así es posible realizar una clasificación general de los sistemas de control según los siguientes tipos:

Control jerárquico: en el que los elementos se estructuran según una relación de dependencia jerárquica en la que, a medida que crece el nivel de abstracción e inteligencia, se obtienen unas prestaciones de velocidad y precisión menores. Este tipo de control proporciona una serie de ventajas:

- Permite una fácil integración con sistemas existentes.
- Mejora el manejo de la información en distintos niveles de abstracción.
- Limita el tamaño de los módulos.
- Mejora la flexibilidad y la fiabilidad.
- Permite operaciones en tiempo real.

Control cooperante: en el que se realiza una descomposición por funciones de forma que varios módulos cooperan en la resolución de tareas. Este tipo de control se suele dar en arquitecturas distribuidas. Su principal ventaja radica en facilitar el desarrollo de los subsistemas y su principal inconveniente en la interacción compleja entre los módulos.

Control distribuido: sus módulos se encuentran distribuidos entre varios computadores utilizando un software de red estándar para la comunicación. Cualquiera de los tipos de control mencionados anteriormente puede ser además distribuido.

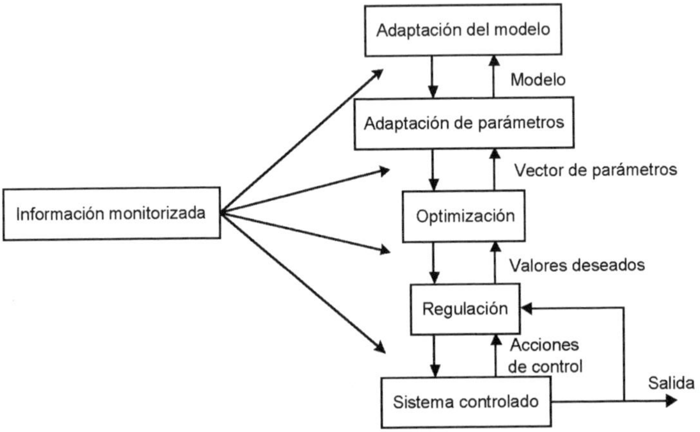

Fig. 4.2: Control por capas

Control por capas: es más frecuente cuando se utiliza conjuntamente con un control jerárquico, pero no necesariamente. Esta arquitectura, representada en la Fig. 4.2, se refiere a la forma en la que se actualizan los parámetros y se realizan correcciones y mejoras en los sistemas de control a la vez que se controla el sistema.

Control multi-nivel: utiliza una arquitectura de control distribuida pero permitiendo una coordinación centralizada a un nivel superior tal como se representa en la Fig. 4.3.

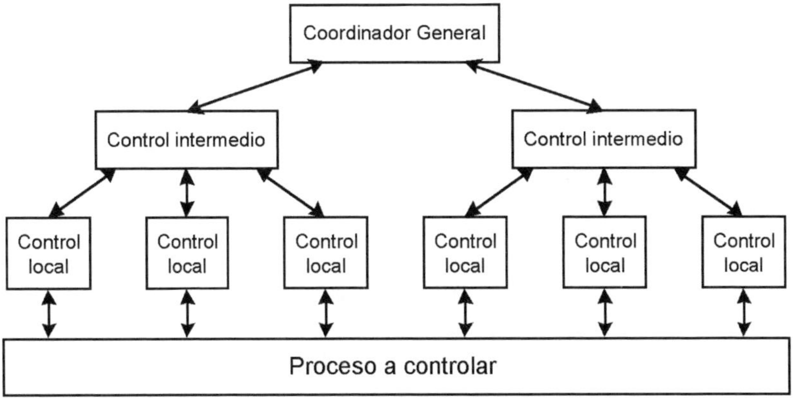

Fig. 4.3: Control multinivel

Control realimentado: a parte de la realimentación habitual en sistemas de control a bajo nivel es posible incorporar una realimentación a un nivel más alto que incluya los sistemas de supervisión (Fig. 4.4).

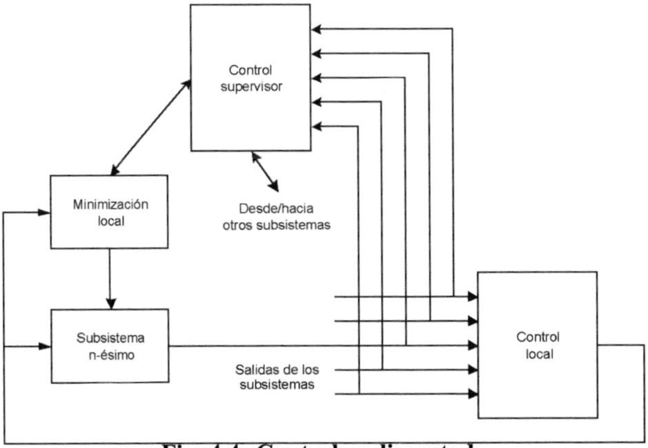

Fig. 4.4: Control realimentado

Control-supervisor: estos sistemas (Fig. 4.5) se utilizan cuando la seguridad es un factor crítico y es capaz de reaccionar ante situaciones como:

- Fallo de algún sensor: mediante sensores redundantes, lo que tiene la dificultad de la necesidad de ser capaces de discriminar las señales erróneas.
- Caída de las vías de comunicación: mediante la duplicación de canales e incentivando el uso de rutas diferentes.
- Fallos en los actuadotes: con actuadotes redundantes y reconfigurando el sistema de control cuando falla un actuador. Ej.: en los aviones, cuando falla el timón de dirección se controla el giro con los flags.

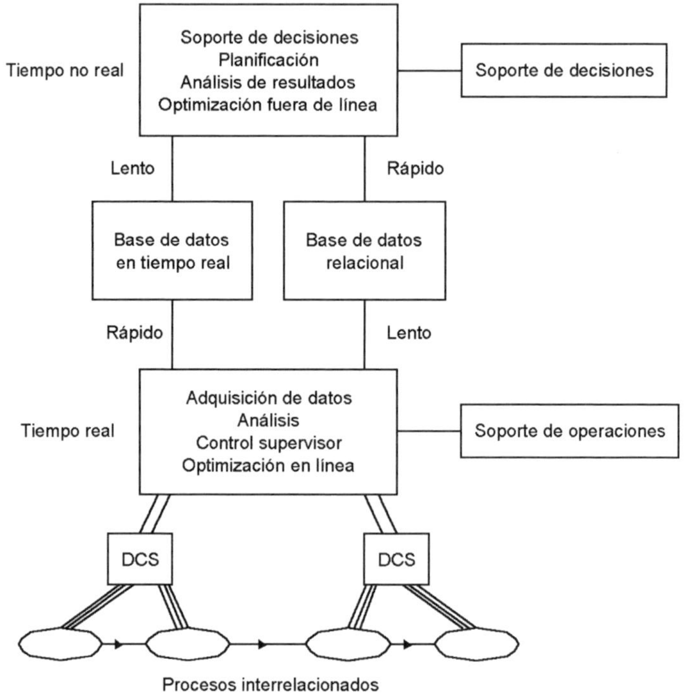

Fig. 4.5: Sistema de control-supervisor

Hoy los fabricantes de sistemas de control están combinando tecnologías, estándares y su propia imaginación para crear nuevos productos de control que superen esta clasificación. Estos productos, además, pretenden romper también la barrera entre el mundo del control del proceso y el resto de la empresa; integrando el primero en una visión global y estratégica de los sistemas de información.

4.2.2. Sistemas de control para entornos industriales

En la industria de fabricación confluye la necesidad de soluciones cada vez más integradas y abiertas para la automatización de las máquinas. Surge la necesidad de utilizar redes estándar para la integración de dichas máquinas entre sí y éstas con el conjunto de la planta. De este modo se facilitan las tareas de supervisión y control de la producción.

El campo cubierto por las aplicaciones de supervisión y control de procesos es extraordinariamente vasto y complejo, tanto desde el punto de vista de la funcionalidad como de los diferentes elementos software y hardware involucrados. A continuación se expone una serie de consideraciones a tener en cuenta.

Utilización de sistemas de control específicos para entornos industriales, el PLC

El Autómata Programable Industrial (PLC: Programmable Logic Controller) es un equipo electrónico, programable en lenguaje no informático, diseñado para controlar, en tiempo real y en ambiente de tipo industrial, procesos secuenciales (Fig. 4.6). El elemento de control (PLC) reacciona en base a la información recibida por los captadores (sensores) y el programa lógico interno, actuando sobre los accionadores de la instalación. Autómatas programables y, especialmente, sistemas de control numérico (CN) han sido a lo largo de varias décadas la base de la automatización de las máquinas. En realidad, muchos sistemas de CN no son más que autómatas programables especializados para realizar determinadas tareas propias de las máquinas, tales como el control de posición y la velocidad de uno o más ejes, disponiendo de funciones específicas de sincronización de movimiento.

Fig. 4.6: El Autómata Programable Industrial (PLC) y su funcionamiento

Utilización del PC en el control y supervisión de procesos

Durante mucho tiempo se ha contado con la presencia de computadoras de uso específico en entornos industriales. Se trataba de máquinas que requerían un elevado coste de implantación y que, por tanto, eran utilizadas principalmente en grandes cadenas de fabricación. Sin embargo la aparición de nuevas utilidades está posibilitando la creciente introducción de los PC's en entornos industriales, poniendo la informática a disposición de cualquier entorno de fabricación.

En los últimos tiempos se ha abierto un interesante debate sobre la utilización del PC para el control de procesos. De hecho, algunos fabricantes de PLCs han apostado decididamente por incorporar la arquitectura PC a sus controladores, en un intento por reunir lo mejor de ambos mundos en un único dispositivo. Así, dentro de la aplicación del PC para el control de procesos tienen cabida desde la utilización de PCs industriales sobre Windows NT (con o sin extensiones de tiempo real), hasta la utilización de tarjetas PC con QNX o VxWorks. Incluso se han desarrollado algunas plataformas específicas, como la PC/104 de reducido coste o CompactPCI que ofrece una gran fiabilidad industrial.

Dos son los caminos por los que los PC están introduciéndose como unidades de control en las máquinas. Una, que en cierto sentido cabría calificar de indirecta, es a través de determinados sistemas de control numérico presentes en el mercado y que están basados en la arquitectura PC. La otra es cuando directamente el PC constituye la unidad de control.

En el primer caso, se trata de equipos que soportan entornos Windows y que pueden emular controladores CN o también de tarjetas para PC, que constituyen en sí mismas un auténtico CNC. A estos hay que añadir los paquetes de software que, introducidos en un PC, le hacen comportarse como un autómata programable. Estas son soluciones que hace ya tiempo están presentes en el mercado de la mano de firmas como General Electric Fanuc, Rockwell, Schneider, etcétera.

La situación es diferente respecto a la utilización directa del PC como dispositivo de control. La robustez de los autómatas y sistemas CNC, construidos de forma expresa para trabajar en medios industriales, es una característica que ha favorecido su aplicación frente a soluciones de control basadas en software sobre PC. Sin embargo, también hay que decir que, a medida que se incorporan a las máquinas dispositivos tales como sensores y actuadores inteligentes, sistemas de visión, lectores de códigos de barras, etcétera, los autómatas programables no ofrecen las prestaciones más adecuadas para este tipo de funcionalidades y aún mucho menos para cubrir los requerimientos de comunicación de datos –horizontalmente en toda la planta y verticalmente desde ésta a la dirección de la empresa– que se demanda cada vez más para hacer frente a la dura competitividad del mercado. Es en este sentido que el PC aparece como solución abierta, flexible y llena de posibilidades. No se trata únicamente de emular un autómata en un PC, como en la Solución anterior, sino de poder programar mediante diagramas de flujos. Es decir, disponer de un PC con el software adecuado para que, además del control de E/S que realiza un autómata programable, pueda integral; en un mismo entorno de programación, funciones tales como control de movimiento, identificación (código de barras, radiofrecuencia, visión industrial, etcétera) así como interfases de operario, por ejemplo. Téngase en cuenta también que si se trata de algoritmos complejos la programación en un autómata resultaría enormemente compleja, mientras que en un PC es una tarea simple y rápida.

A todas estas ventajas hay que añadir las posibilidades de diagnóstico al nivel de operario, que resultan extremadamente costosas de diseñar en el caso de soluciones con autómatas y muy difíciles de mantener actualizados y que resultan de diseño fácil con herramientas disponibles en sistemas PC, pudiendo construirse en el propio programa de control.

Integración de máquinas y sistemas: comunicaciones

Una vez se tiene un elevado nivel de integración en las máquinas, el paso siguiente no es otro que integrar estas máquinas en la red de planta. La integración de varias máquinas y su entorno para constituir células automatizadas no puede considerarse ya nada nuevo. Hace cerca de dos décadas que se encuentran soluciones de este tipo en las plantas industriales. Sin embargo, se trataba de soluciones a medida en las que máquinas y, en su caso, robots, se comunicaban vía RS232. Y es que, hasta bien entrada la pasada década de los noventa, para la transmisión de datos entre máquinas CNC no se disponía de otra solución que el cableado en serie.

El desarrollo de los sistemas de CAD mecánico unido a la introducción de las máquinas CN, dieron a los procesos discretos un cierto liderazgo en las soluciones flexibles de fabricación. La aparición de los robots y la implementación de islas de producción (varias máquinas servidas por un robot, por ejemplo) dieron hace casi dos décadas un notable impulso en la búsqueda de soluciones integradas de automatización. Sin embargo, cabría decir que el salto cualitativo que implicó todo lo expuesto no ha sido seguido con la misma intensidad en el sentido de ir introduciendo las nuevas posibilidades que los desarrollos informáticos han ido ofreciendo y que tanto han incidido en los sistemas de control distribuido de los procesos continuos. Se trata, obviamente, de la introducción de sistemas abiertos en la búsqueda de soluciones de inteligencia distribuida (sensores y actuadores inteligentes) ya la utilización de estándares de comunicación.

En todo proceso industrial las comunicaciones tienen una importancia decisiva, tanto la comunicación entre los dispositivos de campo y el sistema de control como la comunicación entre el sistema de control y el resto de la empresa. Además, las nuevas posibilidades de comunicación van a incidir no sólo en la facilidad de integración del sistema sino en la descentralización del control.

Con las soluciones de que se dispone hoy, la automatización de una máquina cabe plantearla como un sistema de control distribuido en el que el controlador (autómata, control numérico o PC) y los diversos dispositivos están conectados entre sí mediante un bus de comunicación que permite la integración de sensores, actuadores e interfases de usuario.

En la automatización de máquinas, los buses más utilizados son probablemente CAN (y su pariente DeviceNet) e Interbus. Se trata de soluciones muy abiertas y para las que hay una importante oferta de dispositivos de muy diversos fabricantes.

Las ventajas de una solución de este tipo son muchas. Por una parte, la implementación de un bus de campo como los citados permite la simplificación radical del cableado y, como consecuencia, importantes ahorros en tiempo y dinero y, por otra, ofrece la inestimable posibilidad de aplicar diagnósticos a nivel de dispositivo, un aspecto clave, por ejemplo, cuando se trata de mecanizado de alta velocidad. Una tercera ventaja es que viene a facilitar notablemente la estandarización de los diseños.

Por otra parte, no hay que olvidar la necesidad que se presenta hoy en muchos casos respecto a que las máquinas incorporen también para la entrada de datos sistemas lectores de códigos de barras, por ejemplo, o de señales de radiofrecuencia, así como sistemas de visión, generalmente para inspección (aunque pueden cumplir otras prestaciones). Es obvio que una plataforma estándar facilita notablemente la integración de equipos como los indicados.

Para completar este panorama conviene recordar que hoy en día internet está irrumpiendo con fuerza en todos los ámbitos de la vida moderna, y el mundo industrial no es ajeno a este impulso. Los suministradores de equipos de control ya se han dado cuenta de las prometedoras expectativas de la aplicación de Internet a diversos campos del control y supervisión de procesos por lo que se está disparando la oferta de nuevos equipos y prestaciones.

Software y soluciones comerciales

Una cuestión que suele plantear grandes interrogantes a la hora de implantar un sistema de control y supervisión en ciertos procesos consiste en la decisión de basarlo en un producto comercial o en un desarrollo a medida. La decisión normalmente está ligada al grado de cumplimiento de los requisitos funcionales que ofrece el abanico de productos disponibles en el mercado. En la mayoría de los casos se utiliza un producto comercial, junto con el desarrollo de una serie de módulos o aplicaciones a medida para resolver la realización de las funciones específicas del proceso.

Un sistema de control basado en PC puede definirse como un sistema de control basado en componentes (hardware y software) estándar: Es decir, controladores basados en la plataforma PC y el software adecuado. En el mercado existe ya un cierto número de paquetes de software de estas características y sus creadores dan noticia de aplicaciones exitosas con los mismos. La verdad es que la industria norteamericana ha sido menos desconfiada que la europea respecto a las posibilidades del PC como herramienta de control. Durante unos años las empresas han mostrado prejuicios generalmente injustificados frente al entorno Windows NT para aplicaciones en la industria, prejuicios que se pueden achacar a la creencia falsa de que el PC se comporta del mismo modo en aplicaciones industriales que en las ofimáticas. La clave de la cuestión está probablemente en que el principal riesgo que presenta Windows es la interacción entre drivers de diferentes aplicaciones y éste disminuye notablemente cuando en el controlador únicamente se instalan los programas necesarios para el control del proceso y para la comunicación con los diferentes componentes del sistema.

Una buena noticia respecto a programas de controtes la llegada a España, de la mano de Medición y Control del paquete Visual Logic Controller (VLC), de la norteamericana Steeplechase Software, considerada por la consultora ARC como líder en aplicaciones para el control de procesos discretos. También National Instruments da noticia de varias aplicaciones desarrolladas con su Lab View –del que puede disponerse ahora de una versión para tiempo real, que corre sobre sus plataformas PXI– para el control de máquinas de envasado, etiquetado, para implementar recubrimientos, etcétera.

Tendencias y desarrollos futuros

En el pasado el énfasis en la automatización y control de procesos se puso en el desarrollo de los componentes hardware (sensores, actuadores, transmisores y controladores). Ahora los procesos industriales necesitan ser cada vez más flexibles, más eficaces y más productivos, lo que se traduce en unos requisitos cada vez mayores de integración, tanto vertical como horizontal. Por ello, las arquitecturas de los sistemas de control están evolucionando, incorporando las nuevas tecnologías que permitan afrontar estos nuevos retos de integración de la información.

Actualmente se están incorporando las nuevas tendencias con relación a la sensórica, la utilización de técnicas avanzadas y las tecnologías multimedia. Esto es especialmente cierto en el caso de la construcción de máquinas-herramienta, que hasta ahora habían adoptado una actitud relativamente conservadora ante las novedades que iban apareciendo. Este sector, no sólo en España sino en general, esta siendo reacio a aplicar soluciones de inteligencia distribuida (sensores, controladores, accionamientos, etcétera), que por otra parte se pueden considerar indispensables para el avance de las técnicas de mecanizado a alta velocidad. Sin embargo se están produciendo cambios importantes. Entre otros está el propio mecanizado de alta velocidad, presentado hace poco como una tecnología en fase aún de I+D y que se contempla hoy ya como una realidad para determinadas aplicaciones.

4.3. INTEGRACIÓN A NIVEL DE MÁQUINA

Con objeto de discutir los problemas de integración a nivel de máquina en las empresas de fabricación se va a realizar un pequeño repaso descriptivo de las operaciones de procesado. Seguidamente se revisarán los tipos de máquina cuya integración es más compleja pero ofrece mayores posibilidades.

4.3.1. Operaciones de Procesado

Las operaciones de procesado pueden ser divididas en:

- Operaciones primarias.
- Operaciones secundarias.
- Operaciones de cambio de propiedades físicas.
- Operaciones de acabado.

A continuación se dará un breve repaso a las diferentes operaciones que se encuentran recogidas en esta primera clasificación.

Operaciones Primarias

Las operaciones primarias convierten la materia prima a la geometría básica del producto final. Las principales son:

Fundición: el proceso de fundición básicamente se trata de vaciar metal fundido en un molde construido siguiendo la forma de la pieza a manufacturarse, dejar que se enfríe y extraer el metal del molde. Los puntos importantes a tener en cuenta en operaciones de fundición son los siguientes:

- El flujo del metal fundido en la cavidad del molde.
- La solidificación y enfriamiento del metal en el molde.
- La influencia que tiene el tipo de material del molde.

Existen infinidad de tipos de fundición: en arena, de modelo consumible, en molde de yeso, en molde cerámico, por revestimiento, al vacío, a presión... En la (Fig. 4.7) se muestra de forma esquemática el proceso de fundición en arena.

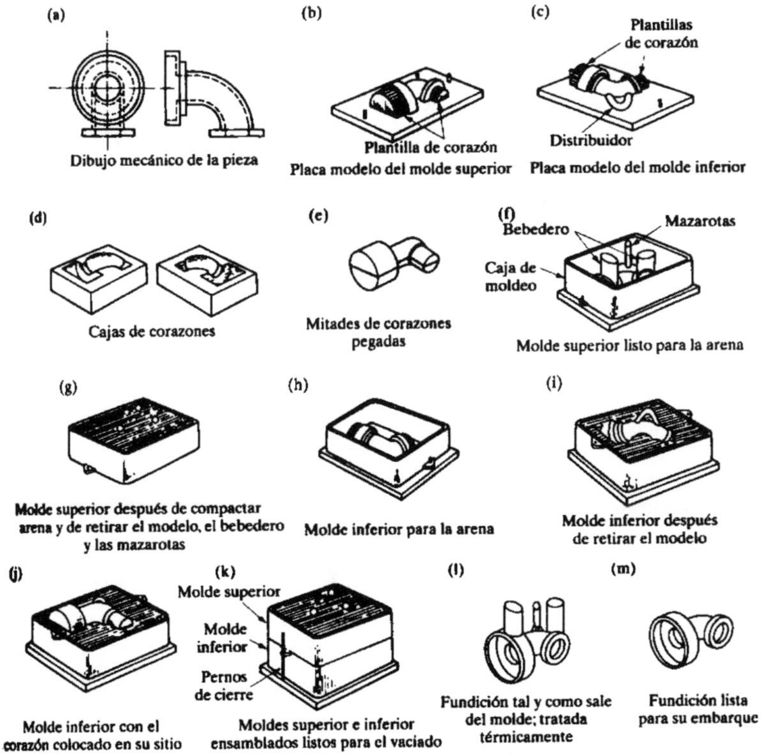

Fig. 4.7: Fundición en Arena

Conformado: existen numerosos procesos de conformado de materiales: laminado plano, formado, forja, extrusión, estirado,... En la Fig. 4.8 se muestran algunos de estos procesos de conformado.

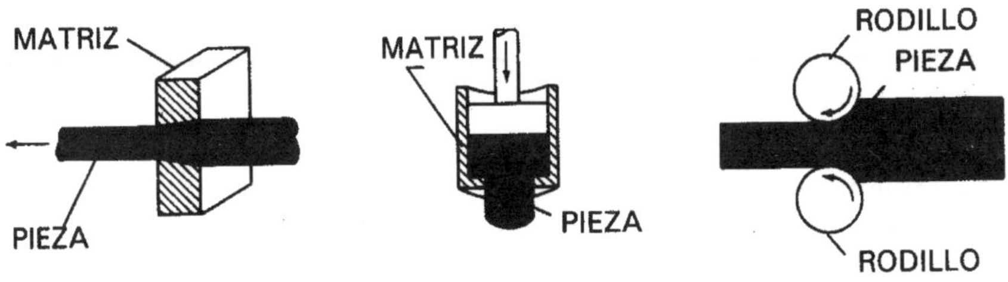

Fig. 4.8: Estirado, extrusión y laminado

Corte con arco o con oxifuel: en este proceso se usa el intenso calor que proviene de un arco eléctrico para fundir virtualmente cualquier metal para soldar o cortar. Casi todos los procesos de corte usan el calor generado por un arco entre un electrodo y una parte de trabajo metálica para fundir un canal que separa la parte. Los procesos de corte con arco eléctrico más comunes son el corte con arco de plasma (Fig. 4.9) y el corte con electrodo de carbón y aire.

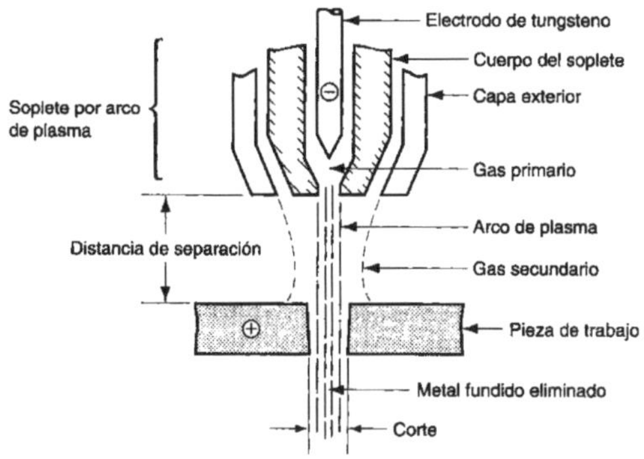

Fig. 4.9: Corte por arco de plasma

Serrado: método para realizar cortes rectos, de contorno, internos y externos en casi cualquier material. Se realiza con una hoja continua y fina, llamada banda o cinta. En función de la dirección del plano de corte existe sierra de banda vertical (Fig. 4.10) y sierra de banda horizontal.

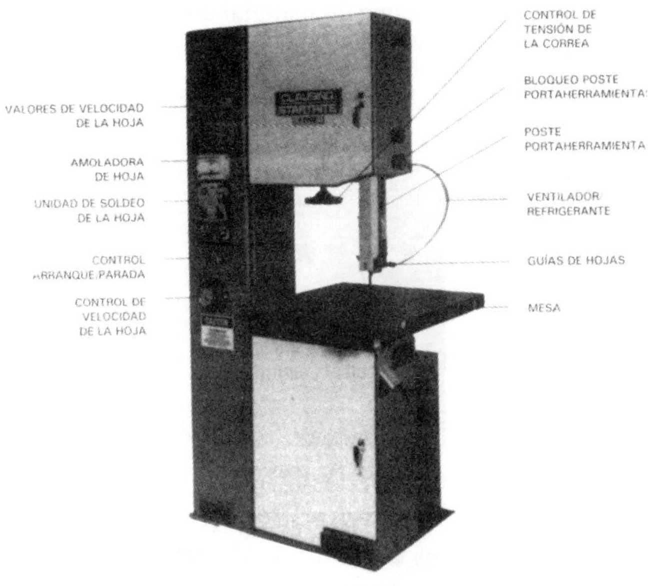

Fig. 4.10: Sierra de banda vertical

Operaciones Secundarias

Torneado: consiste en el mecanizado de piezas cilíndricas. Cuando se habla de tornear se hace referencia al proceso en el cual la pieza está girando

Fig. 4.11: Tornos

mientras se maquina. Este proceso se realiza en los tornos (Fig. 4.11) que hoy en día suelen estar equipados con CNC.

Mandrinado: es un torneado inferior de diámetros elevados con altos índices de tolerancia (IT). También son útiles para operaciones de corte difícil.

Fresado: consiste en el arranque de material con una herramienta de corte rotatoria con varias cuchillas. Acepta arranque de material en direcciones verticales y horizontales (Fig. 4.12).

Fig. 4.12: Fresado

Taladrado: realiza agujeros con índices de tolerancia bajos. Los agujeros se realizan con brocas. Se puede hacer con una taladradora o con un torno (Fig. 4.13).

Fig. 4.13: Taladrado

Escariado: realización de taladros de pequeño diámetro con índices de tolerancia elevado. Se usa para alargar, o corregir el tamaño de los agujeros que se han taladrado previamente con brocas (Fig. 4.14).

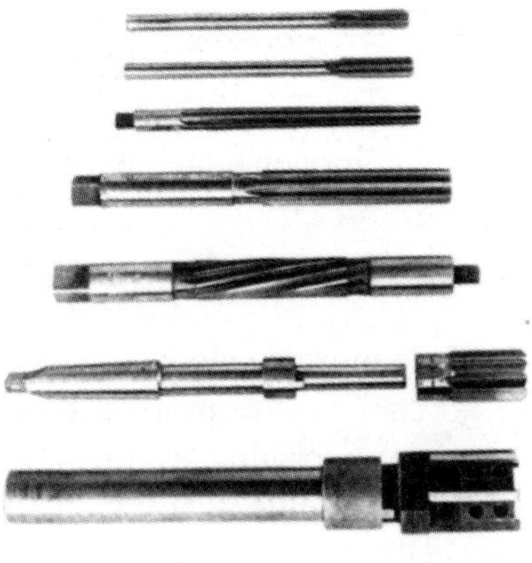

Fig. 4.14: Escariadores

Rectificado: tratamiento superficial consistente en el arranque de material mediante discos giratorios. Existen multitud de tipos (Fig. 4.15): rectificado cilíndrico plano, rectificado sin puntas, rectificado interno, ...

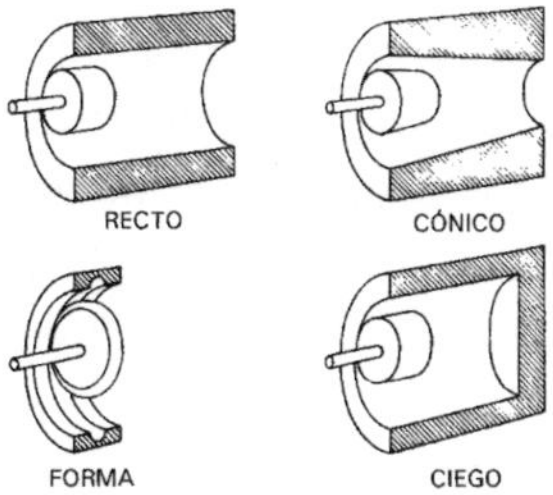

Fig. 4.15: Tipos de rectificado interno

Nuevos métodos: además de las operaciones mencionadas hoy en día se cuenta con multitud de nuevas posibilidades como por ejemplo: corte por chorro de agua o por láser, procesado electrolítico, procesado electroquímico, procesado térmico...

Operaciones de Cambio de Propiedades Físicas

Son operaciones que se suelen realizar sobre las piezas una vez mecanizadas e implican alguno de estos procesos:

- Aumento de la dureza, resistencia o endurecimiento de la superficie de metales.
- Procesos que disminuyen la dureza y aumentan la capacidad de deformación, mecanizado o la homogeneidad de la pieza.

Operaciones de Acabado

En el caso de los talleres de mecanizado es frecuente que se realicen operaciones adicionales que no cambian las propiedades físicas de las piezas y que se realizan sobre ellas una vez terminadas. En algunos casos se añade una fina capa para incrementar el tiempo de vida y facilitar el mantenimiento del producto. Una de sus principales funciones es la de prevenir la oxidación.

Aunque, en general, se puede incluir en esta apartado otro tipo de operaciones más usuales como la pintura o el empaquetado.

4.3.2. Control Numérico Computarizado (CNC)

La máquina herramienta ha jugado un papel fundamental en el desarrollo tecnológico del mundo hasta el punto que no es una exageración decir que la tasa del desarrollo de máquinas herramientas gobierna directamente la tasa del desarrollo industrial. Gracias a la utilización de la máquina herramienta se ha podido realizar de forma práctica, maquinaria de todo tipo que, aunque concebida y realizada, no podía ser comercializada por no existir medios adecuados para su construcción industrial.

Sin embargo la utilización de una máquina herramienta requiere de un alto grado de entrenamiento para que sea posible alcanzar buenos niveles de productividad. Además estas máquinas son capaces de realizar operaciones complejas que requieren el movimiento simultáneo de dos o más ejes; lo cual es muy difícil de controlar por un operario. Para solventar en cierta medida estos problemas es posible dotar a las máquinas herramientas de un sistema de control computerizado programable de forma numérica; obteniéndose así una máquina de CNC (Fig. 4.16).

Definición general

Se considera control numérico a todo dispositivo capaz de dirigir posicionamientos de un órgano mecánico móvil, en el que las órdenes relativas a los desplazamientos del móvil son elaboradas en forma totalmente automática a partir de informaciones numéricas definidas, bien manualmente o por medio de un programa.

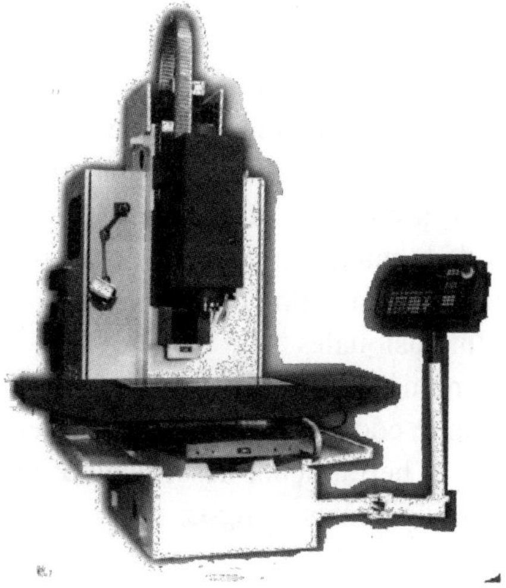

Fig. 4.16: Máquina herramienta de CNC

Así, por ejemplo, si para la mecanización total de un número de piezas fuera necesario realizar las operaciones de fresado, mandrinado y perforado, se alcanzaría la mayor eficacia si las máquinas herramientas necesarias estuvieran agrupadas, pero se lograría una mayor eficacia aún si todas estas operaciones se realizaran en una misma máquina. Esta necesidad, sumada a numerosos y nuevos requerimientos, motivó la utilización de nuevas técnicas destinadas a superar al operador humano. De esta forma se introdujo el control numérico en los procesos de fabricación, impuesto por varias razones:

- Necesidad de fabricar productos que no se podían conseguir en cantidad y calidad suficientes sin recurrir a la automatización del proceso de fabricación.
- Necesidad de obtener productos hasta entonces imposibles o muy difíciles de fabricar, por ser excesivamente complejos para ser controlados por un operador humano.
- Necesidad de fabricar productos a precios suficientemente bajos.

Inicialmente, el factor predominante que condicionó todo automatismo fue el aumento de productividad. Posteriormente, debido a las nuevas necesidades de la industria aparecieron otros factores no menos importantes como la precisión, la rapidez y la flexibilidad.

El CNC tuvo su origen a principios de los años cincuenta en el Instituto de Tecnología de Massachusetts (MIT), en donde se automatizó por primera vez una gran fresadora. En esta época las computadoras estaban en sus inicios y eran tan grandes que el espacio ocupado por la computadora era mayor que el de la máquina. Hoy día las computadoras son cada vez más pequeñas y económicas, con lo que el uso del CNC se ha extendido a todo tipo de maquinaria: tornos, rectificadoras, eletroerosionadoras, máquinas de coser, etcétera.

En una máquina CNC, a diferencia de una máquina convencional o manual, una computadora controla la posición y velocidad de los motores que accionan los ejes de la máquina. Gracias a esto, puede hacer movimientos que no se pueden lograr manualmente como círculos, líneas diagonales y figuras complejas tridimensionales.

El término "control numérico" se debe a que las órdenes dadas a la máquina son indicadas mediante códigos numéricos. Por ejemplo, para indicarle a la máquina que mueva la herramienta describiendo un cuadrado de 10 mm por lado se le darían los siguientes códigos:

```
G90 G71
G00 X0.0 Y0.0
G01 X10.0
G01 Y10.0
G01 X0.0
G01 Y0.0
```

Un conjunto de órdenes que siguen una secuencia lógica constituyen un programa de maquinado. Dándole las órdenes o instrucciones adecuadas a la máquina, ésta es capaz de maquinar una simple ranura, una cavidad irregular, la cara de una persona en altorrelieve o bajorrelieve, un grabado artístico un molde de inyección de una cuchara o una botella... lo que se quiera.

Al principio hacer un programa de maquinado era muy difícil y tedioso, pues había que planear e indicarle manualmente a la máquina cada uno de los movimientos que tenía que hacer. Era un proceso que podía durar horas, días, semanas. Aún así era un ahorro de tiempo comparado con los métodos convencionales.

Actualmente muchas de las máquinas modernas trabajan con lo que se conoce como "lenguaje conversacional" en el que el programador escoge la operación que desea y la máquina le pregunta los datos que se requieren. Cada instrucción de este lenguaje conversacional puede representar decenas de códigos numéricos. Por ejemplo, el maquinado de una cavidad completa se puede hacer con una sola instrucción que especifica el largo, alto, profundidad, posición, radios de las esquinas, etcétera. Algunos controles incluso cuentan con graficación en pantalla y funciones de ayuda geométrica. Todo esto hace la programación mucho más rápida y sencilla.

También se emplean sistemas CAD/CAM que generan el programa de maquinado de forma automática. En el sistema CAD (diseño asistido por computadora) la pieza que se desea maquinar se diseña en la computadora con herramientas de dibujo y modelado sólido. Posteriormente el sistema CAM (manufactura asistida por computadora) toma la información del diseño y genera la ruta de corte que tiene que seguir la herramienta para fabricar la pieza deseada; a partir de esta ruta de corte se crea automáticamente el programa de maquinado, el cual puede ser introducido a la máquina mediante un disco o enviado electrónicamente.

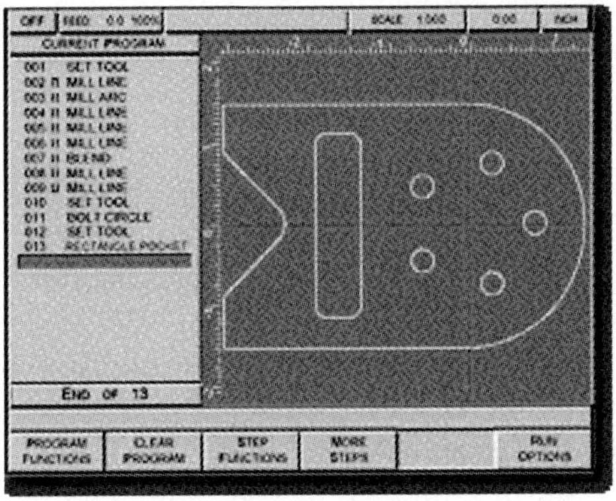

Fig. 4.17: programación de una máquina CNC

Hoy día los equipos CNC con la ayuda de los lenguajes conversacionales y los sistemas CAD/CAM, permiten a las empresas producir con mucha mayor rapidez y calidad sin necesidad de tener personal altamente especializado (Fig. 4.17).

Ámbito de aplicación del control numérico

Como ya se mencionó, las cuatro variables fundamentales que inciden en la bondad de un automatismo son: productividad, rapidez, precisión y velocidad. De acuerdo con estas variables, vamos a analizar qué tipo de automatismo es el más conveniente de acuerdo al número de piezas a fabricar. Series de fabricación:

- Grandes series: (mayor a 10.000 piezas). Esta producción está cubierta en la actualidad por las máquinas transfert, realizadas por varios automatismos trabajando simultáneamente en forma sincronizada.
- Series medias: (entre 50 y 10.000). Existen varios automatismos que cubren esta gama, entre ellos los copiadores y los controles numéricos. La utilización de estos automatismos dependerá de la precisión, flexibilidad y rapidez exigidas. El control numérico será especialmente interesante cuando las fabricaciones se mantengan en series comprendidas entre 5 y 1.000 piezas que deberás ser repetidas varias veces durante el año.
- Series pequeñas: (menores a 5 piezas). Para estas series, la utilización del control numérico suele no ser rentable, a no ser que la pieza sea lo suficientemente compleja como para justificarse su programación con ayuda de una computadora. Pero en general, para producciones menores a cinco piezas, la mecanización en máquinas convencionales resulta ser más económica.

Ventajas del control numérico

Las ventajas, dentro de los parámetros de producción explicados anteriormente son:

- Posibilidad de fabricación de piezas imposibles o muy difíciles. Gracias al control numérico se han podido obtener piezas muy complicadas como las superficies tridimensionales necesarias en la fabricación de aviones.
- Seguridad. El control numérico es especialmente recomendable para el trabajo con productos peligrosos.
- Precisión. Esto se debe a la mayor precisión de la máquina herramienta de control numérico respecto de las clásicas.
- Aumento de productividad de las máquinas. Esto se debe a la disminución del tiempo total de mecanización, en virtud de la disminución de los tiempos de desplazamiento en vacío y de la rapidez de los posicionamientos que suministran los sistemas electrónicos de control.
- Reducción de controles y desechos. Esta reducción es debida fundamentalmente a la gran fiabilidad y repetitividad de una máquina herramienta con control numérico. Esta reducción de controles permite prácticamente eliminar toda operación humana posterior, con la subsiguiente reducción de costos y tiempos de fabricación.

Clasificación de los sistemas de control numérico

Éstos se dividen fundamentalmente en:

- Equipos de control numérico de posicionamiento o punto a punto.
- Equipos de control numérico de contorneo.

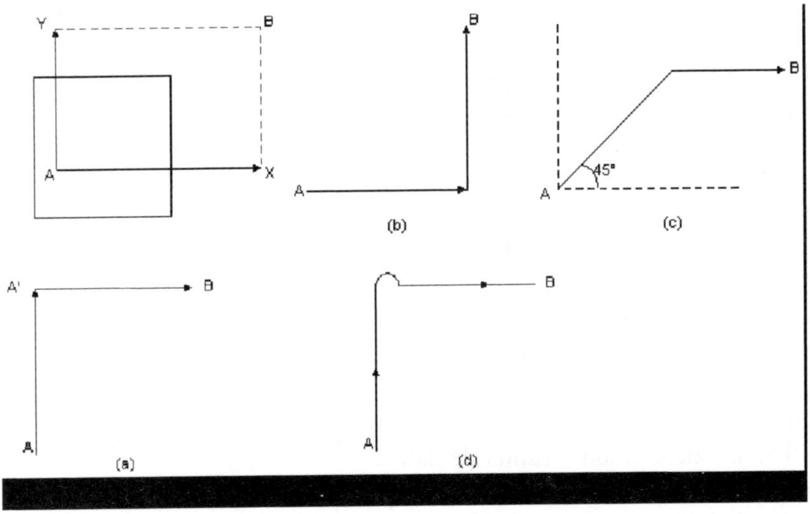

Fig. 4.18: CNC punto a punto y contorneo

Supóngase una pieza colocada sobre la mesa (ver Fig. 4.18), y que en el punto A se quiere realizar sobre ella una perforación. Sea el eje X el eje longitudinal de la mesa y el eje Y el eje transversal. B representa la proyección del eje del útil sobre la mesa. El problema de llevar el punto A al punto B se puede resolver de las siguientes formas:

- Accionar el motor del eje Y hasta alcanzar el punto A; y a continuación el motor del eje X hasta alcanzar al punto B.
- Análogo al anterior, pero accionando primero el motor del eje longitudinal y después el del transversal. Estos dos modos de posicionamiento reciben el nombre de posicionamiento secuencial y se realiza normalmente a la máxima velocidad que soporta la máquina.
- Accionar ambos motores a la vez y a la misma velocidad. En este caso la trayectoria seguida será una recta de 45°. Una vez se ha llegado a la altura del punto B, el motor del eje Y se parará para continuar exclusivamente el motor del eje X hasta llegar al punto B. Este tipo de posicionamiento recibe el nombre de posicionamiento simultáneo (punto a punto).

En un sistema punto a punto, el control determina, a partir de la información suministrada por el programa y antes de iniciarse el movimiento, el camino total a recorrer. Posteriormente se realiza dicho posicionamiento, sin importar en absoluto la trayectoria recorrida, puesto que lo único que importa es alcanzar con precisión y rapidez el punto en cuestión.

Los equipos que permiten generar curvas reciben el nombre de equipos de contorneo. Los sistemas de contorneo gobiernan no sólo la posición final sino también el movimiento en cada instante de los ejes en los cuales se realiza la interpolación. En estos equipos deberá existir una sincronización perfecta entre los distintos ejes, controlándose, por tanto, la trayectoria real que debe seguir la herramienta. Con estos sistemas se pueden generar recorridos tales como rectas con cualquier pendiente, arcos de circunferencia, cónicas o cualquier otra curva definible matemáticamente. Estos sistemas se utilizan, sobre todo, en fresados complejos, torneados, etcétera.

Arquitectura general de un control numérico

Se pueden distinguir cuatro subconjuntos funcionales:
- Unidad de entrada – salida de datos.
- Unidad de memoria interna e interpretación de órdenes.
- Unidad de cálculo.
- Unidad de enlace con la máquina herramienta y servomecanismos.

Unidad de entrada – salida de datos

La unidad entrada de datos sirve para introducir los programas de mecanizado en el equipo de control numérico, utilizando un lenguaje inteligible para éste. En los sistemas antiguos se utilizaron para la introducción de datos sistemas tipo ficha (Data Modul) o preselectores (conmutadores rotativos codificados); los grandes inconvenientes que presentaron estos métodos, sobre todo en programas extensos, provocó su total eliminación. Posteriormente se utilizaba para dicho propósito la cinta perforada (de papel, milar o aluminio), por lo que el lector de cinta se constituía en el órgano principal de entrada de datos. Esta cinta era previamente perforada utilizando un perforador de cinta o un teletipo. El número de agujeros máximo por cada carácter era de ocho (cinta de ocho canales). Además de estos agujeros, existía otro de menor tamaño, ubicado entre los canales 3 y 4 que permitía el arrastre de la cinta.

Los primeros lectores de cinta fueron electromecánicos; los cuales utilizaban un sistema de agujas palpadoras que determinaban la existencia de agujeros o no en cada canal de la cinta, luego esto actuaba sobre un conmutador cuyos contactos se abren o cierran dependiendo de la existencia o no de dichos agujeros. Luego se utilizaron lectores de cinta fotoeléctricos, los cuales permitían una velocidad de lectura de cinta muy superior. Los mismos constaban de células fotoeléctricas, fotodiodos o fototransistores como elementos sensores. Estos elementos sensibles a la luz, ubicados bajo cada canal de la cinta (incluso bajo el canal de arrastre). Una fuente luminosa se colocaba sobre la cinta, de tal forma que cada sensor producía una señal indicando la presencia de un agujero que sería amplificada y suministrada al equipo de control como datos de entrada.

Otro medio que se utilizaba para la entrada de datos era el cassette, robusto y pequeño, era más fácil de utilizar, guardar y transportar que la cinta, siendo óptima su utilización en medios hostiles. Su capacidad variaba entra 1 y 5 Mb.

Luego comenzó a utilizarse el diskette. Su característica más importante era la de tener acceso aleatorio, lo cual permitía acceder a cualquier parte del disco en menos de medio segundo. La velocidad de transferencia de datos variaba entre 250 y 500 Kb / s.

Con la aparición del teclado como órgano de entrada de datos, se solucionó el problema de la modificación del programa, que no podía realizarse con la cinta perforada, además de una rápida edición de programas y una cómoda inserción y borrado de bloques, búsqueda de una dirección en memoria, etc.

Unidad de memoria interna e interpretación de órdenes

Tanto en los equipos de programación manual como en los de programación mixta (cinta perforada o cassette y teclado), la unidad de memoria interna almacenaba no sólo el programa sino también los datos máquina y las compensaciones (aceleración y desaceleración, compensaciones y correcciones de la herramienta, etcétera). Son los llamdos datos de puesta en operación.

En las máquinas que poseían sólo cinta perforada como entrada de datos, se utilizaba memorias buffer. Luego, con el surgimiento del teclado y la necesidad de ampliar significativamente la memoria (debido a que se debía almacenar en la misma un programa completo de mecanizado) se comenzaron a utilizar memorias no volátiles (su información permanece almacenada aunque desaparezca la fuente de potencia del circuito, por ejemplo en el caso de un fallo en la red) de acceso aleatorio (denominadas RAM) del tipo CMOS.

Además poseían una batería denominada tampón, generalmente de níquel – cadmio, que cumplían la función de guardar durante algunos días (al menos tres) todos los datos máquina en caso de fallo en la red. Una vez almacenado el programa en memoria, inicia su lectura para su posterior ejecución. Los bloques se van leyendo secuencialmente. En ellos se encuentra toda la información necesaria para la ejecución de una operación de mecanizado.

Unidad de cálculo

Una vez interpretado un bloque de información, esta unidad se encarga de crear el conjunto de órdenes que serán utilizadas para gobernar la máquina herramienta. Como ya se dijo, este bloque de información suministra la información necesaria para la ejecución de una operación de mecanizado. Por lo tanto, una vez el programa en memoria, se inicia su ejecución. El control lee un número de bloques necesario para la realización de un ciclo de trabajo. Estos bloques del programa son interpretados por el control, que identifica: la nueva cota a alcanzar (x, y, z del nuevo punto en el caso de un equipo de tres ejes), velocidad de avance con la que se realizará el trayecto, forma a realizar el trayecto, otras informaciones como compensación de herramientas, cambio de útil, rotación o no del mismo, sentido, refrigeración, etcétera). La unidad de cálculo, de acuerdo con la nueva cota a alcanzar, calcula el camino a recorrer según los diversos ejes.

Servomecanismos

La función principal de un control numérico es gobernar los motores (servomotores) de una máquina herramienta, los cuales provocan un desplazamiento relativo entre el útil y la pieza situada sobre la mesa. Si consideramos un desplazamiento en el plano, será necesario accionar dos motores, en el espacio, tres motores, y así sucesivamente.

En el caso de un control numérico punto a punto, las órdenes suministradas a cada uno de los motores no tienen ninguna relación entre sí; en cambio en un control numérico de contorneo, las órdenes deberán estar relacionadas según una ley bien definida.

Para el control de los motores de la máquina herramienta se pueden utilizar dos tipos de servomecanismos, a lazo abierto y a lazo cerrado. En los de lazo abierto, las órdenes a los motores se envían a partir de la información suministrada por la unidad de cálculo, y el servomecanismo no recibe ninguna información ni de la posición real de la herramienta ni de su velocidad. No así en un sistema de lazo cerrado, donde las órdenes suministradas a los motores dependen a la vez de las informaciones enviadas por la unidad de cálculo y de las informaciones suministradas por un sistema de medidas de la posición real por medio de un captador de posición (generalmente un encoder), y uno de medida de la velocidad real (tacómetro), montados ambos sobre la máquina.

4.3.3. Robots Industriales

La robótica ha cumplido 40 años de aplicación en procesos industriales, con más de medio millón de robots instalados en industrias de todo el mundo, principalmente en el sector automotriz. Sin embargo es una tecnología joven que se ha introducido en la metalmecánica, química, papelera, cerámica, alimentación y que sigue abriendo caminos en muchos otros sectores, incluyendo la medicina, el agrario y los servicios.

De reciente aparición en la industria local, la aplicación de técnicas y herramientas de la robótica ha dejado de ser una realidad ajena a nuestra región. Mayores exigencias de calidad en productos y procesos, incluyendo condiciones de seguridad y salubridad, ciclos de vida de productos sumamente breves que obligan a flexibilizar los sistemas de producción, y la integración de procesos discretos en sistemas CIM son razones de peso que llevan a considerar seriamente la implantación de un sistema robótico. Para ello se deben conocer sus fundamentos, alcances y límites.

Definición de robot industrial

Una posible definición de robot industrial podría ser: "una máquina programable, de propósito general, que posee ciertas características antropomórficas, es decir, con características basadas en la figura humana".

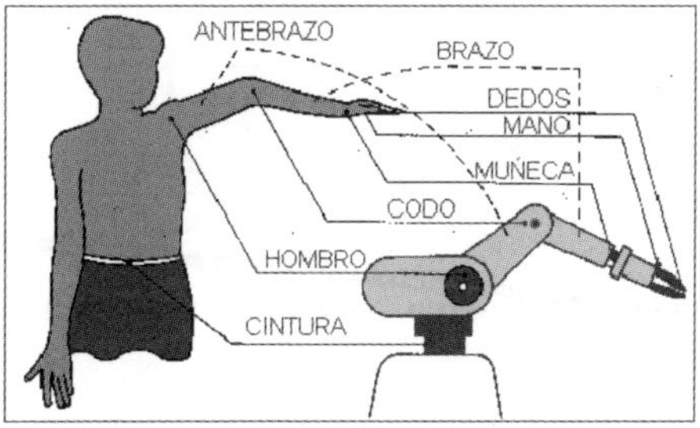

Fig. 4.19: Robot antropomórfico

Cabe destacar que la característica antropomórfica más común en nuestros días es la de un brazo mecánico (Fig. 4.19), el cual realiza diversas tareas industriales. Existen en el mercado diversas empresas dedicadas a la fabricación de robots industriales por lo que existen diferentes marcas y modelos. Estos últimos son normalmente asignados para identificarlos o de acuerdo a su función.

Componentes de un robot y sus funciones

El componente principal lo constituye el manipulador, el cual consta de varias articulaciones y sus elementos (Fig. 4.20). Las partes que conforman el manipulador reciben los nombres de: cuerpo, brazo, muñeca y efector final. Al efector final se le conoce comúnmente como pinza o gripper (Fig. 4.21).

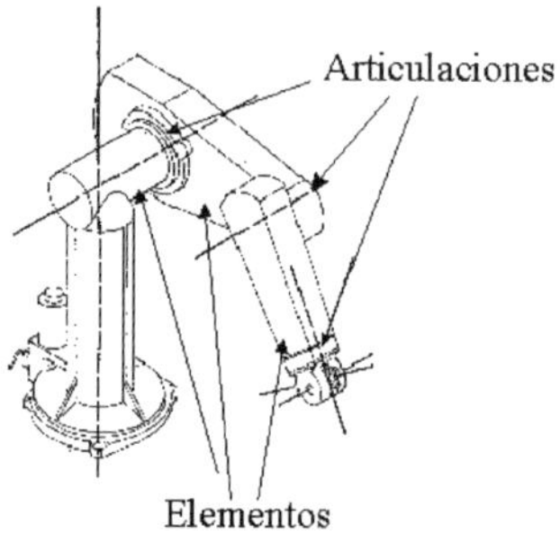

Fig. 4.20: Articulaciones y elementos de un robot

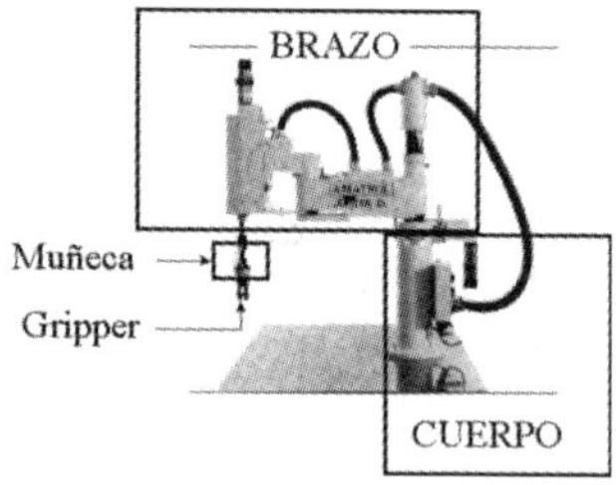

Fig. 4.21: Cuerpo, brazo, muñeca y efector

Cada articulación provee al robot de al menos un *"grado de libertad"*. En otras palabras, las articulaciones permiten al manipulador realizar movimientos: lineales que pueden ser horizontales o verticales, o por articulación (Fig. 4.22).

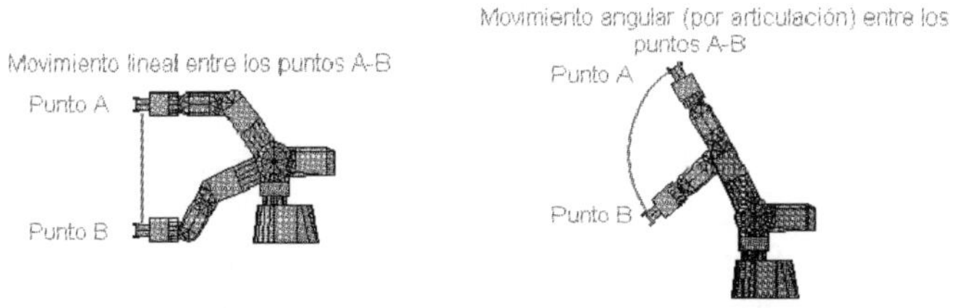

Fig. 4.22: Trayectoria del extremo del robot

Además del manipulador, los otros elementos que forman parte del robot son un controlador, mecanismos de entrada y salida de datos y dispositivos especiales.

El controlador del robot, como su nombre indica, es el que controla cada uno de los movimientos del manipulador y guarda sus posiciones. El controlador recibe y envía señales a otras máquinas-herramientas (por medio de señales de entrada/salida) y almacena programas. Los mecanismos de entrada y salida, más comunes son: teclado, monitor y caja de comandos llamada "teach pendant". En la Fig. 4.23 se muestra un controlador (computer module) que envía señales a los motores de cada uno de los ejes del robot, la caja de comandos ("teach pendant") la cual sirve para enseñarle las posiciones al manipulador del robot. Los dispositivos de entrada y salida permiten introducir y, a su vez, ver los datos del controlador. Para mandar instrucciones al controlador y para dar de alta programas de control, comúnmente se utiliza una computadora adicional.

Es necesario aclarar que algunos robots únicamente poseen uno de estos componentes. En estos casos, uno de los componentes de entrada y salida permite la realización de todas las funciones.

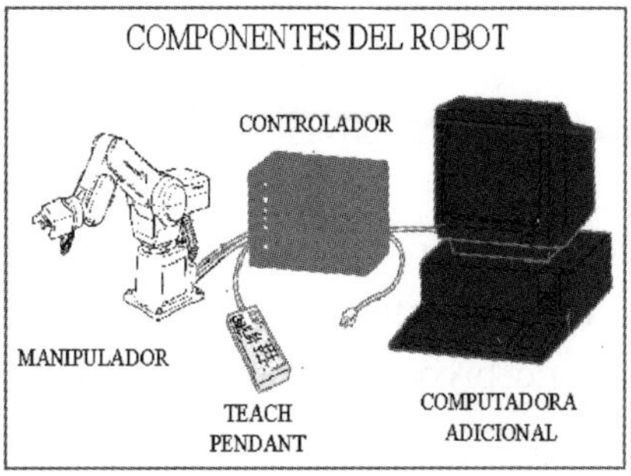

Fig. 4.23: Componentes de un sistema robótico

Señales de entrada y salida

Las señales de entrada y salida se obtienen mediante tarjetas electrónicas instaladas en el controlador del robot las cuales le permiten tener comunicación con otras máquinas-herramientas.

En la celda de fabricación, por ejemplo, se utilizan estas tarjetas para comunicar a los dispositivos especiales. Entre los dispositivos especiales se encuentran los ejes que facilitan el movimiento transversal del manipulador y las estaciones de ensamble, que son utilizadas para sujetar las distintas piezas de trabajo.

Efector final (gripper)

El efector final (gripper) es un dispositivo que se une a la muñeca del brazo del robot con la finalidad de activarlo para la realización de una tarea específica. La razón por la que existen distintos tipos de efectores finales es, precisamente, por las funciones que realizan. Los diversos tipos pueden ser divididos en dos grandes categorías: pinzas y herramientas.

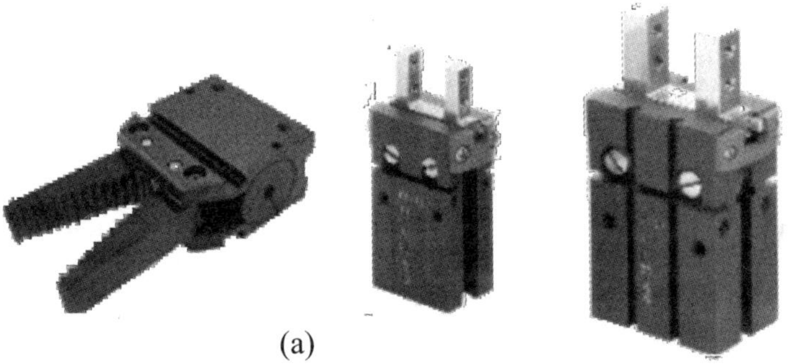

(a) (b)

Fig. 4.24: a) Pinzas tipo pivotante. b) Pinzas tipo paralelo

Las pinzas han sido diseñadas para que el robot cargue y descargue objetos, transporte materiales y ensamble piezas. Los tipos de pinzas más comunes pertenecen al tipo llamado pivotante (Fig. 4.24 (a)). Los dedos de la pinza giran en relación con los puntos fijos del pivote. De esta manera, la pinza se abre y se cierra. Otro tipo de pinzas se denominan de movimiento lineal o paralelo. En este caso, los dedos se abren y se cierran ejecutando un movimiento paralelo entre sí (Fig. 4.24 (b)). Al momento de diseñar una pinza deben tomarse en cuenta la forma y peso de la pieza de trabajo así como el tipo de movimiento que harán los dedos. Con estos lineamientos, se puede asegurar una buena sujeción (Fig. 4.25), de tal forma que la pinza no modifique o dañe la estructura de la pieza. Una regla general es que la pinza debe sujetar a la pieza de trabajo de su centro de gravedad, esto ocasiona que se anulen los momentos que se pudieran generar por el peso de la pieza de trabajo.

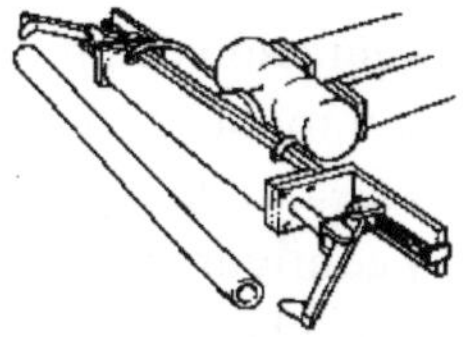

Fig. 4.25: Buena sujeción de piezas

Para reducir los tiempos de ciclo en operaciones de carga y descarga de piezas a máquinas-herramientas se pueden diseñar efectores finales con doble pinza. Existen otros tipos de pinzas como ventosas, pinzas magnéticas y pinzas adhesivas.

Grados de libertad que puede tener un robot

Sin duda, una de las principales características que definen a los robots son los "grados de libertad" que posee. Hablar de "grados de libertad" equivale a decir número y tipo de movimientos del manipulador. Observando los movimientos del brazo y de la muñeca, se puede determinar el número de grados de libertad que presenta un robot. Generalmente, tanto en el brazo como en la muñeca, se encuentra una variación que va desde uno hasta los tres grados de libertad.

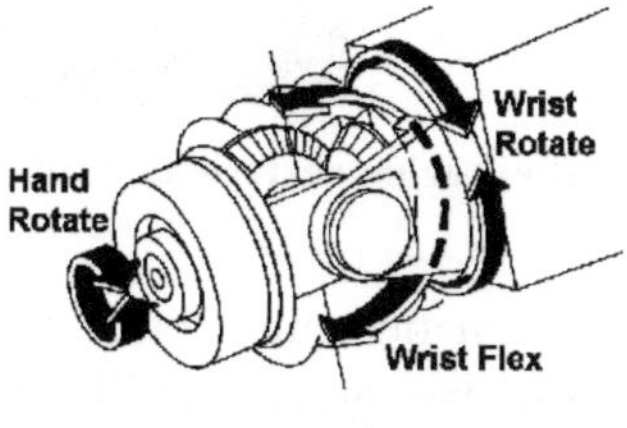

Fig. 4.26: Grados de libertad de una muñeca

A la muñeca de un manipulador le corresponden los siguientes movimientos o grados de libertad: giro (hand rotate o "roll"), elevación (wrist flex o "pitch") y desviación (wrist rotate o "jaw") como muestra la Fig. 4.26.

Cabe hacer notar que existen muñecas que no pueden realizar los tres tipos de movimiento. Los grados de libertad del brazo de un manipulador están directamente relacionados con su anatomía, o configuración.

Tipo de configuraciones para los robots industriales

Cuando se habla de la configuración de un robot, se habla de la forma física que se le ha dado al brazo del robot. El brazo del manipulador puede presentar cuatro configuraciones clásicas: la cartesiana, la cilíndrica, la polar y la angular. Además de las cuatro configuraciones clásicas mencionadas existen otras configuraciones llamadas no clásicas, como la configuración scara; muy utilizada en aplicaciones de montaje superficial.

Configuración cartesiana: posee tres movimientos lineales, es decir, tiene tres grados de libertad, los cuales corresponden a los movimientos localizados en los ejes X, Y y Z (Fig. 4.27). Los movimientos que realiza este robot entre un punto y otro son con base en interpolaciones lineales. Interpolación, en este caso, significa el tipo de trayectoria que realiza el manipulador cuando se desplaza entre un punto y otro. A la trayectoria realizada en línea recta se le conoce como interpolación lineal y a la trayectoria hecha de acuerdo con el tipo de movimientos que tienen sus articulaciones se le llama interpolación por articulación.

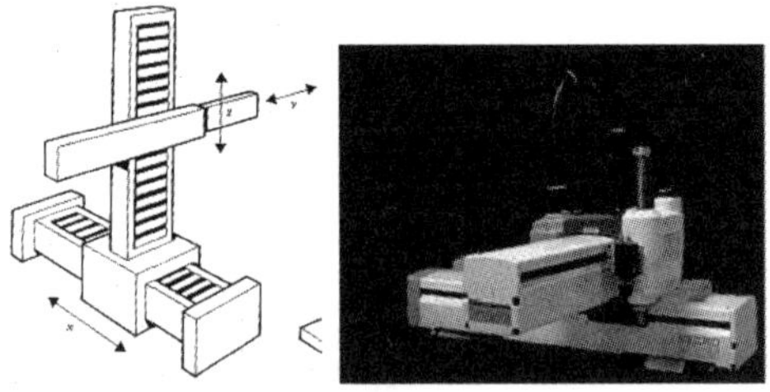

Fig. 4.27: Configuración cartesiana y robot cartesiano

Configuración cilíndrica: puede realizar dos movimientos lineales y uno rotacional, o sea, que presenta tres grados de libertad (Fig. 4.28). El robot de configuración cilíndrica está diseñado para ejecutar los movimientos conocidos como interpolación lineal e interpolación por articulación. La interpolación por articulación se lleva a cabo por medio de la primera articulación, ya que ésta puede realizar un movimiento rotacional.

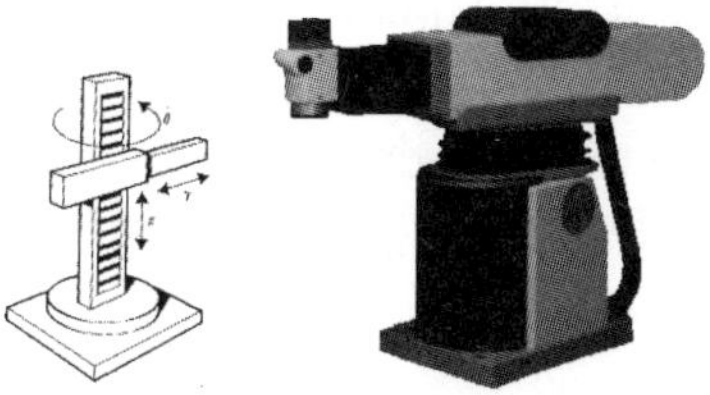

Fig. 4.28: Configuración cilíndrica y robot cilíndrico

Configuración polar: cada una de sus articulaciones puede realizar un movimiento distinto: rotacional, angular y lineal. Este robot utiliza la interpolación por articulación para moverse en sus dos primeras articulaciones y la interpolación lineal para la extensión y retracción (Fig. 4.29).

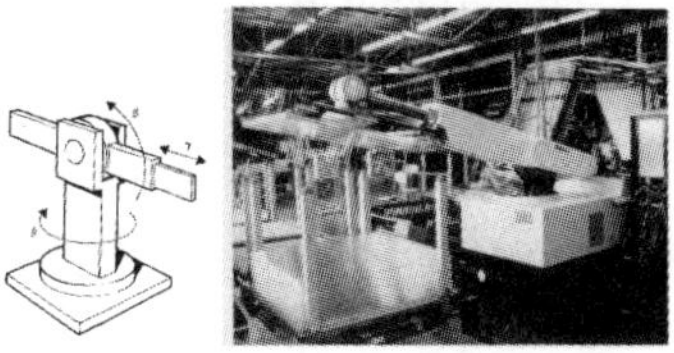

Fig. 4.29: Configuración polar y robot polar

Configuración Angular (o de brazo articulado): presenta una articulación con movimiento rotacional y dos angulares (Fig. 4.30). Aunque el brazo articulado puede realizar el movimiento llamado interpolación lineal (para lo cual requiere mover simultáneamente dos o tres de sus articulaciones), el movimiento natural es el de interpolación por articulación, tanto rotacional como angular.

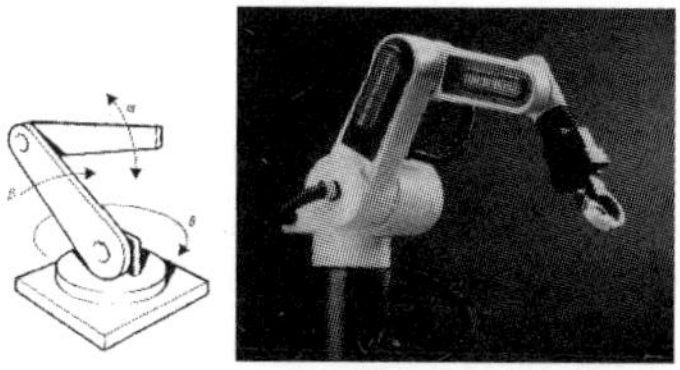

Fig. 4.30: Configuración angular y robot angular

Configuración SCARA: el ejemplo más común de una configuración no clásica lo representa el robot tipo SCARA, cuyas siglas significan: *Selective apliance arm robot for asembly.* Este brazo puede realizar movimientos horizontales de mayor alcance debido a sus dos articulaciones rotacionales. El robot de configuración *SCARA* también puede hacer un movimiento lineal (mediante su tercera articulación). Este diseño especial resulta particularmente apropiado para aplicaciones de montaje superficial; en las que, con estos robots, se puede obtener una significante reducción de los tiempos de ciclo (nótese la acción directa de los motores sobre las articulaciones en la Fig. 4.31).

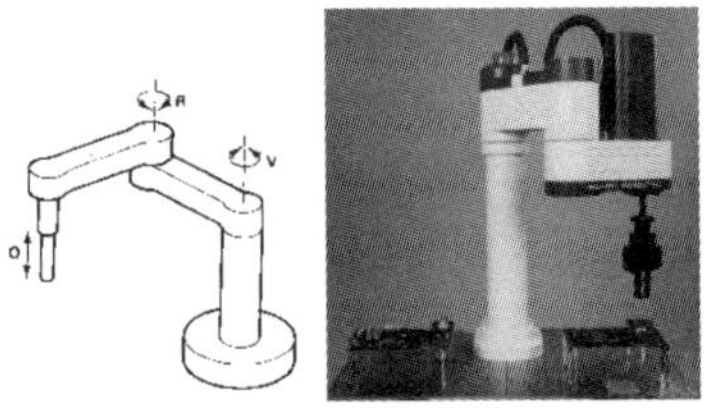

Fig. 4.31: Configuración SCARA y robot SCARA

Volumen de trabajo

El volumen de trabajo de un robot se refiere únicamente al espacio dentro del cual puede desplazarse el extremo de su muñeca. Para determinar el volumen de trabajo no se toma en cuenta el efector final. La razón de ello es que a la muñeca del robot se le pueden adaptar grippers de distintos tamaños. Para ilustrar lo que se conoce como volumen de trabajo regular y volumen de trabajo irregular, se pueden tomar como modelo varios robots. Así la Fig. 4.32 permite apreciar que el robot cartesiano y el robot cilíndrico presentan volúmenes de trabajo regulares. Mientras que el robot cartesiano genera una figura cúbica, el robot de configuración cilíndrica presenta un volumen de trabajo parecido a un cilindro (normalmente este robot no tiene una rotación de 360°). Por su parte, los robots que poseen una configuración polar, los de brazo articulado y los modelos SCARA presentan un volumen de trabajo irregular.

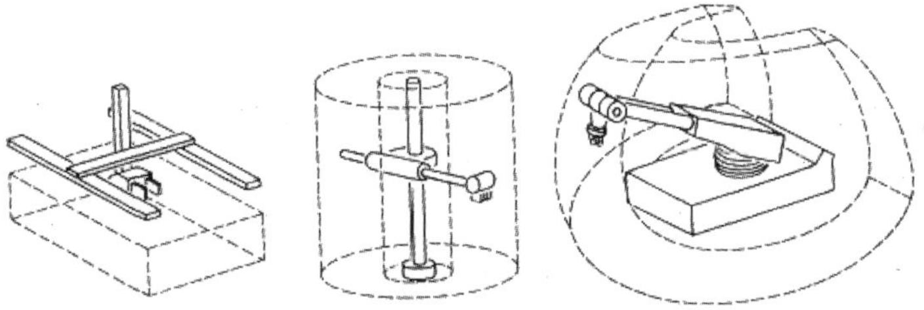

Fig. 4.32: Volumen de trabajo de un robot a) cartesiano, b) cilíndrico, c) polar

Para determinar el volumen de trabajo de un robot industrial, el fabricante generalmente indica un plano con los límites de movimiento que tiene cada una de las articulaciones del robot.

Precisión de movimiento

La precisión de movimientos en un robot industrial depende de tres factores: *la resolución espacial, la exactitud y la repetibilidad.*

La *resolución* espacial se define como el incremento más pequeño de movimiento que puede ejecutar un robot. La resolución espacial depende directamente del control del sistema y de las inexactitudes mecánicas del robot, así como del sistema den control.

La *exactitud* se refiere a la capacidad de un robot para situar el extremo de su muñeca en un punto señalado dentro del volumen de trabajo. La exactitud mantiene una relación directa con la resolución espacial, es decir, con la capacidad del control del robot de dividir en incrementos muy pequeños el volumen de trabajo. Un robot presenta una mayor exactitud cuando su brazo opera cerca de la base. A medida que el brazo se aleja de la base, la exactitud se irá haciendo menor. Esto se debe a que las inexactitudes mecánicas se incrementan al ser extendido el brazo. Otro factor que afecta a la exactitud es el peso de la carga, las cargas más pesadas reducen la exactitud (al incrementar las inexactitudes mecánicas). El peso de la carga también afecta la velocidad de los movimientos del brazo y la resistencia mecánica.

La *repetibilidad*, el tercer y último factor, se refiere a la capacidad del robot de regresar al punto que se le programó las veces que sean necesarias.

Sistemas de impulsión

Los más comunes son tres: impulsión hidráulica, impulsión eléctrica e impulsión neumática.

En el sistema de impulsión hidráulica se utiliza un fluido, generalmente un tipo de aceite, para que el robot pueda movilizar sus mecanismos. La impulsión hidráulica se utiliza para robots grandes, los cuales presentan mayor velocidad y mayor resistencia mecánica.

Se le da el nombre de impulsión eléctrica cuando se usa la energía eléctrica para que el robot ejecute sus movimientos. La impulsión eléctrica se utiliza para robots de tamaño mediano, pues éstos no requieren de tanta velocidad ni potencia como los robots diseñados para funcionar con impulsión hidráulica. Los robots que usan la energía eléctrica se caracterizan por una mayor exactitud y repetibilidad.

El sistema de impulsión neumática utiliza aire comprimido para que el robot pueda movilizar sus mecanismos. En la impulsión neumática se utiliza un compresor para presurizar aire que viaja a través de mangueras. Este tipo de impulsión está muy extendida en robots de pequeño tamaño. Los robots que funcionan con impulsión neumática están limitados a operaciones sencillas que no requieren gran precisión como la de tomar y situar ciertos elementos.

Es importante señalar que se pueden dar casos en los que no todos los elementos que forman el robot utilicen el mismo tipo de impulsión.

4.3.4. Vehículos guiados automáticamente (AGVs)

Los AGVs son vehículos equipados con sistemas de guiado automático, ópticos o electromagnéticos. Pueden seguir rutas predeterminadas y tener capacidad de programación, selección de paradas, bloqueos y otras características que requiere el control del sistema.

Tipos de AGVs.

Existen numerosas clasificaciones de AGVs, a continuación se muestra una de estas clasificaciones en relación a su funcionalidad:

- Vehículos de remolque.
- Unidades de carga.
- Remolque de pallets.
- Tipo carretilla elevadora.
- Vehículos de baja capacidad de carga.
- Estaciones de ensamblado.

En la Fig. 4.33 se muestran algunos ejemplos de AGVs.

Fig. 4.33: AGVs: a) de remolque, b) carretilla elevadora, c) unidad de carga

Funciones de un AGV

Entre las funciones principales que desarrolla un AGV, se encuentran las siguientes:

- Guiado.
- Elección de ruta.
- Control de tráfico.
- Transferencia de carga.
- Gestión del sistema.

Aplicaciones de los AGVs

Existen multitud de criterios para saber cuando hay que emplear un AGV, algunos de ellos se muestran a continuación:

- Cuando los materiales llegan tarde a los centros de trabajo más del 5% del tiempo con un sistema manual.
- Cuando hay más de 10 puntos de carga y descarga en el sistema.
- Cuando los movimientos de materiales están entre 35 y 200 cargas por hora.
- Cuando se necesitan tres o cuatro carretillas en mínimo de dos turnos.
- Cuando se están usando más de 300 pies de rodillos o cintas transportadoras.
- Cuando el software de control de la producción requiere conocer en tiempo real la situación de los materiales.

- Cuando el nivel de inventario debido a piezas en proceso hace difícil subir la productividad.
- Cuando la automatización de los centros de trabajo requiere una mayor automatización de los sistemas de transporte.
- Cuando existe gran cantidad de productos dañados con los sistemas de transporte convencional.

4.4. INTEGRACIÓN A NIVEL DE CÉLULA

Una célula de fabricación flexible (flexible manufacturing cell, FMC), es una celda de trabajo altamente automatizada que consiste en un grupo de estaciones de procesamiento (generalmente máquinas herramienta CNC, por control numérico computarizado) interconectadas mediante un sistema automatizado de manejo y almacenamiento de material, y controladas por medio de un sistema integrado de computadoras. Un FMS es capaz de procesar una amplia variedad de partes simultáneamente bajo un programa de control numérico en diferentes estaciones de trabajo.

La FMC se basa en principios de la tecnología de grupos. Ningún sistema de manufactura puede ser completamente flexible. No es posible producir un rango infinito de productos. Hay límites en el grado de flexibilidad que puede incorporarse en una FMC. En consecuencia, un sistema flexible de fabricación se diseña para producir partes (o productos) dentro de un rango de estilos, tamaños y procesos. En otras palabras, una FMC es capaz de producir una familia de partes únicas o un rango ilimitado de familia de partes.

4.4.1. Flexibilidad y Sistemas Automatizados de Fabricación

Los sistemas de fabricación flexible varían en términos de la cantidad de máquinas herramienta y el nivel de flexibilidad. Cuando el sistema sólo tiene algunas máquinas, se usa el término *celda de fabricación flexible* (flexible manufacturing cell, FMC). Tanto las celdas como los sistemas están muy automatizados y se controlan por computadora. Las diferencias entre un FMS y un FMC no está siempre bien definida, pero como se verá en el próximo capítulo se considera que un FMS es un conjunto de FMCs unidos por sistemas automatizados de manipulación y transporte. Sin embargo, esta división no está universalmente aceptada y la terminología que se aplica a esta tecnología todavía no se ha desarrollado por completo. Algunos sistemas y celdas altamente automatizados no son flexibles y esto produce confusión en la terminología. Por ejemplo, una línea de transferencia es un sistema altamente automatizado para fabricación, pero está limitado a la producción masiva de un estilo de parte, por lo cual no es un sistema flexible. Para desarrollar el concepto de flexibilidad en un sistema de manufactura, considere una celda que posee dos máquinas herramienta CNC (Fig. 4.34), en las cuales un robot industrial carga y descarga desde un carrusel por partes. La celda opera sin vigilancia durante largos periodos. En forma cíclica, un trabajador debe descargar partes terminadas del carrusel y sustituirlas con partes de trabajo nuevas. Ésta es en verdad una celda automatizada de fabricación, pero, ¿es una celda flexible de fabricación? Se podría decir que sí, que su flexibilidad consiste en las máquinas herramienta CNC que pueden programarse para maquinar distintas configuraciones de partes como cualquier máquina CNC. Sin embargo, si la celda sólo opera en un modo por lotes, en el cual se produce el mismo estilo de parte en varias docenas (o varios cientos) de unidades, esto no puede calificarse como fabricación flexible.

Para calificar a un sistema de fabricación como flexible de cumplir varios criterios. Las pruebas de flexibilidad en un sistema de producción automatizada son la capacidad de:

- Procesar diferentes estilos de partes, pero no por lotes.
- Aceptar cambios en el programa de producción.
- Responder en forma inmediata cuando se presenten averías y errores del equipo en el sistema.
- Y aceptar la introducción de nuevos diseños de partes.

Estas capacidades hacen posible el uso de una computadora que controla y coordina los componentes del sistema. Los criterios más importantes son el primero y el segundo; los criterios tercero y cuarto son más suaves y pueden instrumentarse en distintos niveles de sofisticación.

Si el sistema automatizado no cumple estos cuatro criterios, no debe calificarse como un sistema o celda de fabricación flexible. En el caso de la Fig. 4.34, la celda de trabajo robótico cumpliría con el primer criterio si maquinara diferentes configuraciones de partes combinadas y no por lotes; con el segundo criterio si permitiera cambios en el programa de producción y en la mezcla de partes; con el tercer criterio si continuara operando incluso si se descompusiera una máquina (por ejemplo, mientras se repara la máquina descompuesta, su trabajo se reasigna temporalmente a otra máquina) y con el cuarto criterio si conforme se desarrollan nuevos diseños de partes, éstos se escribieran fuera de líneas de programa de partes con control numérico y después se copiaran al sistema para su ejecución. Esta cuarta capacidad también requiere que la habitación de herramientas en las máquinas CNC, al igual que el extremo ejecutor del robot, sean convenientes para el nuevo diseño de partes.

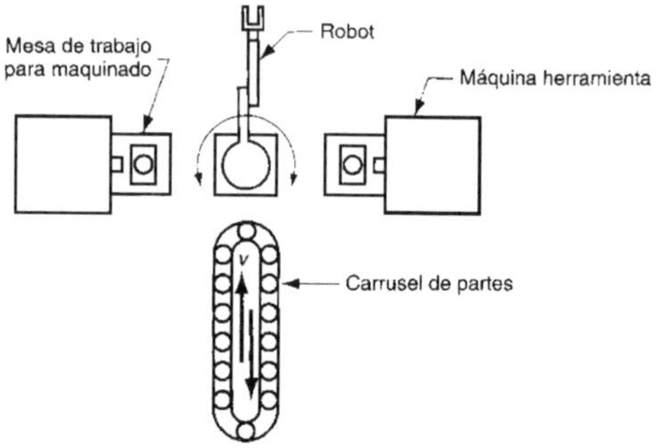

Fig. 4.34: Ejemplo ilustrativo de flexibilidad en una celda de fabricación

4.4.2. Integración de las Células de Fabricación Flexible en un FMS

Una célula de fabricación flexible está formada por un hardware y un software que debe integrarse en una unidad eficiente y confiable. También incluye personal humano. En esta sección se examinan estos componentes y cómo se integran.

Componentes hardware

Un sistema de fabricación flexible incluye estaciones de trabajo, un sistema de manejo de material y una computadora de control central. Las estaciones de trabajo incluyen máquinas CNC en un sistema de tipo maquinado, además de estaciones de inspección, de limpieza por partes y otras, según sean necesarias. Para un sistema flexible de maquinado, por lo general se incluye un sistema transportador automatizado de bajo piso.

El sistema de manejo de materiales es el medio para mover las partes entre estaciones. Este sistema incluye una capacidad limitada para almacenar partes. Entre los sistemas de manejo para la manufactura automatizada están los transportadores de rodillos, los carros enganchados en el piso, los vehículos controlados de forma automática y los robots industriales. El tipo más apropiado depende del tamaño y la geometría de partes, al igual que de factores relacionados con la economía y la compatibilidad con otros componentes del FMS. Con frecuencia, las partes no rotacionales se mueven en un FMS sobre "pallets" fijos, por lo que los pallets están diseñados para el sistema de manejo particular, y los soportes se diseñan para alojar las diversas geometrías de partes en la familia. Las partes rotacionales se manejan mediante robots se le peso no es un factor restrictivo.

El sistema de manejo establece la distribución básica del FMS. Se distinguen cinco tipos de distribución:

a) En línea.
b) En escalera.
c) A campo abierto.
d) En ciclo.
e) Celda centrada en un robot.

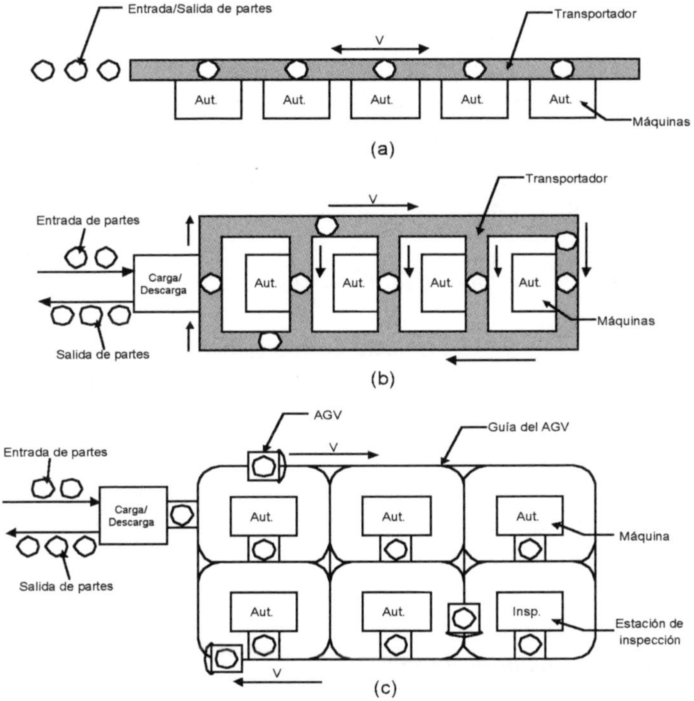

Fig. 4.35: Distribución: a) en línea, b) en escalera, c) a campo abierto de un FMS

En la Fig. 4.35 se muestran los tipos a), b) y c). El diseño *en línea* utiliza un sistema de transferencia lineal para mover partes entre las estaciones de procesamiento y las estaciones de carga/descarga. El sistema de transferencia en línea generalmente tiene capacidad de movimiento en dos direcciones; de lo contrario el FMS opera en forma muy parecida a línea de transferencia y los diferentes estilos de partes hechos en el sistema deben seguir la misma secuencia básica de procesamiento debido al flujo en una dirección.

La *distribución en ciclo* consiste en un transportador o ciclo con estaciones de trabajo ubicadas en su periferia. Esta configuración permite cualquier secuencia de procesamiento debido a que es posible acceder a cualquier estación desde otra. Esto también se aplica a la *distribución en escalera*, en la cual las estaciones de trabajo se ubican en los peldaños de la escalera. La *distribución a campo abierto* es la configuración de FMS más compleja y consiste en varios ciclos enlazados. Por último, una *celda centrada en un robot* consiste en un robot cuyo volumen de trabajo incluye las posiciones de carga/descarga de las máquinas celdas.

El FMS también incluye una computadora central que hace interfaz con otros componentes del hardware. Además de la computadora central, las máquinas individuales y otros componentes generalmente tienen microcomputadoras como sus unidades de control individual. La función de la computadora central es coordinar las actividades de los componentes para obtener una operación general fluida del sistema. Esta función se realiza por medio del software de aplicación.

Software para un sistema de fabricación flexible y funciones de control

El software para un FMS consiste en módulos asociados con las diversas funciones que ejecuta el sistema de fabricación. Por ejemplo, una función implica cargar programas de partes de control numérico a las máquinas herramienta individuales, otra función se relaciona con el control del sistema de manejo de material, otra se refiere a la administración de las herramientas, y así sucesivamente. La Tabla 4.1 presenta una lista de las funciones incluidas en la operación de un FMS común. Con cada función se asocian uno o más módulos del software. En una instalación determinada pueden usarse términos diferentes a los de nuestra tabla. Las funciones y los módulos son en su gran mayoría para una aplicación específica.

Mano de obra

Un componente adicional en la operación de un sistema de fabricación flexible es la mano de obra humana. Entre las actividades que realizan los trabajadores están:

a) Cargar y descargar partes del sistema.
b) Cambiar y preparar las herramientas de corte.

c) Dar mantenimiento y reparar el equipo.
d) La programación de partes con control numérico.
e) La programación y operación del sistema de computadoras.
f) La administración general del sistema.

Función	Descripción
Programación de partes por NC	Desarrollo de programas de NC, para partes nuevas introducidas en el sistema. Esto incluye un paquete de lenguaje, tal como APT.
Control de producción	Mezcla de productos, programación de maquinado y otras funciones de planificación.
Copia de programas por NC	Los comandos del programa de partes deben copiarse a las estaciones individuales.
Control de maquinado	Las estaciones de trabajo individuales requieren controles, por lo general CNC.
Control de partes de trabajo	Vigilar el estado de cada parte de trabajo en el sistema, el estado de los soportes de trinquete, los pedidos en los soportes de los trinquetes para carga/descarga.
Administración de herramientas	Las funciones incluyen control de inventario de herramientas, estado de las herramientas en relación con la duración esperada de ellas, el cambio y reformado de herramientas y el transporte desde y hacia el esmerilado de herramientas.
Control de transporte	Programación y control del sistema de manejo.
Administración del sistema	Compilación de los informes de administración sobre el rendimiento (utilización, cuenta de piezas, velocidad de producción...) En ocasiones se incluye la simulación de un FMS.

Tabla 4.1: Tabla de funciones comunes de computadora instrumentadas mediante módulos software de aplicación en un sistema de fabricación flexible

4.4.3. Aplicación de los sistemas de fabricación flexible

Por lo común, los sistemas de fabricación flexible se usan para una producción de volumen medio y variedad intermedia. Si la parte o producto se hace en grandes cantidades sin variaciones de estilo, es más conveniente una línea de transferencia o un sistema similar de producción dedicada. Si las partes se hacen en volumen bajo y variedad alta, serían más convenientes el control numérico o incluso métodos manuales. Estas características de aplicaciones se resumen en la Fig. 4.36.

Los sistemas de mecanizado flexible son las aplicaciones más comunes en la tecnología de un FMS. Debido a la flexibilidad y capacidad implícitas del control numérico por computadora, es posible conectar varias máquinas herramienta CNC a una pequeña computadora central y diseñar métodos automatizados para transferir las partes de trabajo entre las máquinas. La Fig. 4.37 muestra un sistema de mecanizado flexible que consta de 2 estaciones de mecanizado CNC y un sistema de transferencia en línea para recoger partes de una estación central para carga/descarga y moverlas a las estaciones de mecanizado correctas.

Además de los sistemas de mecanizado, se han desarrollado otros tipos de sistemas de fabricación flexibles, aunque el estado de la tecnología en estos procesos no ha permitido su instrumentación de la misma forma que en el mecanizado. Los otros tipos de sistemas incluyen el ensamble, la inspección, el procesamiento de láminas metálicas (perforado, corte con cizalla, doblado y formado) y el forjado.

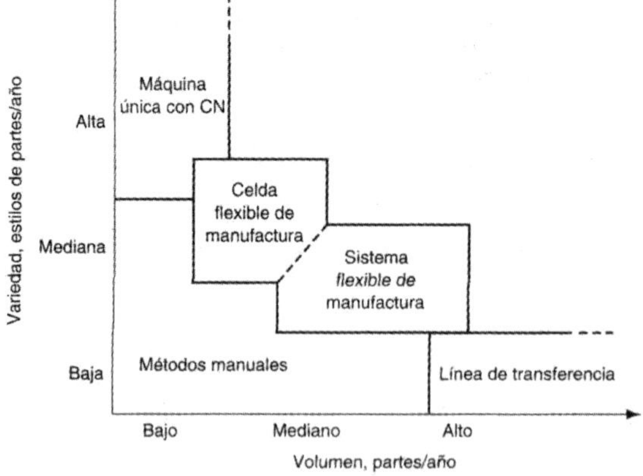

Fig. 4.36: Características de aplicaciones de FMS en relación con otros tipos de sistemas de producción

Gran parte de la experiencia en los sistemas de fabricación flexible se ha obtenido en el área de mecanizado. Las ventajas que, por lo general, implica la instalación de sistemas de mecanizado flexible son:

a) Mayor utilización de máquinas que un taller especializado convencional (oscila entre 40 y 50% para las operaciones convencionales de tipo por lotes, y alrededor del 75% para un FMS, debido a un mejor manejo del trabajo, distribuciones fuera de línea y programación mejorada).
b) Menor trabajo en proceso debido a la producción continua, en lugar de la producción por lotes.
c) Tiempos de fabricación más cortos.
d) Mayor flexibilidad en el programa de producción.

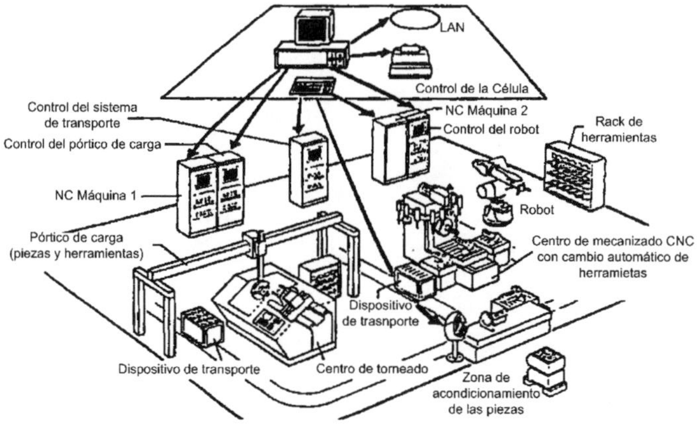

Fig. 4.37: Células de fabricación flexible en un FMS

4.5. CONCLUSIÓN

En este capítulo se ha comenzado por introducir el concepto de ingeniería de producción. Por lo extenso del concepto se ha optado por dividir su estudio en dos capítulos. En este primero de ellos se ha dado un pequeño repaso a los diferentes equipos de control; abordando sus configuraciones y el hardware que los constituye. Seguidamente se ha pasado a comentar de forma más concreta las máquinas susceptibles de automatización que constituyen el primer eslabón en la jerarquía del sistema de producción. Para ello se han repasado previamente, y de forma bastante genérica, aquellas operaciones que estas máquinas han de acometer. Una vez dado este primer repaso a las máquinas más susceptibles de automatización se ha pasado a analizar un eslabón superior de la automatización, como son las células de fabricación flexible.

En el próximo capítulo se abordarán otros temas también relacionados con la ingeniería de la producción; como la integración a nivel de planta y a nivel del almacenaje y la distribución. Mientras que lo visto en este capítulo –control e integración a nivel de máquinas y células de fabricación– ha supuesto un gran avance en la ingeniería de la producción en los últimos años, son estos dos últimos apartados recogidos en el próximo capítulo los que, probablemente, están llamados a marcar la diferencia el los próximos años de evolución de los sistemas productivos.

5. INGENIERÍA DE LA PRODUCCIÓN II

5.1. INTRODUCCIÓN

En el capítulo anterior, también dedicado a la Ingeniería de la Producción, se analizaron con cierto detalle los equipos de control utilizados en producción, así como la integración a nivel de máquina y de célula. Este capítulo sube un nivel más en la integración (Fig. 5.1) y se centra en aquellas tareas que van más allá de la elaboración de piezas o partes. Ahora el análisis se dirige a dar una visión más amplia de la elaboración de los productos que han de satisfacer un pedido determinado.

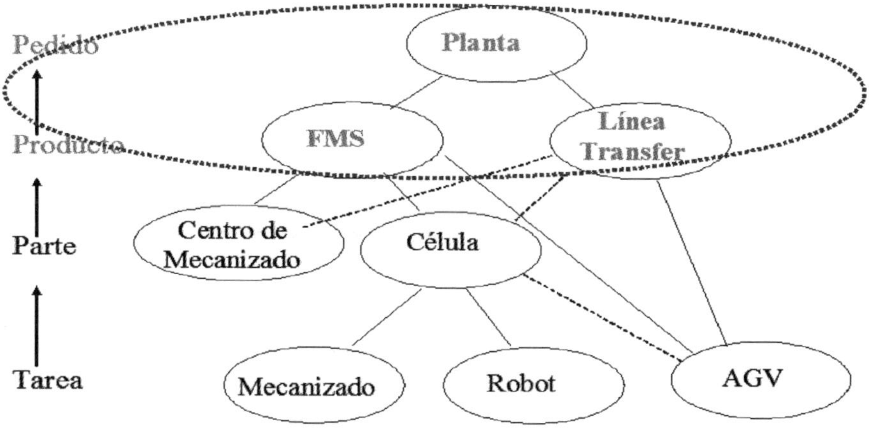

Fig. 5.1: División en niveles de los sistemas físicos de la planta

Una vez revisados algunos de los aspectos de la integración a nivel de planta se dedica un apartado a las tareas de almacenaje y distribución; puesto que éstas constituyen el punto clave en el que los productos dejan la planta de fabricación pasando a recorrer otros eslabones de la cadena de suministro. Es, por tanto, en el almacenaje y la distribución donde se pone a prueba la eficacia de los sistemas de gestión de la empresa.

5.2. INTEGRACIÓN A NIVEL DE PLANTA

La Fig. 5.1 muestra como los sistemas físicos a nivel de planta se apoyan sobre los ya analizados que operan a nivel de máquina y de célula. De esta forma, tal como se comentó en el capítulo anterior, un sistema flexible de fabricación (FMS o "Flexible Manufacturing System") está compuesto de células de fabricación, centros de mecanizado y sistemas de transporte. Las líneas transfer están dedicadas a la fabricación en serie de grandes lotes de productos, su flexibilidad es menor que la de los FMS pero, normalmente, tienen una productividad superior; al igual que las FMS están compuestas de diferentes elementos, entre los que pueden figurar centros de mecanizado, células de fabricación y sistemas de transporte.

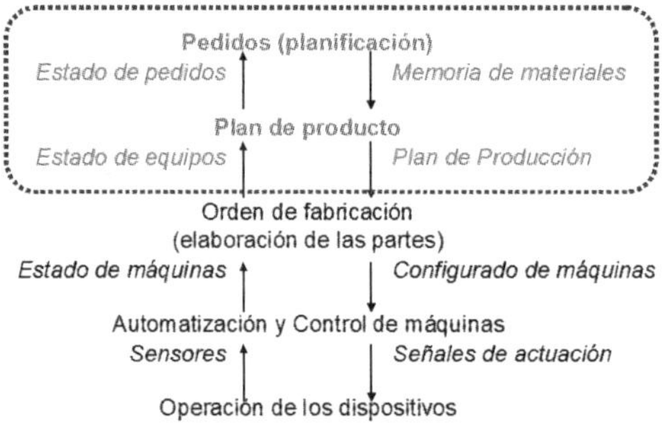

Fig. 5.2: División en niveles de los sistemas de decisión de la planta

Desde el punto de vista de la toma de decisiones (Fig. 5.2) la integración a nivel de planta es aquella que va a permitir una eficiente planificación de la producción de los productos que han de satisfacer un determinado pedido. Para la toma de decisiones a nivel de planta es necesario disponer de información sobre el estado de los diferentes elementos de la instalación así como de la progresión de los diferentes pedidos en curso. De este proceso de toma de decisiones se ha de obtener una memoria de materiales y un plan de producción que serán utilizados en la elaboración de las diferentes órdenes de fabricación necesarias para satisfacer el pedido.

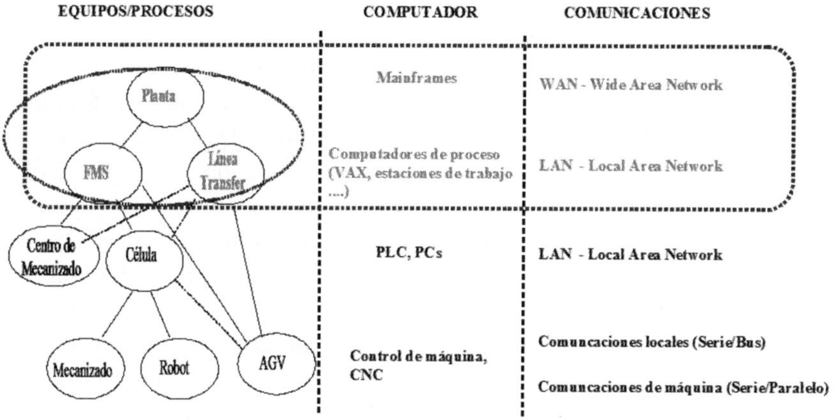

Fig. 5.3: División en niveles de los sistemas de comunicación y control de la planta

Para el control a nivel de planta se utilizan sistemas de grandes prestaciones con gran capacidad de conexión en red y la posibilidad de gestionar bases de datos con todo tipo de información necesaria en la gestión de la empresa. Para un control eficiente los diferentes sistemas específicos de supervisión y control, como los basados en PCs y PLCs, deben ser capaces de intercambiar información con este nivel superior a través de redes locales (Fig. 5.3).

5.2.1. Integración de la producción

Un sistema de producción integrado agrupa típicamente células de mecanizado o maquinaria específica, sistemas robóticos, sistemas de transporte y almacenamiento; todo ellos debidamente sensorizado, monitorizado y provisto de actuadores adicionales en caso de ser necesarios para determinadas operaciones.

Una buena integración parte normalmente de una adecuada manipulación de las piezas entre los diferentes componentes del sistema productivo; como es el caso de la alimentación de máquinas o el intercambio de piezas con los dispositivos de almacenaje.

Existen diferentes formas de manipulación que ofrecen grados distintos de flexibilidad:

- Cintas transportadoras: en sus diferentes formas y variantes (cintas, rodillos, cadenas…) estos sistemas de escasa flexibilidad proporcionan gran robustez y fiabilidad para aquellos casos en los que las rutas y secuencias seguidas en la producción sean fijas (Fig. 5.4).
- Sistemas de lanzadera sobre raíles: son sistemas medianamente flexibles apropiados para aquellos casos en los que no se prevén cambios frecuentes en la ruta pero si en la secuencia de fabricación (Fig. 5.5). En esta categoría cabría incluir algunos tipos de AGV como los filoguiados.
- Sistemas robotizados: cuando se prevén cambios frecuentes en las rutas y en las secuencias se puede recurrir a los robots para manipulación en trayectorias cortas como la alimentación de máquinas o gestión de pequeños almacenes y buffers de producción. Si los trayectos previstos son más largos se pueden utilizar determinados tipos de AGVs con sistemas de guiado que ofrecen alta flexibilidad. También es posible combinar los robots industriales de propósito general con sistemas de transporte que les permitan aumentar su volumen de trabajo, como es el caso de los ejes adicionales o el montaje del robot sobre una lanzadera.

Fig. 5.4: Transportadores de rodillos

Los criterios de selección de las diferentes opciones se basan en consideraciones tales como:

- Tipo de material.
- Tipo de tareas a realizar sobre las piezas.
- Peso de las piezas.
- Tamaño del entorno (alcance y/o distancias a recorrer).
- Coste.

Además de los mencionados hasta el momento existen otros dispositivos que puede encontrarse integrados en muchos sistemas de fabricación como son los dedicados al almacenamiento de partes dentro del proceso productivo. Estos sistemas pueden encontrarse entre diferentes células y centros de mecanizados u otras operaciones de procesado y su presencia facilita la coordinación en fabricación por lotes.

Pueden encontrarse diferentes sistemas y soluciones con grado de flexibilidad diverso y una variada gama de prestaciones de control. La Fig. 5.6 muestra un sistema de almacenamiento en forma de carrusel vertical que permiten una alta rotación. De una forma genérica se pueden establecer la siguiente clasificación:

- Buffers FIFO y de acumulación.
- Buffers expendedores.
- Buffers de acceso aleatorio.

Fig. 5.5: Dos ejemplos de sistema de lanzadera mono-rail

Criterio de selección del tipo de buffer a utilizar:

- Situación: junto a la estación de trabajo o en la zona de almacén.
- Tamaño: tamaño de las partes y volumen a manejar (estrategia de control).
- Acceso: automático o manual.

5.2.2. Configuraciones para la producción

Recapitulando lo que se ha venido viendo hasta ahora se puede decir que los entornos de producción automatizados se clasifican en las categorías siguientes:

Centro de mecanizado: típicamente integra una o más funciones de mecanizado. Un centro de mecanizado se usa normalmente para pequeñas produc-

Fig. 5.6: Sistema de almacenamiento en forma de carrusel vertical expendedor

ciones que requieren de cambio de herramientas automático. Se pueden incluir operaciones manuales por razones de coste o flexibilidad.

Célula Flexible de Fabricación: integra a una o varias máquinas que producen de forma automática familias de partes con características similares. Es habitual la incorporación de manipulación automática tanto de las piezas como de las herramientas.

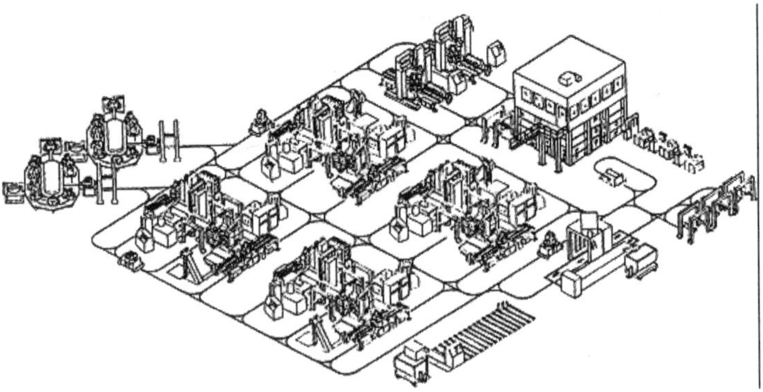

Fig. 5.7: Sistema Flexible de Fabricación

Sistema Flexible de Fabricación: integra típicamente multitud de células y/o centros de mecanizado en un conjunto dotado de cierto grado de flexibilidad en cuanto al producto pero destinado a la automatización total de las operaciones. Estos sistemas son típicos en para producción de volúmenes medios con variedad media de productos. Las células se dedicarán a la realización de grupos de tareas similares reduciendo su flexibilidad pero permitiendo un mayor flujo de productos.

Línea Transfer Flexible: se utilizan para grandes volúmenes de piezas diferentes pero con un alto grado de similitud. Típicamente integran operaciones secuenciales unidas por un control y sistema de transporte comunes. Es posible que posean cierto grado de flexibilidad puntual.

Línea de Flujo Continuo/Semi-continuo: se utilizan para grandes volúmenes de fabricación con variantes entre las que existe un alto grado de similitud. Se caracterizan por un estrecho acoplamiento de las operaciones sobre productos que fluyen continuamente (como productos alimenticios o de limpieza en formato líquido o en polvo) unidos por un control común (Fig. 5.8).

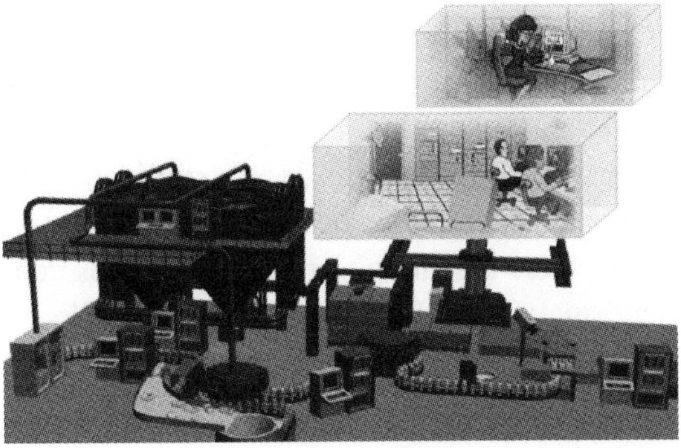

Fig. 5.8: Línea de flujo continuo/semi-continuo

La Fig. 5.9 muestra esta clasificación poniendo especial énfasis en las características de las diferentes opciones en cuanto a la variedad de productos diferentes que se pueden producir en el mismo sistema y el grado de productividad que se puede obtener. Sin embargo este gráfico es únicamente indicativo pues cada vez es más frecuente encontrar soluciones innovadoras que combinan varias de las configuraciones comentadas. Así es habitual encontrar células localizadas de soldadura o pintura integradas dentro de las líneas transfer comunes en automoción o células de ensamblado en líneas de producción de dispositivos electrónicos.

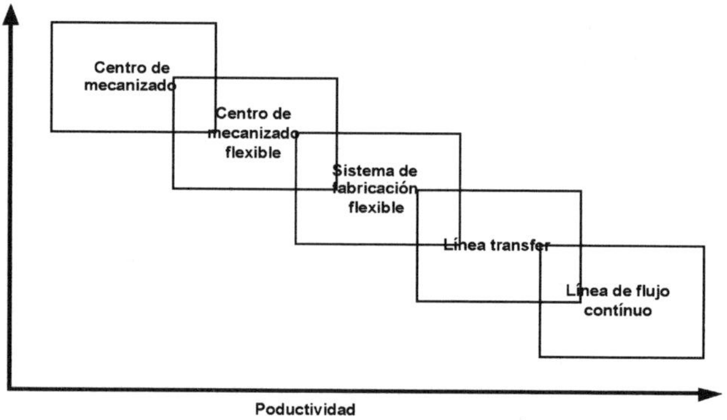

Fig. 5.9: Clasificación de las configuraciones para la producción

El gran crecimiento que la variedad de la demanda está experimentando en los últimos años da lugar a soluciones cada vez más variadas y con mayores prestaciones en cuanto a flexibilidad.

Hasta ahora se ha venido hablando de "flexibilidad" como un concepto genérico referido a una característica deseable en los sistemas de fabricación que les permiten adaptarse a cambios en las condiciones de trabajo. Llegado este punto conviene analizar la flexibilidad en más detalle. Se pueden observar diferentes formas de flexibilidad en la producción:

- Flexibilidad de la configuración: por la que se pueden añadir o quitar dispositivos con facilidad.
- Flexibilidad en las operaciones de máquina: facilidad para cambiar las operaciones realizadas y su orden.
- Flexibilidad en la manipulación de partes y material: facilidad para realizar tareas sobre materiales y partes diferentes.
- Flexibilidad en el control: capacidad para cambiar secuencias y organización.
- Flexibilidad de operaciones manuales: capacidad de incorporar nuevas tareas (ej.: accesibilidad).

Cada una de estas formas de flexibilidad requiere un coste y reporta unos beneficios. A lo hora del diseño es necesario establecer ese balance coste-beneficios que se adapte a la producción prevista.

Además de la flexibilidad conviene que el sistema productivo integrado presente otra característica: la reconfigurabilidad. Mientras que la flexibilidad se refiere a las operaciones que pueden ser realizadas en el sistema actual la reconfigurabilidad se refiere a las operaciones que se pueden realizar en un futuro en caso que sea necesario; aunque ello requiera de una reestructuración del sistema.

5.2.3. Futuro de la automatización a nivel de planta

Cabe analizar las tendencias actuales en el campo de la automatización industrial desde dos perspectivas diferentes: la de la evolución de las líneas de negocio y la tecnológica.

Líneas de negocio

Desde el primero de estos puntos de vista se observa una mayor repercusión de la cooperación y competencia a escala global en la que cambios en las alianzas y consorcios entre empresas incrementan la presión hacia avances en los productos que les permitan adaptarse a este entorno cambiante. Este entorno dinámico y cambiante está dando lugar a una mayor demanda por productos fabricados a medida o en lotes pequeños con diseños que se actualizan con gran frecuencia. Además el mercado exige cada vez productos de mayor calidad y con menor plazo de entrega. Todo esto mientras la presión hacia reducción de costes crece rápidamente para toda empresa que quiera mantener los márgenes de beneficio en sus productos a lo largo del tiempo.

En las circunstancias expuestas es lógico que las empresas demanden una mejor, más simple, limpia y efectiva comunicación entre la gestión de negocio y los sistemas de producción. A la vez que estos sistemas han de ser capaces de reaccionar de forma directa ante las inevitables variaciones en las condiciones de operación. Ej.: los desarrollos dirigidos al comercio electrónico han de estar conectados con el entrono de producción.

Tecnología

Desde el punto de vista tecnológico, y como consecuencia de la situación que se acaba de describir, se está incrementando rápidamente la demanda por sistemas de comunicación de gran ancho de banda a todos los niveles de la fábrica. Y además está apareciendo un nuevo mercado te productos tecnológicos especializados tales como:

- Comunicación sin cables.
- Sistemas distribuidos de computación cada vez con mayor capacidad.
- Software de control inteligente y distribuido en forma de agentes capaces de razonar e interaccionar entre sí.
- Acceso mediante internet a los diferentes elementos de la fábrica. Tanto para la gestión como para la producción, incluso a nivel de máquina.

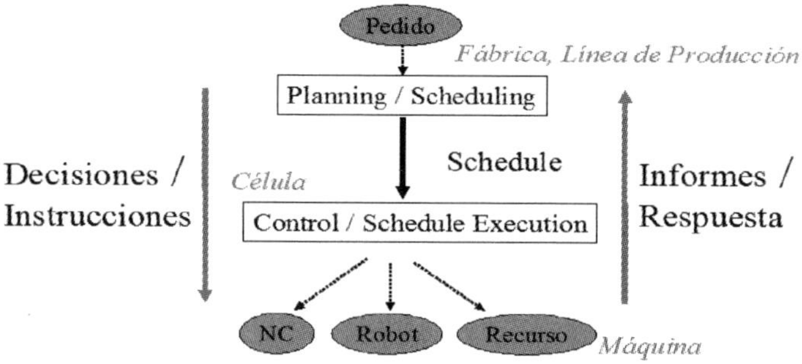

Fig. 5.10: Arquitectura multi-nivel en automatización de fábricas

Una alternativa a la arquitectura multi-nivel en la automatización de fábricas

Tradicionalmente los sistemas de producción tienen una estructura multinivel del tipo que se muestra en la Fig. 5.10 que típicamente presentan características como:

- Descomposición funcional de las operaciones.
- Proceso de toma de decisiones jerarquizado.
- Decisiones centralizadas.
- Especialmente sensible a alteraciones, disrupciones y cambios en la producción con dificultades para adaptarse a situaciones nuevas.

Debido a las nuevas condiciones de trabajo se está produciendo una variación de tendencia por la que se comienza a optar por arquitecturas alternativas más flexibles y con más facilidad de adaptación a entornos cambiantes. Una de las alternativas que se están abriendo camino en los sistemas de fabricación es la de optar por sistemas de toma de decisiones distribuidos e inteligentes basados en sistemas software compuestos por entidades separadas denominadas "agentes" que representan unidades tales como órdenes o máquinas (Fig. 5.11). Estos agentes son capaces de razonar para tomar decisiones a partir de información obtenida del subsistema controlado por cada agente y de la que se consigue mediante la interacción o comunicación con los demás agentes. Este tipo de estructura se puede utilizar tanto para el control de los sistemas de producción como para la planificación y seguimiento de pedidos.

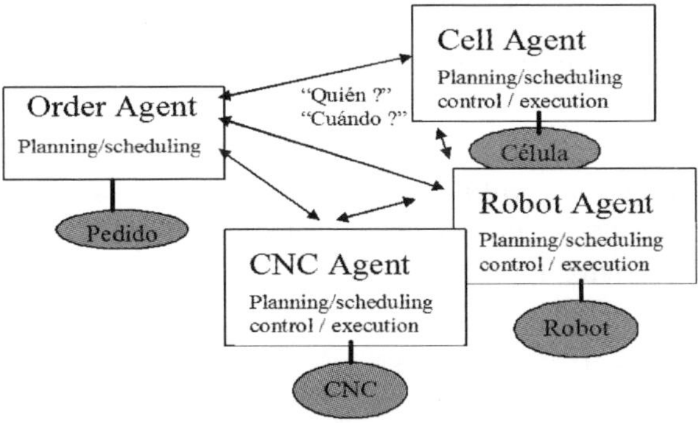

Fig. 5.11: Arquitectura multi-agente en automatización de fábricas

Las ventajas de esta arquitectura vienen derivadas de su estructura orientada a objetos auto-contenida y robusta que soporta con relativa facilidad capacidades "plug and play" en la incorporación de nuevos equipos al sistema.

5.3. INTEGRACIÓN DEL ALMACENAJE Y LA DISTRIBUCIÓN

Los inventarios o Stocks pueden ser definidos como una provisión de materiales con el objeto de facilitar la continuidad del proceso productivo y la satisfacción de los pedidos de consumidores y clientes. Los inventarios se presentan prácticamente en cualquier organización, y en particular en las empresas industriales, sean éstas pequeñas, medianas o grandes.

5.3.1. Conceptos básicos de la Gestión de Almacenes

En el caso de una empresa comercial, el aprovisionamiento consistirá en la compra a los proveedores de los productos terminados que la empresa va a vender a sus clientes sin mayor transformación.

Una función muy importante de los inventarios es actuar como regulador entre los ritmos de salida de unas fases y los de entrada de las siguientes.

- Si el ritmo al que los proveedores sirvieran las materias primas y auxiliares fuera idéntico al ritmo al que son necesarias en el proceso de producción no se plantearía el problema de regulación en esta fase. Pero lo más frecuente es que los proveedores entreguen materiales periódicamente y que las empresas que lo precisen de forma prácticamente continua, por lo que resulta precisa la colocación de unos reguladores que son los inventarios de materias primas.

- En el proceso de producción es necesario un regulador o inventario de productos semiterminados entre aquellas fases del proyecto cuyos ritmos de producción difieren; siendo las salidas de unas entradas para las siguientes.
- Del mismo modo, el ritmo de ventas no suele coincidir con el de generación de productos; por lo cual se hace precisa la utilización de inventarios de productos terminados.

Elementos de un sistema logístico

El esquema de la Fig. 5.12 representa las operaciones que se producen en un sistema logístico; desde que el cliente efectúa un pedido a nuestras oficinas hasta que se realiza su entrega. Estas operaciones pueden ser agrupadas como sigue:

- Considerando el subsistema externo:
  1. Se produce el pedido del cliente a las oficinas de la empresa.
  2. Se tramita el pedido y se generan las órdenes de pedido necesarias en nuestro sistema interno.
  3. Se lanza la orden de entrega al almacén de productos terminados.
  4. Se prepara la expedición del pedido.
  5. Se envía a través de los medios logísticos de que dispongamos al cliente.
  6. Se recepciona el pedido por parte del cliente.

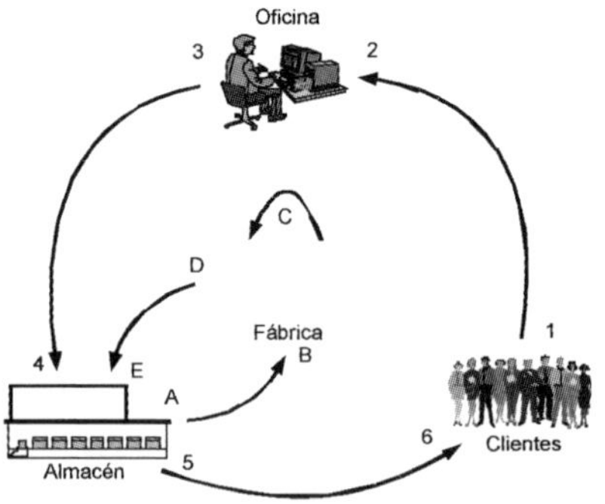

Fig. 5.12: Operaciones logísticas

Este sistema externo de suministro y almacenaje se ve alimentado por un sistema interno que nos permite el abastecimiento del cliente.

- Considerando el subsistema interno:
  - a) Se genera una orden de suministro de la planta al almacén de materias primas, que puede coincidir o no con el de productos terminados.
  - b) Una vez suministrada las materias primas a la planta, se lanza la orden de fabricación (bien sobre pedido o por planificación).
  - c) Dentro de la propia planta se realiza la fabricación del producto terminado y se prepara para la expedición de nuevo al almacén de productos terminados.
  - d) Se produce el envío al almacén.
  - e) Se recepciona en el almacén.

Este esquema tan simplificado se complica en gran medida si se consideran las operaciones de abastecimiento a la fábrica desde los proveedores de materias primas; con el correspondiente circuito de pedido al proveedor y envío al almacén propio.

De igual manera se puede representar el esquema de las operaciones internas de almacenamiento de materias primas, traslado a los talleres o fábrica y el envío de los productos terminados al almacén correspondiente.

Tipos de stocks

Los stocks pueden clasificarse de varias maneras:

Por su grado de transformación:

- Materias primas. Materiales utilizados para hacer los componentes del producto terminado.
- Componentes. Partes o submontajes que se incorporan al producto final.
- Productos en curso de fabricación. Se trata de materiales y componentes que están experimentando transformaciones o que están en la planta entre dos operaciones consecutivas.
- Productos semiterminados. Los que han sufrido ya parte de las operaciones de producción y cuya venta no tendrá lugar hasta tanto no se complete dicho proceso productivo.
- Productos terminados. Los artículos finales destinados a su venta.
- Subproductos. De carácter accesorio y secundario a la fabricación principal.
- Materiales para consumo y reposición. Tales como combustibles, repuestos, material de oficina.

- Embalajes y envases. Los necesarios para el transporte en condiciones adecuadas.

Por su categoría funcional (Tabla 5.1):

- Inventarios de ciclo. En la mayoría de las ocasiones, no tiene sentido producir o comprar artículos a medida que van siendo demandados. En estos casos, se lanza una orden de pedido de un tamaño superior a las necesidades del momento, dando así lugar a un inventario que es consumido a lo largo del tiempo. Así, por ejemplo, un supermercado realizará un pedido de un determinado número de tambores de detergente, en lugar de esperar a que se produzca la demanda del cliente, para pedir el tambor que satisficiera dicha demanda. Este inventario recibe el nombre de inventario de ciclo, ya que se presenta periódicamente, dando lugar a una pauta de comportamiento cíclica.
- Stocks de seguridad. Constituidos como protección frente a la incertidumbre de la demanda y del plazo de entrega del pedido. Evitando, dentro de lo posible, la inexistencia de inventarios en un momento dado.
- Inventarios estacionales. Su objeto es hacer frente a un aumento esperado de las ventas, por ejemplo, el material escolar a principios de septiembre que acopia una papelería situada junto a un colegio.
- Inventarios en tránsito. Se denomina así a los artículos que están circulando entre las diferentes fases de producción y de distribución, como, por ejemplo, entre el almacén de productos terminados y un almacén regional de distribución, o entre distintas fases del montaje.

Evidentemente, en la mayoría de las ocasiones, un mismo artículo presentará situaciones de inventarios que corresponden a varias de estas categorías funcionales puesto que un inventario de ciclo también puede serlo a la vez estacional, de seguridad, etcétera. Lo importante es saber con la mayor exactitud posible, y a un coste razonable, cuánto vale la globalidad de su almacén. Para ello, cada empresa debería establecer un control de sus Stocks, igual que comprueba que sus empleados cumplen con su labor, y que, por ejemplo, el banco no devuelve más recibos de los esperados.

Funciones de los inventarios

Como se ha señalado al principio, el principal objetivo de los inventarios es el actuar como reguladores entre los ritmos de entrada y las cadencias de las salidas. Entrando un poco más en detalle se pueden señalar como objetivos de los inventarios:

Tipo	Función	Ventajas
Inventarios de ciclo	Desacoplar operaciones del sistema productivo y el consumidor del suministrador.	Descuentos por cantidad Reducción de costes de preparación, manejo de materiales, trabajos administrativos, etcétera.
Stocks de seguridad	Variaciones en el plazo de entrega de pedido. Variaciones no previstas de la demanda.	Aumento de las ventas. Reducción de costes de transporte, sustitución de productos de alto valor, fallos en los servicios a los clientes, horas extras, etcétera.
Inventarios estacionales	Laminar y distribuir en el tiempo la producción para hacer frente a las ventas estacionales o promociones. Protección frente a incrementos de precios de materias primas. Prevención de interrupciones en el suministro.	Reducción de costes de contratación, seguros sociales, etcétera. Reducción de costes de materiales.
Inventarios en tránsito	"Llenar" el sistema de distribución física para hacer posible su funcionamiento.	Reducción de costes de transportes.

Tabla 5.1: Funciones y ventajas de los distintos tipos de inventario

Reducción del Riesgo: generalmente no se conoce con certeza la demanda de productos terminados que habrá en el próximo periodo y por tanto:

- Para evitar que un repentino aumento de la demanda, produzca un desabastecimiento que obligue a dejar de satisfacerla, se mantiene un stock de seguridad de productos terminados.
- Del mismo modo, no es posible saber con toda certeza el tiempo que tardarán los proveedores en servir el pedido. Para evitar una detención de proceso de producción por agotamiento del almacén de materias primas, se mantiene un stock de seguridad de materias primas.
- Este último es necesario, incluso cuando los proveedores son de absoluta confianza, pues un aumento inesperado de la intensidad de la demanda de productos terminados, puede provocar una mayor necesidad de producción, lo cual requiere a su vez una repentina elevación del ritmo

de salidas del almacén de materias primas que puede agotarse si no dispone de un nivel mínimo o stock de seguridad.

Esta reducción del riesgo es lo que muchos autores han denominado como la *Función de compras* que desempeñan los aprovisionamientos, es decir, supone el definir las necesidades de la empresa en cantidad, calidad y plazo de suministro, y participar en la determinación de la gama de productos, relacionando las actividades de aprovisionamiento con las estimaciones de ventas.

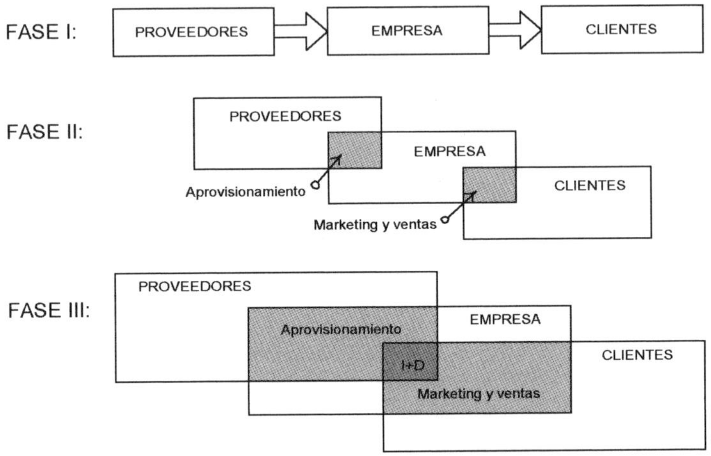

Tabla 5.13: Relación proveedores-empresa-cliente.

A lo largo de la historia del desarrollo empresarial se han producido diversas fases respecto a este asunto (Fig. 5.13).

- FASE I: en esta primera fase, no aparecen diferenciadas en la empresa, las funciones de compra y de venta. Es el caso que corresponde con el pequeño comerciante o incluso con grandes comercios de un único establecimiento, en los que cada jefe de sección efectúa la compra de lo que va a vender o la venta de lo que ha comprado. Es este caso donde se agrupan en una única persona, las funciones de compra y de venta.
- FASE II: en una segunda fase, aparecen dos funciones claramente diferenciadas:
  - Ventas: en la que se decide que se va a vender y cual es la mejor forma de hacerlo, utilizando para ello los elementos de marketing necesarios (publicidad, promociones, fuerza de venta, diseño de productos nuevos, precio de venta...).

- Compras o aprovisionamientos: en la que el responsable o el departamento se ocupa de que suministrar aquello que se va a vender, en las mejores condiciones posibles de calidad, cantidad, plazo y precio.

• FASE III: es en esta tercera fase, cuando la relación con los proveedores se hace más intensa, recordemos que en la fase anterior, aunque las funciones de venta y de compra aparecían diferenciadas, ocurría en mayor o menor medida lo que ocurría en la Fase I que se vendía lo que se compraba.

Esta relación con los proveedores que desde su mercado, puede aparecer nuevas oportunidades en el nuestro, que no detectaríamos si estuviéramos atentos únicamente a las peticiones de nuestros clientes, por ello los responsables del aprovisionamiento pasan a ventas la información sobre nuevos productos en el mercado de proveedores, y es en esta fase cuando introducimos el componente investigación y desarrollo (I+D) adaptando los productos de nuestros proveedores a nuestros clientes.

Es aquí donde el stock juega un papel fundamental, permitiéndonos ofrecer al mercado nuevos productos que puedan competir en cantidad, calidad y que estén en el mercado en el momento preciso (plazo de entrega), sin que el coste para la empresa supere sus expectativas de rentabilidad.

Reducción de costes: otro de los objetivos que cumplen los inventarios es de abaratar (en la medida de lo posible) los costes de adquisición y producción (en una fase posterior del módulo se comentaran los diferentes costes que afectan a un stock). Hay ocasiones, en que la forma óptima de producción es hacerlo por lotes (ver curso de producción), es decir, fabricar un gran lote de unidades durante un periodo corto de tiempo y no volver a fabricar, hasta que esté casi agotado (stock de seguridad). Ello nos permite utilizar la misma maquinaria para elaborar distintos productos, lo cual en muchos casos resulta muy barato, al distribuirse entre todos ellos los costes fijos de las máquinas. En las adquisiciones de materia prima, también puede ser muy económico comprar por grandes lotes, con el fin de aprovecharnos de los descuentos comerciales por tamaño de pedido, repartir entre el mayor número de unidades los costes de transporte, pero todo ello implica que la fabricación por lotes precisa de grandes inventarios de productos terminados. Y en la adquisición por lotes también son necesarios grandes almacenes de materias primas. Otro caso en el que la disposición de grandes inventarios abarata la adquisición de primeras materias y la producción, es aquel en el que se compra grandes cantidades de aquellas cuando su precio se reduce transitoriamente.

Anticipar las variaciones previstas de la oferta y la demanda. Existen ocasiones en la que pueden preverse las variaciones de la oferta y la demanda. Por ejemplo, los editores de libros se anticipan a la escasez que provoca una huelga de imprentas, acumulando libros en su inventario, en este caso estaríamos ante una variación prevista de la oferta. También puede preverse que una amplia campaña de promoción de uno de los productos, va a elevar la demanda del mismo (mes de septiembre, campaña escolar), en este caso para anticiparse a la demanda la empresa acumula productos terminados en sus almacenes. Otro tanto ocurre cuando la materia prima o los productos terminados, están sometidos a variaciones estacionales. Esta anticipación de la oferta y de la demanda es analizada por de sistemas de gestión de stocks, en los cuales un factor clave a la hora de determinar el sistema de gestión más adecuado a la empresa, será la determinación del tipo de demanda del producto que básicamente agruparemos en dos:

- Demanda Determinista.
- No Determinista o Probabilística.

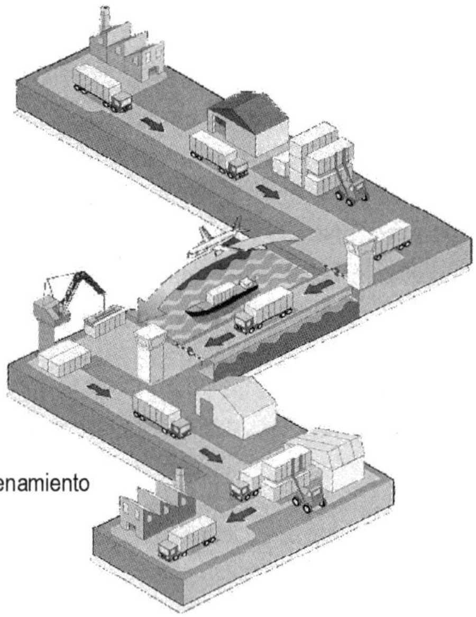

Fig. 5.14: Fases en el transporte

Facilitar el transporte y la distribución del producto: aunque la demanda de los consumidores finales, sea perfectamente previsible, generalmente los productos han de ser transportados desde los lugares de fabricación hasta los de consumo, y el transporte no puede efectuarse de forma continua (Fig. 5.14). Por ello la producción se almacena para ser transportada en lotes. Otro tanto sucede en el proceso de elaboración de algunos productos, que se van completando en sucesivas fases realizadas en puntos más o menos distantes entre sí.

Aumentar el nivel de servicio al cliente: muy relacionado con el punto anterior, y haciendo referencia, aunque no es el objetivo de este curso, a la logística, otra de las funciones de los stocks, mejorar el nivel de servicio al cliente, determinado éste como el porcentaje de clientes que reciben sus pedidos en un plazo de días, en función del número de días transcurridos hasta la entrega de los pedidos, también puede entenderse como el porcentaje de referencias suministradas frente al total de referencias pedidas. Habitualmente el mejor servicio al cliente requiere adoptar medidas tales como grandes niveles de stocks o numerosos almacenes que acerquen nuestra oferta de productos a los mercados o incluso sistemas de transporte de superior calidad, lo cual eleva considerablemente el coste de la distribución. Una de las conclusiones a la que han llegado todos los especialistas en la materia, es que la inversión en stocks aumenta exponencialmente, conforme el nivel de servicio se va acercando al máximo.

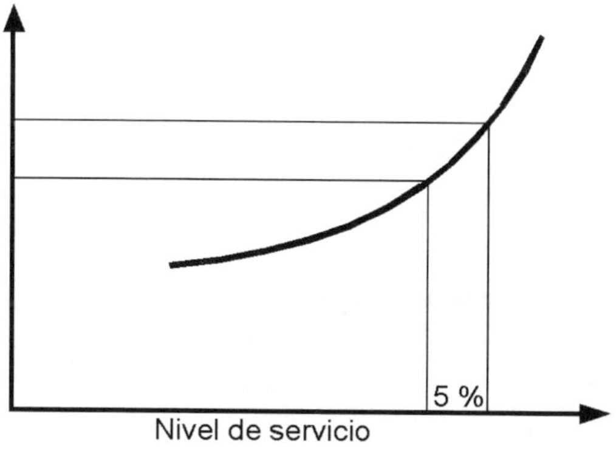

Fig. 5.15: Gráfica nivel de servicio/inversión en stocks

Tal y como se puede observar en el gráfico de la Fig. 5.15, el incrementar el nivel de servicio en una determinada empresa en un 5% supone el aumentar la inversión en stocks en un 35%. Es evidente que, en este caso, los aumentos en el nivel de servicio se transforman en una mayor clientela y por tanto en un mayor volumen de ventas; pero falta por decidir si los beneficios van a aumentar lo suficiente para justificar esa mayor inversión.

No es menos cierto que el nivel de servicio de una empresa se establece también en función del nivel de servicio de la competencia, ya que si no, se corre el riesgo de perder clientes, salvo que se ofrezca algún elemento compensador o diferenciador. La decisión de una empresa respecto del nivel de servicio que preste a sus clientes, tiene que basarse en:

1. Un análisis de sus potenciales clientes.
2. Un análisis de su competencia en el mercado objetivo.
3. La reacción de la competencia ante cambios en el nivel de servicio.

Un ligero aumento en el nivel de servicio, puede representar beneficios en cuanto aumenta el volumen de clientes, mientras que otro aumento más costos, provocará un incremento de beneficios apenas superior.

Caso práctico

Seguidamente se va a analizar un caso práctico, se trata de una única fábrica que suministra a un mercado nacional, en el que a efectos de simplificar, la única variable es el número de almacenes de que dispone, para aumentar el nivel de servicio.

Fig. 5.16: Carga de contenedores

Desde el departamento de calidad se impone como objetivo para el año que viene el aumentar el nivel de servicio de la empresa a sus clientes, objetivo este que es respaldado por la Gerencia, y se encarga al responsable de logística y almacenes que estudie la posibilidad de tener un único almacén central o varios, repartidos por todo el territorio nacional, desde los que distribuir sus productos a sus clientes (Fig. 5.16).

El responsable de logística, ha estimado la distribución de costes en función del número de almacenes que aparece reflejada en la Tabla 5.2.

COSTE EN €·10^4	NÚMERO DE ALMACENES					
	1	2	3	4	5	6
Transporte	80	60	43	40	38	36
Stock	1'3	1'7	3	4'8	6'1	7'6
Manipulación	24	22	20'5	20'5	20'2	20'2
Almacenam.	4	4'6	6'5	9'3	12'2	15'2
Embalaje	1'5	1'5	1'5	1'5	1'5	1'5
TOTAL	110'8	89'8	74'6	76'1	78	80'6

Tabla 5.2: Costes logísticos en función del número de almacenes

De la misma manera, se ha determinado el nivel de servicio que se conseguiría, tomando como base de referencia del nivel de servicio el porcentaje (%) de pedidos entregados en el día. Valores que vienen recogidos en la Tabla 5.3.

	NÚMERO DE ALMACENES					
% Pedidos entregados en el día	1	2	3	4	5	6
	50	75	85	93	96	97

Tabla 5.3: NIVEL DE SERVICIO. En función del número de almacenes

Tal y como se puede apreciar, el porcentaje de pedidos entregados en el día aumenta, conforme aumenta el número de almacenes, aunque tal y como se explicó anteriormente, el crecimiento no es proporcional.

El análisis que se hace consiste en comprobar la relación entre la variación de costes, al aumentar el número de almacenes y el incremento en el nivel de servicio por el mismo motivo. Tomando como base los datos anteriores, se construye el cuadro reflejado en la Tabla 5.4.

	NÚMERO DE ALMACENES					
	1	2	3	4	5	6
Coste total	110'8	89'8	74'6	76'1	78	80'6
Coste % sobre 1 almacén	100'00	81'05	67'24	68'68	70'40	72'65
Variación % sobre anterior	0'00	-18'95	-13'61	1'44	3'16	2'26
% Pedidos ent. en el día	50	75	85	93	96	97
Variación % sobre anterior	0'00	25'00	10'00	8'00	3'00	1'00

Tabla 5.4: Cuadro resumen

Comparando los valores de las variaciones de coste, respecto de la del nivel de servicio se obtienen los valores de la Tabla 5.5.

	NÚMERO DE ALMACENES					
	1	2	3	4	5	6
Variación % sobre anterior	0'00	-18'95	-13'61	1'44	3'16	2'26
Variación % sobre anterior	0'00	25'00	10'00	8'00	3'00	1'00

Tabla 5.5: Relación Calidad/Coste

Donde se observa que esta relación es negativa, conforme se va mejorando la calidad del servicio, pero que a partir de cuatro almacenes, los incrementos en la calidad del servicio empiezan a ser pequeños y los incrementos de coste son positivos, lo cual lleva a suponer que la solución ideal es que la empresa disponga de 4 almacenes.

Costes asociados a los inventarios

Esta parte del tema, es de suma importancia ya que en ella se van a definir los costes que aparecen asociados a los inventarios y que son los que en apartados posteriores van a posibilitar la selección del modelo de gestión de inventarios adecuado para una empresa; que habitualmente vendrá determinado por los costes que se generen y aquellos que sea posible evitar (Fig. 5.17).

Es necesario tener en cuenta que el coste de mantener un artículo en inventario dependerá, entre otros factores, de su valor. El valor unitario de un artículo mantenido en inventario es, en el caso de un artículo suministrado por un proveedor externo, simplemente el precio pagado por el artículo a su proveedor, que dependerá del tamaño del pedido.

Fig. 5.17: El almacenamiento supone unos costes que hay que valorar

Si por el contrario se trata de un artículo que ha sufrido alguna transformación en la empresa, como es el caso de los productos en curso o de los productos terminados, el valor del mismo es más difícil de determinar, muchas veces con la contabilidad de explotación habitual, no será posible llegar a determinar el valor exacto de ese producto y dependerá en gran manera del sistema empleado para la determinación de los costes:

- Sistema de contabilidad por proceso o contabilidad por pedidos.
- La valoración de los costes (reales, standard o predeterminados).
- Sistema de costes totales o sistema de costes directos.

Sin embargo y a pesar de los distintos sistemas de contabilidad de costes contemplados anteriormente, en ninguno de ellos se tienen en cuenta los costes más importantes desde el punto de vista de la gestión de stocks, que no son otros que los costes de oportunidad, es decir los datos de los costes que proporciona la contabilidad convencional pueden no ser relevantes o necesitar de alguna elaboración para su utilización en cualquier sistema de gestión de inventarios.

En consecuencia, los costes más importantes asociados a un sistema de gestión de inventarios se pueden agrupar en:

- Costes de almacenamiento, posesión o mantenimiento de inventarios.

- Costes de reaprovisionamiento, renovación de stocks o realización de pedidos.
- Costes de ruptura de stock o de la demanda insatisfecha.

Seguidamente se analizan con más detenimiento cada uno de estos costes:

Costes de almacenamiento, posesión o mantenimiento: con esta denominación se conocen aquellos costes que son debidos al nivel del stock de cada uno de los productos de inventario, por ello también se les denominan costes de posesión de inventario. Para tomar la decisión de almacenar ciertos productos constituyendo un inventario, se han de analizar los gastos en instalaciones y personal. Estos gastos son asignables a la decisión de la existencia del almacén pero no a la política de gestión del stock de cada uno de los productos del almacén. Una vez se ha incurrido en ellos, las instalaciones existen y el personal se ha contratado, por lo tanto no se verán afectados por el tamaño de los lotes que se reciban en el almacén. Estos costes son incrementales pues varían según el número de unidades de cada producto que se mantenga en el almacén. Otro factor importante que interviene también en este tipo de costes es el factor tiempo, ya que el nivel de stock de cada producto varía con él. Los conceptos de coste que se ven afectados por el nivel de stock son los siguientes:

- Capital invertido en stock o coste de oportunidad del capital: referido al coste en que se incurre al mantener inmovilizado en inventario el capital correspondiente, en vez de invertirlo. Estos recursos económicos pueden valorarse de diferentes maneras, desde considerarlos como una tasa análoga a la de las cargas financieras que la empresa soporta o como la tasa de rentabilidad que la empresa podría obtener en una inversión alternativa de dentro de la clase de riesgo a la que corresponde (la gestión de stock está considerada de bajo riesgo, puesto que es rápidamente convertible en caja). Por tanto este coste suele estar entre un 4% y un 7%.
- Coste variable de almacenamiento: El mantenimiento de inventarios, implica la necesidad de disponer de almacenes, con su personal correspondiente, equipo de manejo de materiales, alquiler de espacio para almacenaje... El porcentaje suele estar entre el 0 y el 10%.
- Riesgo de obsolescencia: los cambios en los consumidores o el progreso tecnológico pueden dar lugar a que un artículo mantenido en inventario, no tenga salida en el mercado, lo que implica un coste muy a tener en cuenta, una situación muy típica es la de los productos sujetos a modas muy efímeras, como la ropa. El porcentaje se calcula entre el 1% y el 5%.
- Riesgo de deterioro, robos o desperfectos: el mantenimiento durante un cierto tiempo de una determinada cantidad de un artículo en inventario

lleva consigo la pérdida de parte de estos artículos como consecuencia de las condiciones ambientales no apropiadas, roturas accidentales, pérdidas, robos..., lo que evidentemente afectará al valor de venta del producto. En este caso el porcentaje, se estima entre un 1% y 10%.

- Seguros, impuestos...: otros costes que varían con el nivel de stock, tales como son las pólizas de seguros, impuestos que los graven... Entre el 1% y el 5%.

La valoración del coste asociado al capital puede realizarse en función del concepto que estemos manejando en ese momento bien por:

1. El valor de coste de los productos almacenados.
2. El valor de venta de los productos almacenados.

Todos ellos bien en términos actuales o en los esperados para el horizonte temporal que corresponda a los productos almacenados. La elección de una u otra opción tiene importantes consecuencias sobre la política de gestión de stock que se elija, y teniendo en cuenta que este no es más que uno de los conceptos de coste afectados por el nivel de stock.

Los riesgos de obsolescencia y deterioro no tienen por qué ser los mismos para los distintos productos que componen el inventario. Ello trae como consecuencia que los costes de mantenimiento sea distintos entre los productos, lo cual incrementa enormemente la complejidad de la gestión de stock.

Una gran mayoría de especialistas en la materia se inclinan por la selección de un coste de mantenimiento igual para amplios conjuntos de productos del inventario (todos ellos, si es posible) basado en una valoración del coste de capital, según la tasa de rentabilidad que la empresa espera realizar en el volumen global de sus inversiones.

Para estimar el capital inmovilizado en stock, de nuevo se encuentra la dificultad de adecuación de los datos contables a la valoración de las distintas decisiones que se pueden tomar. Como norma general se puede decir que el total de los costes asignados por todos los conceptos suele estar típicamente entre el 25% y el 30%.

El empleo de costes standard trae consigo la deformación de que se le aplican a la valoración del stock, además de los costes de personal y los materiales que le son propios, el porcentaje de gastos generales que se ha considerado adecuado desde el punto de vista de la contabilidad general de la empresa. Pero gran parte de estos gastos generales son fijos, independientes de las decisiones que se han de tomar.

En definitiva, sólo los costes de personal y material directamente afectados por la obtención de los productos más la parte de los costes generales que sea variable con el tamaño de los lotes deberían intervenir en la valoración de los productos que se mantienen.

Costes de reaprovisionamiento, renovación o realización de pedidos: se entiende por coste de reaprovisionamiento, el coste total que se origina cada vez que se efectúa un pedido de un artículo. Este concepto de coste, se desglosa a su vez en otros dos:

- Coste del pedido: entendiendo como tal el resultado de multiplicar el valor unitario del artículo (c) por el número de artículos de que consta el pedido (Q). Este coste, representa la parte variable del coste de aprovisionamiento, ya que depende de la cantidad del artículo en cuestión.
- Coste de lanzamiento de pedido: se podría entender como la parte de coste fijo asociado a toda orden de pedido. Se puede distinguir entre coste de emisión para artículo comprados a un proveedor externo, caso este el de empresas distribuidoras y sería el coste de realizar un pedido de abastecimiento a un agente externo, para lo cual se requiere un trabajo administrativo de correspondencia, llamadas telefónicas, preparación de facturas... y otro de recepción del producto, su inspección y depósito en zonas de almacén correspondiente.

El otro caso sería el correspondiente a los costes de preparación de pedidos para artículos manufacturados en la propia empresa, ya que cuando se lanza una orden de un lote de productos a fabricación, se incurre en costes administrativos de preparación de la orden, quizás en planificación y métodos, en la puesta a punto de las máquinas que han de procesarla; y los de las pérdidas de materiales que suelen ser comunes a la fabricación de las primeras unidades de un lote. Y todos aquellos otros costes de producción que se deben al inicio de la fabricación de un lote de productos. La suma de todos ellos es el coste de lanzamiento del lote (CL).

Las características del coste de lanzamiento de los lotes, pueden ser muy variadas. Su coste puede ser el mismo, independientemente del número de unidades que constituyen el lote. O mantenerse constante a un cierto nivel mientras que el número de unidades del lote, se encuentran entre ciertos márgenes, sufriendo un brusco incremento si el tamaño del lote sobrepasa los márgenes. También puede depender del número total de lotes que se pidan para toda la familia de productos que se mantienen en el inventario, quizás el personal administrativo sólo tiene capacidad para cursar un número máximo de órdenes, o se requiera más utillaje a partir de un cierto número de preparaciones en el taller.

En términos más precisos, el coste de lanzamiento, puede ser una constante (A), independiente del número de unidades del lote (Fig. 5.18).

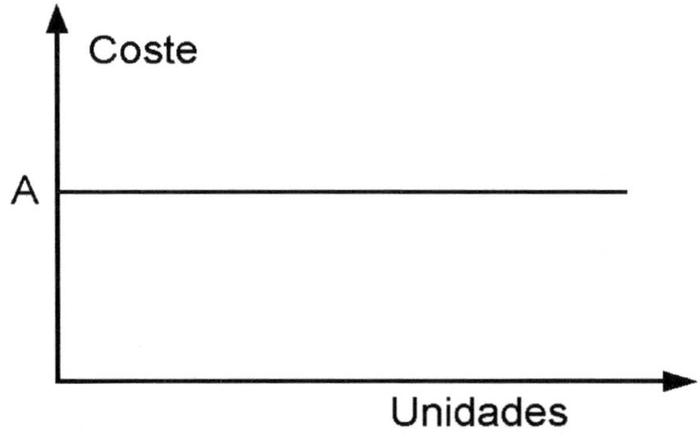

Fig. 5.18: Caso de coste independiente del tamaño de lote

Bien puede ser una función escalonada, al variar continuamente (A1, A2, A3...) con el número de unidades del lote (encontrándose estos en un determinado margen) (Fig. 5.19).

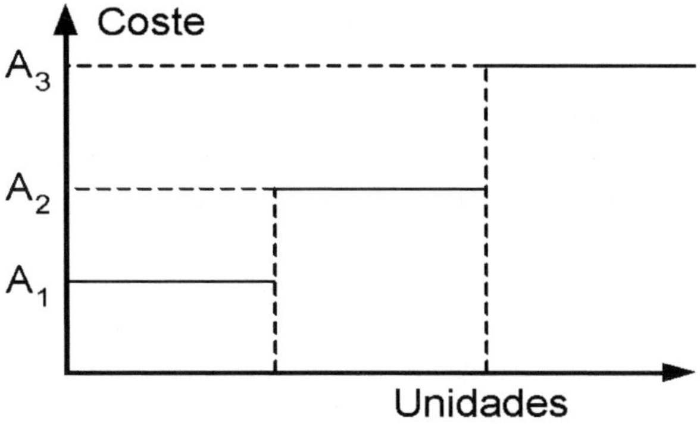

Fig. 5.19: Caso de coste dependiente del tamaño de lote

O bien depender del número total de órdenes de lanzamiento, durante un periodo dado, de todos los productos que se realizan en las mismas instalaciones (Fig. 5.20).

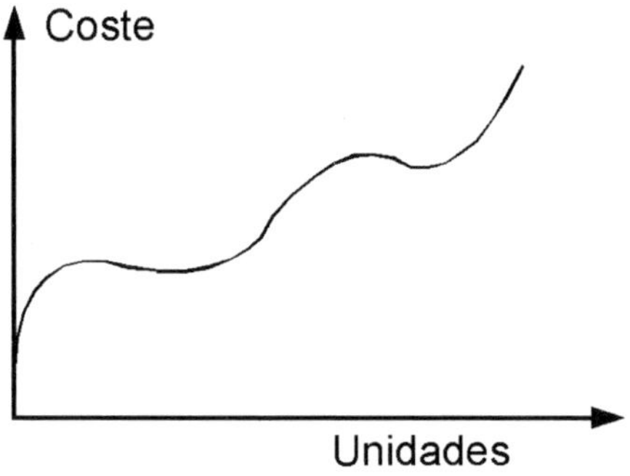

Fig. 5.20: Caso de coste dependiente del número total de productos

En la valoración del coste de lanzamiento por lote, ésta no debe hacerse a partir de datos de costes standard, sino en términos de costes directos, es decir la valoración monetaria real de los costes en los que se incurre, nunca en términos del recurso contable de los costes standard, que no son relevantes para evaluar las consecuencias económicas de lanzar un número u otro de pedidos.

Costes de ruptura de stock o demanda insatisfecha: es el coste en el que se incurre cuando no se pueden atender a la demanda debido a que cuando ésta se presenta, no hay existencias en el almacén, situación que se denomina rotura de stock. Se pueden distinguir dos casos de demanda insatisfecha:

- La demanda insatisfecha diferida: que se produce cuando los pedidos de clientes llegados en un momento en el que no hay existencias son retrasados para ser atendidos en el primer momento en que haya existencias en el almacén, el coste asociado a esta demanda lo denominaremos coste de carencia, habitualmente es muy difícil determinarlo con precisión en la práctica, ya que algunos de los conceptos de coste implicados son muy difíciles de medir. Así, el coste asociado al mal servicio a los clientes, no es cuantificable fácilmente, como no lo es el coste de pérdida de imagen, ni el correspondiente al trabajo administrativo extra originado por una orden retrasada.
- La demanda insatisfecha perdida: que se produce cuando los pedidos de clientes llegados en un momento en el que no hay existencias, se pierden definitivamente, el coste asociado a esta demanda se denomina coste de rotura, que definiríamos como el coste de no atender a la demanda y por tanto perderla. La determinación del coste de rotura, presenta dificultades análogas a las ya expuestas para el coste de carencia, siendo la más importante del coste de rotura el intangible y de difícil cuantificación que

el cliente se pase a la competencia, con la consiguiente pérdida de ventas futuras y pérdida de imagen.

5.3.2. La gestión física de los almacenes

Una vez conocidos los principios de los stocks, es fundamental el diferenciar lo que es la responsabilidad de la gestión de stocks de lo que hace referencia a la gestión del almacén, esta diferenciación es necesaria para definir los intercambios y las interfaces y evitar cualquier redundancia.

La gestión de stock

En la pirámide de decisión (pirámide CIM), la gestión de stock se sitúa en un nivel 3 o 4. Es una función clave en la gestión de productos. Decide o permite decidir un cierto número de principios estratégicos y tácticos:

- Determinar los artículos que convienen tener en el almacén.
- Que cantidades hay que tener en el almacén.
- Elegir los modos de suministro.
- Definir los plazos para un nuevo suministro.
- Optar por un modo de evaluación del stock y ponerlo en práctica.

Así mismo la gestión de stock, es la encargada de tareas operacionales como:

- Grabar todos los movimientos, entradas y salidas.
- Conocer permanentemente, el estado del stock (inventario permanente).
- Vigilar permanentemente el nivel de los stocks y compararlo en los puntos de pedido o fabricación.
- Comprobar la procedencia de un pedido.
- Reservar los artículos asignados a un pedido.
- Administrar de acuerdo con los servicios comerciales, las entregas parciales.
- Administrar, los restos que van a quedar.
- Ayudar a elegir la fuente de abastecimiento y realizar los pedidos.
- Elegir el tipo de inventario que se efectuará, sobre qué referencias, en qué fecha (inventario en movimiento), y dar las instrucciones pertinentes a la gestión del almacén para lanzar las operaciones de recuento.

En resumen la gestión de los stocks, es la responsable del "qué", del "cuánto", del "cuándo" y del "a qué precio". Esta intervención exige a la dirección general de la empresa y de las direcciones de marketing, comercial, fabricación y compras.

La gestión de almacenes

En la arquitectura CIM, la gestión de almacenes se sitúa en el nivel 2. Tiene la función de dirigir la administración del almacén y de cualquier otra división de la empresa.

La gestión de almacenes debe poner en práctica, los principios que se hayan decidido en la gestión de stocks, optimizando los flujos físicos correspondientes al interior del almacén (reenvasado y reabastecimiento en las zonas de preparación a partir del stock de masa).

Aparte de la eventual prefacturación del transporte, la gestión de almacén no conoce ningún dato financiero. Excepcionalmente, la gestión del almacén puede realizar una valoración del stock, no para contabilidad sino para controlar las primas de seguros.

Muy a menudo el almacén es así mismo responsable de los reenvasados y de la logística exterior.

En resumen la gestión del almacén, depende de la dirección logística, cuándo ésta existe en la empresa, y no de la dirección general.

Relación entre la gestión de stock y la gestión de almacén

Los intercambios de información entre la gestión de stock y la gestión del almacén son numerosos y frecuentes.

Gestión de stock ⟶ **Gestión de almacén**

- Fichero de entregas esperadas del exterior o de la producción.
- Fichero de los pedidos a ejecutar.
- Información de cambio de estatuto, exención de cuarentena.
- Solicitud de inventario.

Gestión de almacenes ⟶ **Gestión de stock**

- Fichero de entradas reales.
- Fichero de las salidas ejecutadas.
- Recuento de inventarios.
- Fichero de anomalías: pérdida o destrucción de artículos, no disponibilidad debida a error de inventario, clientes no previstos, litigios...

Magnitudes estáticas que influyen en la conformación del almacén

El aspecto básico a considerar en la organización de un almacén, es el surtido de productos con los que se trabaja. A partir de éste y dependiendo de la forma en que los productos van a ser almacenados y despachados a los usuarios y consumidores, se establecerán las dimensiones del almacén y los procedimientos de trabajo.

Surtido de artículos: es la relación de productos con los que el almacén se tiene que enfrentar.

El proceso de crecimiento económico de la sociedad, conlleva un aumento en la variedad de productos. Vivimos en una sociedad de consumo que impulsa la producción de nuevas mercancías y las acerca a mercados más lejanos. La internacionalización de la economía, nos obliga a incrementar el número de artículos en stock para atender la demanda de nuestros clientes, cada vez más diversificada.

Los artículos: la primera tarea en el proyecto del almacén consistirá en clasificar los artículos se haya decido tener en stock. Esta clasificación se hará de acuerdo a varios criterios, a menudo cruzados. El número de clasificaciones para cada uno de estos criterios se limitará a 3 o 4; 5 como máximo. La finalidad de estas primeras clasificaciones es definir los volúmenes de almacenamiento que serán necesarios, los equipos estáticos y los equipos dinámicos.

- Clasificación por naturaleza: algunos artículos se entregan y almacenan a granel (líquidos o pulverulentos), pero requieren equipos especiales. Otros artículos requieren una conservación a temperatura controlada, el almacenamiento de estos artículos requiere recintos donde la temperatura no varíe en más de 1 o 2 grados.
- Clasificación por volumen: los volúmenes unitarios de los artículos, tienen una importancia evidente, en la proyección del almacén. Por ejemplo, en un almacén de piezas sueltas de coches, habrá zonas asignadas y medios adaptados a las diferentes morfologías de las piezas. Una zona permitirá almacenar las piezas pequeñas, que pueden almacenarse en pequeñas cubetas o en cajones (pernos, componentes electrónicos... Una segunda zona se dedicará a lo que pueda almacenarse en palets o contenedores. Una tercera zona alojará piezas de formas especiales.
- Clasificación por peso: el peso, al igual que el bulto de los artículos, tiene su importancia en la definición del almacén, no es lo mismo almacenar almohadones que el almacenamiento de piezas mecánicas.
- Clasificación por estatutos: es precios definir los artículos con estatutos particulares:
    - Los que están sometidos a cuarentena.
    - Los que están sometidos a controles administrativos.

- Los que pasan por aduanas.
- ....

• Otros criterios: los criterios de clasificación dados anteriormente, son lo suficientemente generales para ser comunes a todos los almacenes. Pero esta lista es demasiado restrictiva.

Ocurrirá en determinados proyectos que habrá que tener en cuenta el valor mercantil de los artículos, ya que este puede obligar a su almacenamiento en caja fuerte. En otros casos el atractivo de determinados artículos, puede llevarnos a tomar medidas específicas para limitar la "desconocida reducción del stock". En los almacenes de gran altura, estos artículos estarán bajo vigilancia o se colocarán en el estante más alto o el menos accesible.

Los envases: no en todos los almacenes, se da la necesidad de acondicionar o reacondicionar los artículos que entran. Cuando estas necesidades existen pueden ser de muy diversa índole (Fig. 5.21).

• Envase unitario: algunos almacenes destinados al almacenamiento de piezas de recambio, pueden recibir piezas a granel en contenedores, antes de darles entrada en almacén, será preciso acondicionar cada artículo en un embalaje unitario del tipo blister.

• Envases colectivos: hay que tener en cuenta que generalmente los productos a almacenar, adquieren las características físicas de su embalaje. El volumen que ocupan está determinado por la industria fabricante y lo que cuenta es el conjunto producto–embalaje.

Este volumen puede ser convenientemente alterado mediante las operaciones de acondicionamiento en almacén, por ejemplo la paletización de un número determinado de unidades del producto, en este caso la forma dominante es proporcional a las tres dimensiones. También pueden presentarse productos en los que domine la longitud (tubos, barras) o la superficie (chapas, planchas) o de forma irregular o amorfos (grano, minerales, piezas de repuesto). Entre todos los acondicionamientos colectivos, el más universal es el palet, es por ello que vamos a extendernos un poco más en su explicación y los módulos de almacenaje que determina. Todo ello sin perder de vista que existen otro tipo de acondicionamientos colectivos, que pueden ser de muchos tipos, cartones, cubas metálicas o de plástico, contenedores de madera, metal o enrejado. La elección de uno u otro, responde a varios condicionantes: la venta, el transporte o el almacenamiento. En Europa se ha normalizado toda una gama de contenedores cuyas dimensiones son submúltiplas de las dimensiones del palet europeo.

Fig. 5.21: Envases unitarios-colectivos-palet

Palets: el palet europeo (Fig. 5.22) es el acondicionamiento colectivo de mayor uso, en la estandarización de sus medidas: 800 x 1.200 milímetros; radica el éxito de su utilización: ya que su longitud, 1,2 metros corresponden a un poco menos de la mitad del ancho máximo de los camiones, reglamentado por el código de carretera (2,5 metros) lo cual racionaliza las tasas de llenado de los vehículos.

Fig. 5.22: Palet de madera estándar

El suministro de palets suele ser competencia del almacén. Es imperativo no ahorrar en la calidad de los palets, sobre todo si el almacén tiene gran altura o se prevé utilizar trans-palets (ver equipos móviles) totalmente automáticos. Una cualidad de los palets que no siempre es tenida en cuenta es la sequedad de su madera. Se ha dado el caso de un almacén colmado de palets nuevos cuya madera no estaba lo suficientemente seca y que soportaban una carga de aproximadamente una tonelada. La madera se secó en los estantes y los palets tomaron una forma curva. A continuación fue necesario vaciar al almacén a mano, ya que los palets no dejaban suficiente espacio para meter las horquillas del trans-elevador. La medida y estructura de los palets, se adecua a las siguientes normativas internacionales:

- Normas AENOR, DIN e ISO.
- La ficha 435.2.0 de la Unión Internacional de Ferrocarriles.

La temporalidad: los stocks en almacén son dependientes de los flujos de entrada y de salida. Cuando estos stocks están sujetos a fenómenos de temporalidad, la capacidad del almacén debe tenerlo en cuenta. Las variaciones de flujos, y por consiguiente de capacidad, tienen diferentes frecuencias.

- Variaciones anuales: pueden provenir de una fabricación que sea en esencia temporal, como los azucares, o que deba anticipar un cierre por vacaciones. Las variaciones suelen provenir con frecuencia de la demanda.
- Variaciones mensuales: las variaciones mensuales a menudo están ligadas a condicionantes comerciales que hacen que, si la mercancía se entrega a principio o a final de mes, las fechas de facturación y pago son las mismas.
- Variaciones semanales: pueden deberse a los programas de las rondas de entregas nacionales.
- Variaciones diarias: estas variaciones responden a múltiple causas. Pueden deberse a la diferencia entre los horarios de los talleres de fabricación, que pueden trabajar en 2 o 3 turnos, y los horarios del almacén, que en general sólo realiza una actividad diurna. También pueden estar provocadas por las horas de llegada de los pedidos, cuando uno está comprometido a hacer la entrega el día siguiente. Están también influidos por los horarios de salida de los transportes por avión, tren o carretera. Las variaciones diarias, no deberían tener una incidencia real en la magnitud de stock, sino más bien en las superficies adicionales de retención.

La cuarentena: cuarentena designaba el estatuto de los barcos, procedentes de países dudosamente sanitarios, que debían permanecer cuarenta días en la ensenada del puerto de destino, este plazo permitía comprobar que no se produciría ninguna epidemia entre la tripulación o los pasajeros. Hoy la cuarentena corresponde al tiempo necesario para efectuar los controles que, permiten decidir si un producto es o no utilizable. Este tipo de exigencias es frecuente en productos farmacéuticos y agroalimentarios, y en un plano más general en aquellas empresas que realizan controles de calidad sobre sus materias primas. Los productos o materias primas en cuarentena, aunque físicamente están en el almacén están congelados, y es en esta fase donde deberemos definir los productos o materias primas que deben someterse a cuarentena, el tiempo que tardan en realizarse los controles y definir los accesos y personas que pueden acceder a ellos.

Los estatutos particulares: hay estatutos que pueden afectar a determinados productos y es preciso tenerlos en cuenta a la hora de dimensionar el almacén.

- Productos farmacéuticos inscritos en:
  - Lista I: que agrupa a productos tóxicos, con almacenamiento separado y bajo llave.
  - Lista II: que agrupa a productos peligrosos que deben almacenarse separadamente del resto.
  - Lista de estupefacientes: que deben guardarse en un local particular, bajo llave y provisto de un sistema de seguridad.
- Los artículos que pasan la aduana, bien en tránsito, bien a la espera de formalizar el pago de las tasas.
- Los artículos que precisan de condiciones ambientales especiales (temperatura, higrometría...).
- Los productos petrolíferos.

La lista deberá contener todos aquellos artículos que requerirán de un tratamiento especial.

Magnitudes dinámicas que influyen en la conformación del almacén

Ya se han determinamos con anterioridad los flujos físicos que afectan a la empresa, desde un punto de vista general. En este apartado el análisis centra ahora en los flujos físicos que afectan al almacén desde un punto de vista más particularizado (Fig. 5.23).

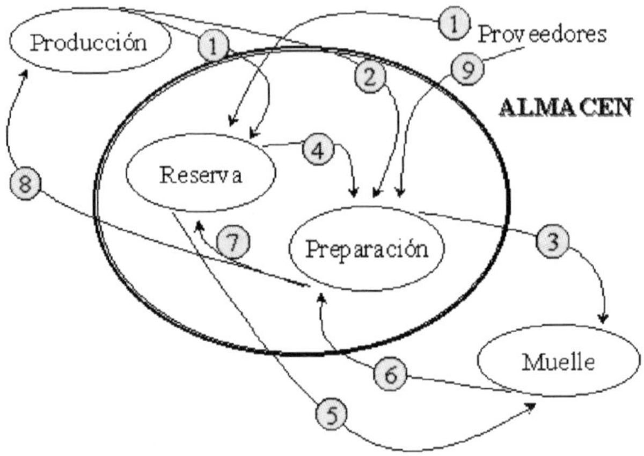

Fig. 5.23: Flujos en el almacén: 1 Entrada de reserva, 2 Entrada directa en zona de preparación, 3 Envío de paquetes e interrupciones, 4 Reabastecimiento-zona de preparación, 5 Envío de los palets completos, 6 Vuelta de los artículos en litigio, 7 Entrada de artículos en litigio en almacén, 8 Vuelta de los artículos en litigio para análisis, 9 Llegada de los artículos para acondicionamiento

Los flujos. Definición y magnitud: la fase precedente, ha permitido censar el conjunto de artículos que hay que almacenar; así como conocer sus propiedades cualitativas, morfológicas o estatutarias. Ahora es el momento de determinar los traslados necesarios y la manera en que deben llevarse a cabo.

- *Flujo de llegada:* los flujos entrantes pueden proceder del exterior o tener por origen una unidad de producción ubicada en el local. Es frecuente que se de ambas situaciones a la vez pues es habitual tener un almacén que aloje componentes y materias primas además de productos ya acabados. La diferencia es importante, ya que en los flujos internos es posible controlar cierto número parámetros como horarios o calidad del acondicionamiento colectivo, mientras que en los externos habrá que tener en cuenta condicionantes como el transporte y los inevitables problemas de transporte. Las posibilidades que se negocien con los proveedores se anotarán para valerse de ellas posteriormente, si ello parece útil cuando se diseñe la forma de funcionar. Las llegadas provenientes del exterior volverán a salir por transporte: vehículos ligeros, camiones o semi-remolques, y vagones, si el almacén dispone o dispondrá de una vía particular. Las condiciones de llegada deben definirse para cada uno de estos medios de transporte:

- Horarios de llegada.
- Número de entregas simultáneamente.
- Número de artículos.
- Tiempo de estacionamiento.
- Posibilidad de dejar los remolques en el muelle.
- Acondicionamientos colectivos.
- ....

- *Preparacion de pedidos:* los flujos correspondientes a la preparación de pedidos son los resultados de los siguientes parámetros:
  - El número de pedidos que hay que preparar en una unidad de tiempo.
  - El número de líneas de pedido.
  - El número de envases diferentes, zonas diferentes de almacenado y líneas diferentes.
  - El número de artículos por zona y línea. (Línea = Agrupación de artículos que tienen la misma referencia).

A la hora de valorar los flujos de preparación de pedidos se debe tener en cuenta:

1. Cada pedido podrá necesitar una consolidación, si las diferentes referencias y los diferentes envases que lo componen, están almacenados en lugares alejados unos de otros, y no podrán por tanto ser tratados por un solo operador y/o por un solo medio de manipulación.
2. Cada línea provocará el desplazamiento del operador hacia el artículo o del artículo hacia el operador.
3. Cada artículo precisará de una operación de carga, por eso la importancia de los envases colectivos. Tomar un paquete con diez artículos, si no son demasiado pesados, no requiere mucho más tiempo que cargar un solo artículo. Una buena medida es favorecer comercialmente los pedidos que comportan números enteros de envases colectivos, al objeto de reducir los tiempos de preparación.
4. El plazo impuesto entre la recepción de una orden y el envío, es una magnitud muy importante a tener en cuenta en el flujo de preparación. Un plazo corto perjudica, al tener que responder a períodos punta:
   a) Al imponer un exceso de recursos humanos en almacén.
   b) Exceso de inversión en activos fijos.
   c) Imposibilidad de optimizar los desplazamientos en la composición de los pedidos.

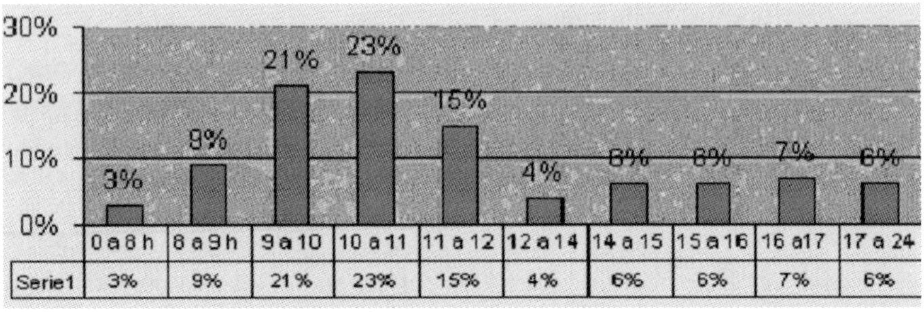

Fig. 5.24: Frecuencia de llegada de los pedidos

Un gráfico como el de la Fig. 5.24, puede ayudar a determinar cuáles son las horas punta de llegada y preparación de pedidos, con objeto de optimizar las inversiones que en recursos humanos, necesite nuestro almacén. El "plazo cero" cada vez más impuesto por la dinámica comercial, origina en el almacén una serie de sobrecostes. Corresponde al responsables del almacén la obligación de valorar ese sobrecoste y presentarlo a dirección, para que sospese si se justifica comercialmente o no.

• *Flujos salientes:* como para los flujos entrantes, esta fase de recogida de necesidades y de condicionantes, deberá definir los horarios imperativos de salida debido a los horarios de los transportes por avión, ferrocarril y correo, así como las rondas terrestres de mensajería. Estos se añadirán a los mencionados anteriormente en la preparación de pedidos.

• *Flujos internos:* la magnitud de los flujos internos (colocación en stock, reacondicionamiento en el interior del almacén, traslado de un stock ...) no forma parte de las necesidades a tener en cuenta para un diseñador de almacén, se evaluarán en función de la organización interna que se elija.

• *Flujos adicionales:* entre estos flujos, se encuentran los correspondientes a las operaciones de inventario. Este flujo en particular se reducirá en gran medida si el inventario en movimiento es aceptado. En caso contrario podría abarcar una semana de actividad así todas las direcciones físicas deben ser visitadas en la misma fecha. Los movimientos especiales, también deben tenerse en cuenta, aunque en general sean muy poco numerosos (controles inesperados, pedidos servidos con extrema urgencia...) pues esto evitará que la actividad normal se altere.

• *Litigios:* aunque este flujo es muy escaso, hay que tenerlo previsto desde el principio, ya que se producirá contracorriente, y exigirá tramites especiales, y probablemente muebles o lugares de almacenamiento.

La elección de los artículos. Clasificación ABC: la cuantificación de los flujos de entrada y salida, debe aplicarse a todas las clases de artículos definidas como magnitud estática. Cada una de estas clases deberá ser objeto de una clasificación ABC. La clasificación ABC, también llamada la Ley de los "80-20", o la "Clasificación de Pareto", será la herramienta que nos definirá a que artículos debemos dar prioridad en la búsqueda de la productividad del almacén.

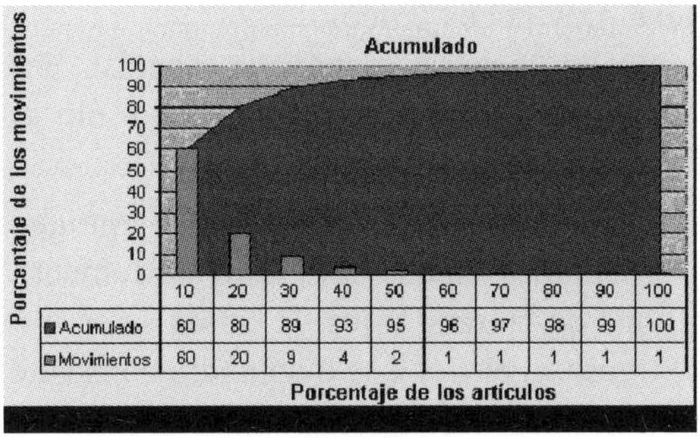

Fig. 5.25: Clasificación ABC

En la práctica totalidad de los almacenes el 80% de la actividad se concentra en el 20% de las referencias. El 12% siguiente en el 30% de las referencias de almacén y el 8% restante a la mitad de los artículos del almacén. Esta ley casi universal, con diferencias pequeñas en cuanto a porcentaje, permite una optimización del almacén muy interesante (Fig. 5.25).

Los artículos de la clase A, se almacenarán de tal manera que los trayectos que haya que cubrir para alcanzarlos sean mínimos.

Por el contrario las referencias de la clase C, se relegarán a las direcciones de almacén de peor acceso.

El concepto del gráfico ABC es muy simple pero de gran utilidad, aunque conlleva dos inconvenientes a tener en cuenta:

a) La informatización del almacén, ya que la clasificación ABC debe realizarse en función de un tratamiento estadístico de los pedidos, en un periodo de tiempo, que no debe ser ni demasiado largo – pues no tendría en cuenta las variaciones del mercado – ni demasiado corto – para que el resultado sea significativo.

b) La colocación de las referencias en el almacén (orden alfabético, numérico, o cualquier otro nemotécnico) queda sustituida a favor de una nueva clasificación, en la que los preparadores no sabrán donde encontrar los artículos a cargar, por tanto en la ficha descarga deberá indicarse la dirección física donde se encuentra el artículo.

El almacén de muestras: en los almacenes de productos terminados el envío de muestras a la clientela siempre es un problema que habrá de tenerse en cuenta para no desorganizar la actividad normal. Estos pedidos, preparaciones y envíos presentan las características siguientes:

- No se facturan al destinatario.
- Comportan gran número de líneas.
- Cada línea tiene muy pocos artículos.
- Los artículos pueden requerir un marcaje especial.
- En las industrias con colecciones, esta actividad sólo se ejerce durante un corto periodo de tiempo.

Las variaciones de flujo: los movimientos de entrada y salida, pueden estar sometidos a variaciones sin que haya sistemáticamente una relación causa-efecto. Si los flujos de entrada y los de salida se equilibran y varían con una simultaneidad rigurosa, el stock se mantendrá constante, al tiempo que la actividad podrá evolucionar de manera considerable.

Conclusiones del análisis de magnitudes estáticas y dinámicas

La cuantificación del stock y de los flujos, hará aparecer en el análisis períodos punta y períodos de poca actividad, así como los artículos que más se "utilizan" y los que menor uso tienen. Antes de esbozar la solución técnica, será necesario decidir que valores se conservan y cuales no, para no invertir inútilmente en edificios, equipos y hombres, siempre sabiendo gestionar los periodos de mayor stock y los de mayor actividad.

Unas medidas básicas análisis permitirán acercarse a las posibles soluciones para afrontar los períodos punta.

- Disminuir los lotes de fabricación.
- Motivación comercial a los clientes para que anticipen sus pedidos.
- Entrega de pedidos de mayorista con 1 o 2 días de retraso.

Una segunda aproximación, permite dar soluciones a las puntas residuales de almacén:

- Zonas de almacenamiento provisional para el stock, en el exterior del almacén.
- También para el stock, alquiler del local de un transportista habitual.
- Retención de los talleres de producción.
- Contratar personal interino, para solucionar los flujos puntas.
- Mantener el almacén abierto durante horas suplementarias.

La realización de un esquema de flujo facilitará los intercambios entre las diferentes partes implicadas en el proyecto: responsables, encargados de estudio, futuros usuarios...

5.3.3. Los equipos de almacén

Una vez definidas las diferentes necesidades funcionales del almacén, y una vez que todos los flujos han sido cuantificados, empezará el trabajo de proyección. En primer lugar se analizarán los equipos estáticos y los equipos móviles, para a continuación definir la organización general y la disposición del almacén.

Los equipos estáticos

Se refiere principalmente a elementos propios de la obra del almacén tales como resistencia de los suelos o de las estanterías. Sin embargo conviene comentar algunos casos particulares en los que las estanterías no son totalmente estáticas.

Almacenamiento móvil: se debe tener en cuenta que los pasillos de servicio en muchos de los casos, pueden representar una superficie y un volumen igual a la que ocupan los muebles de almacenamiento. Tampoco debemos de dejar en el olvido que cuánta menor rotación tengan los stocks, menos se frecuentan los pasillos de servicio, la solución para evitar estos problemas es lo que se denomina almacenamiento móvil, en lo cual los muebles para guardar cosas son móviles y sólo se dedica un pasillo para varios muebles (habitualmente entre 5 y 8). El almacenamiento móvil o compacto, está compuesto por estantes para palets o casilleros que pueden desplazarse lateralmente (Fig. 5.26).

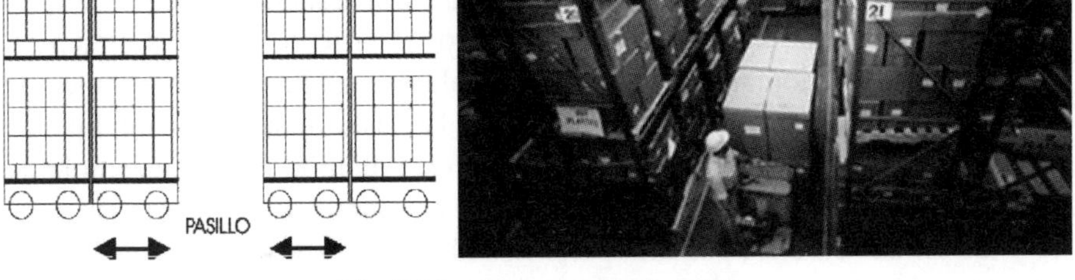

Fig. 5.26: Almacenamiento móvil

Cuando se desea acceder a una casilla o a un alveolo, se desplazará una parte de los muebles para que el pasillo se abra hacia la dirección de almacenamiento que nos interesa. Estudios han demostrado que el ahorro de espacio en inversiones globales (equipos y edificio) ronda un 45%. El desplazamiento de estos muebles puede ser motorizado en el caso de cargas pesadas o manualmente a través de un volante o manivela. En este tipo de almacenamientos está especialmente indicado para archivos vivos o bibliotecas en la parte de libros con poco movimiento, en ellos no existe ningún automatismo complejo, sólo es necesario desplazar los muebles uno por uno y colocar dispositivos de seguridad que impidan que un pasillo se cierre cuando un operador se encuentre dentro. La justificación para elegir este tipo de almacenamiento se hará comparando el número de referencias que hay que almacenar, con el número de accesos correspondientes, ya que los tiempos para acceder a una referencia aumentan debo al tiempo que el pasillo necesita para abrirse. El tiempo medio estimado para acceder a una referencia en un estante móvil puede llegar a superar en un 50% el tiempo de acceso en un estante estático.

Almacenamiento dinámico: el almacenamiento dinámico responde a la misma motivación que el almacenamiento móvil, sólo que en este caso el contexto y la solución es diferente. En este tipo de almacenamientos, ya no se desplazan los muebles, sino que son las cargas que se encuentran en el interior de ellos, las que se desplazan (Fig. 5.27). Por ejemplo si hay que tener en stock varios artículos de la misma referencia ¿Es necesario acceder simultáneamente a todos estos artículos?, en la mayoría de los casos la respuesta es: no. De ahí surge la idea de realizar alvéolos profundos y de través para que los artículos puedan introducirse por un extremo y extraerse por el otro.

Normalmente los artículos se meten en estos alvéolos un tanto particulares, en forma de túneles o de pasillos, por simple gravedad, sobre rampas con rodillos, pero pueden utilizarse también dispositivos mecánicos más complejos. Cuando este movimiento está asegurado por las propias máquinas de manipulación se habla de almacenamiento por acumulación (horquillas con doble extensión, trans-palets de zorro o de hurón).

La utilización de estos equipos se justifica comparando el número de referencias que hay que almacenar y el número de artículos correspondientes. Normalmente se adoptará esta solución en almacenes dónde los artículos de una misma referencia son muy numerosos y las tasas de rotación son altas.

Es muy importante tener en cuenta, que este método de almacenamiento permite evitar los cruces de flujos, ya que las entradas tienen lugar en un pasillo y las salidas en otro, por otra parte nos obliga a respetar un método FIFO estricto y almacenar una única referencia por pasillo.

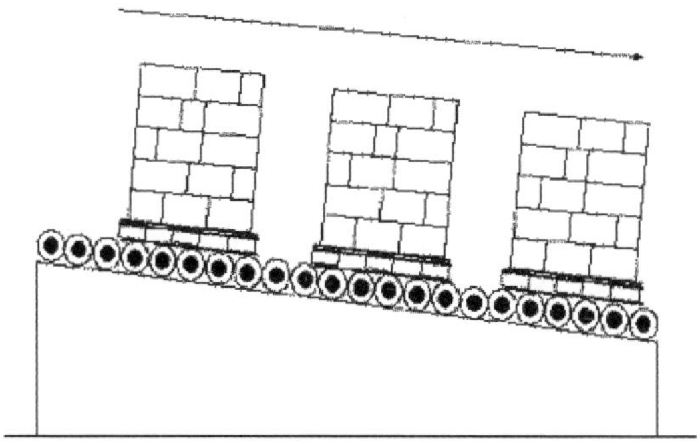

Fig. 5.27: Almacenamiento dinámico

A la hora de diseñar un sistema de almacenamiento de este tipo, será muy importante analizar cada uno de los artículos y la tasa de rotación que tiene cada uno de ellos, para evitar problemas de tasa de ocupación.

$$\textit{Tasa de Ocupación} = \frac{\textit{Superficie Total de Almacén}}{\textit{Número de Palets}}$$

Medidas de seguridad: las instalaciones de almacenaje han de cumplir unos requisitos de seguridad que establece la normativa de cada país; en ellas se recogen aspectos tales como las medidas contra incendios. Estas medidas de seguridad pueden suponer una parte importante de la inversión.

Los equipos móviles

Dada la gran cantidad de equipos móviles que existen actualmente en el mercado, vamos a remitirnos a aquellos más importantes o que más habitualmente se utilizan.

Los trans-elevadores: los trans-elevadores son aparatos de transporte destinados a los traslados horizontales de las cargas sobre palets o en contenedores aptos. El trans-elevador es una máquina concebida para obtener una gran productividad en los pasillos muy estrechos. Está construido a partir de un travesaño que rueda sobre un único rail horizontal, en el suelo, con ayuda de 2 rodillos uno de los cuales es motor (figura 5.31). Fijado al travesaño, un mástil vertical tiene en la cabeza, otros dos rodillos que circulan por un rail de conducción horizontal, paralelo al anterior e instalado en la parte alta del almacén. A lo largo del mástil pueden desplazarse las horquillas, que son telescópicas y pueden desplegarse por un lado y por el otro para almacenar o desalojar cajas. Los trans-elevadores están provistos de cierto número de medidas de seguridad:

- Dispositivo de seguridad en los extremos de los pasillos, que ordena reducir la velocidad y detenerse.
- Dispositivo de seguridad de casilla llena, que impide almacenar carga si el emplazamiento no está libre.
- Control de no desbordamiento de las cargas.
- Control de la velocidad de las bajadas.
- Dispositivo paracaídas en caso de rotura del cable de movimiento vertical.

Esta familia de aparatos comprende varias categorías:

- *Trans-elevadores manuales:* este primer modelo dispone de un timón que permite accionar una pequeña bomba hidráulica que ordena el levantamiento de la carga y la conducción de la máquina. Este tipo de material permite el transporte de palets de hasta 3 toneladas según los modelos. No permite franquear las rampas con carga. Los trans-elevadores con el conductor a bordo no sobrepasan una altura de carga de 15 metros, y las velocidades máximas de traslación son del orden de 10 km/hora, las velocidades de toma de materiales de 60 metros por minuto y las velocidades de desplazamiento de las horquillas unos 25 metros por minuto. El ancho de pasillo recomendado para este tipo de transporte es de 1 metro a 1,2 metros.
- *Trans-elevadores eléctricos o automáticos:* estos están provistos de un motor eléctrico de translación que variar de 1 a 2 kilovatios. Pueden soportar una carga útil del orden de 1 a 3 toneladas y pueden desplazarse a velocidades entre 3 y 11 km/hora, las alturas alcanzadas pueden llegar a los 45 metros. Algunos modelos son capaces de franquear rampas del 15 % sin carga y del 10% con carga, para ello cuenta con un dispositivo de compensación, que evita la inclinación del palet.

Las horquillas de los trans-elevadores permiten desplazamientos laterales de unos 50 milímetros, lo que permite un posicionamiento muy preciso de los palets en espacios reducidos. El ancho de pasillos recomendados es de 1,2 a 1,5 metros. Los trans-elevadores pueden disponer de:

- Conductor + acompañante: en este caso la velocidad de desplazamiento está limitada reglamentariamente a 6 km/hora.
- Conductor a bordo: se conduce igual que en el caso anterior con un timón o volante, según los modelos el conductor puede estar de pie en una pequeña plataforma, o sentado.

Los trans-elevadores cumplen, según los periodos de explotación, los cuatro ciclos siguientes:

- Almacenamiento.
- Desalojo.
- Ciclo combinado (Almacenamiento – Desalojo).
- Permutaciones de carga.

Fig. 5.28: Trans-elevador automático

Un ciclo simple de almacenamiento comprende las operaciones elementales siguientes:

- Posicionamiento en el punto de origen.
- Desplazamiento hacia la dirección de almacenamiento, aceleración, frenado y posicionamiento precioso.
- Descarga, salida, descenso y retorno.

Otros ciclos conllevan los mismos movimientos elementales en secuencias diferentes. Una organización que privilegie los ciclos combinados, en los que en el mismo viaje se realiza la entrada de un palet y la salida de otro, a menudo puede mejorar la productividad en un factor 1,5.

Las apiladoras con brazos de carga: las apiladoras, tienen una tipología similar a la de un trans-elevador eléctrico que estuviera equipado con un mástil;

tienen brazos de carga bajo las horquillas que se elevan a lo largo del mástil (Fig. 5.29). La capacidad de estas máquinas va de 1 a 2 toneladas, y la altura de la carga puede rebasar los 6 metros. Algunos modelos están equipados con horquillas telescópicas cuya longitud hace posible colocar la carga en alvéolos de profundidad doble. Los brazos de carga evitan o disminuyen el mal asentamiento de las cargas. Los motores de translación tienen una potencia del orden del kilovatio y los motores de bomba una potencia aproximada de cuatro kilovatios, con lo que se pueden alcanzar velocidades de traslación de hasta 8 km/hora, velocidades de 0,2 metros por segundo con carga y el doble sin carga.

Fig. 5.29: Apiladora con brazos de carga

Carretillas elevadoras con horquillas frontales: es el tipo de carretilla más corriente y que se encuentra en todos los locales (Fig. 5.30). Si se utilizan en el exterior están provistas de 4 ruedas y un motor térmico, para poder rodar por firmes irregulares, y cuentan con una autonomía excelente. Si se utilizan para el interior, suelen tener 3 ruedas y motor eléctrico. Las baterías situadas detrás sirven de contrapeso. Frecuentemente la rueda de atrás es la rueda motriz, esto confiere una excelente maniobrabilidad, sin embargo desaconseja el utilizarla en rampas. Este tipo de carretillas permiten trabajar hasta alturas de unos 6 metros, si las carretillas van a trabajar en pasillos estos deben tener una anchura de 3 a 3,5 metros. Las velocidades de traslación con carga varían entre 10 y 15 km/hora, las velocidades de levantamiento son de 20 cm a 60 cm por segundo (dependiendo de la carga). Estas carretillas a menudo están equipadas con horquillas para la manipulación de palets, pero se les puede poner otros equipos, como pinzas para la fijación, cajas o bobinas de chapa o de papel.

Fig. 5.30: Carretillas elevadora con horquillas frontales

Las carretillas con mástil retráctil: la carretilla con mástil retráctil, es un término medio entre la carretilla con horquillas frontales y la apiladora con brazo de carga, posee las ventajas de ambas. En una carretilla de este tipo, el conjunto de horquillas y mástil puede desplazarse adelante y atrás dentro de los brazos de carga (Fig. 5.31). La toma de una palet se efectúa avanzando el mástil y las horquillas por delante de las ruedas delanteras, a continuación el palet es levantado por encima de los brazos de carga y llevado hacia atrás por la retirada del mástil. La colocación del palet en el estante, se realiza con la maniobra inversa, sin desplazamiento de la carretilla en sí misma. Este tipo de carretillas no necesitan pasillos superiores a 2,5-3 metros de anchura pudiendo trabajar hasta alturas de 10 metros, existen modelos de conducción frontal o lateral. Los

Fig. 5.31: Carretilla con mástil retráctil

rendimientos y velocidades son comparables a las carretillas con horquillas frontales.

Carretillas con horquillas tri-direccionales: se habla también de horquillas en C, de horquillas pivotantes o de horquillas multi-direccionales (Fig. 5.32). Estas horquillas están montadas sobre un eje vertical alrededor del cual pueden pivotar. Este eje puede desplazarse transversalmente. Estas horquillas pueden cargar un palet en el suelo, darle la vuelta y depositarlo a derecha o izquierda sin que el carro se mueva. Pueden pues almacenar y desalojar cargas a ambos lados del pasillo. El ancho de pasillo en estos casos debe calcularse para que pueda caber la diagonal de un palet, sin un automatismo de este tipo una rotación en el pasillo es muy delicada, y por tanto mucho más larga. Este tipo de carretilla permite alcanzar niveles de descarga de hasta 12 metros para una capacidad del orden de una tonelada y precisa un ancho de pasillo de 1,6 a 1,8 metros. Los motores de traslación tienen una potencia que varía de 4 a 10 kilovatios para velocidades entre 8 y 10 km/hora, y velocidades de elevación de 25 a 40 cm/segundo.

Fig. 5.32: Carretilla con horquillas tri-direccionales

5.3.4. Organización general y disposición del almacén

Una vez que las diferentes necesidades funcionales han sido determinadas y que todos los flujos han sido cuantificados, empezará el trabajo de proyección, y concretamente se definirá una organización general (conveniencia de un stock de masa, utilidad de un sistema informático avanzado), y a continuación se calculará la superficie para cada una de las funciones que hay que satisfacer teniendo en cuenta los equipos que se tiene previsto utilizar.

Zona de retención entre producción y almacén

Si el almacén está destinado a almacenar productos que se han fabricado en el mismo local, cabe reflexionar sobre las desincronización de los flujos de llegada y los flujos de colocación en el almacén. Los palets o contenedores que se entreguen no se almacenarán inmediatamente; será pues preciso guardarlos momentáneamente en una zona de retención.

El volumen de este stock retenido puede ser muy importante si la producción tiene lugar durante bandas horarias diferentes o más largas (producciones de 2 o 3 turnos sobre un único turno de almacén).

Para definir la superficie de esta zona de retención de stock se calcula una superficie igual a una vez y media la superficie neta de los palets propiamente dichos, de este modo se tiene en cuenta el espacio necesario para el paso de las máquinas.

Muelles de llegada

La definición de superficies que hay que reservar en los muelles, afecta al interior y al exterior del edificio. La parte exterior abarca las vías de acceso, llegada y salida, las zonas de maniobra y las del muelle como tal. La importancia de esta superficie condiciona, en muchos de los casos la ubicación general del edificio en la parcela.

El diseño de muelles debería incluir desde un principio, el estudio del tráfico de los envíos, generalmente se adoptarán los siguientes valores:

- Ancho de vía de circulación para semi-remolque: 5 metros.
- Radio de curva de giro: 30 metros.
- Espacio libre delante del muelle para las maniobras: 35 metros.

La disposición del muelle más clásica y más económica es aquella en que los camiones aparcan perpendicularmente al muelle. En terrenos pequeños, se puede ganar espacio aparcando en batería. Si varios camiones o remolques deben estar en el muelle simultáneamente, el eje mínimo que debe respetarse para dos posiciones consecutivas es de 3 metros.

El muelle debe hallarse a la misma altura que la plataforma de los camiones y de los remolques, es decir, aproximadamente 1,20 metros, para ganar en tiempos de descarga con las carretillas (10 a 25 % del tiempo).

Los muelles se equiparán con rampas de carga ajustables que permitirán completar la nivelación del muelle y de los vehículos y dejar paso a las carretillas, la inclinación no debe ser superior al 4 o 5%. En la Fig. 5.33 se observa un muelle con su rampa bajo la carretilla.

Fig. 5.33: Carretilla cargando un camión en un muelle de carga

Cualquiera que se la actividad principal del almacén se aconseja, prever una longitud del muelle que permita alojar entregas efectuadas por camionetas o furgonetas. La altura de este muelle debe ser del orden de 50 centímetros.

El stock de masa

El stock de masa se conoce también como zona de reserva. Dividir el stock total en dos partes (uno de picking y uno de masa) no siempre es una decisión fácil.

El stock de masa presenta dos grandes inconvenientes:

- Crea movimientos suplementarios, ya que es necesario trasladar los artículos desde el stock de masa al stock de consumo.
- Se precisan de equipos estáticos y dinámicos particulares y los correspondientes pasillos.

Estas deficiencias, pueden verse superadas por las ganancias que provoca la zona de picking a efectos de productividad, ya que permite reducir los tiempos de picking al especializar los equipos. La justificación económica de un stock de masa se hace comparando los costes completos de traslado de los artículos (zona de reserva a zona de preparación), con la disminución de los costes de cargas. Al hablar de costes completos comprenden:

- Costes de inversión: superficies suplementarias, equipos de almacenamiento, equipos de seguridad...

- Costes de explotación: de los propios equipos y mano de obra directa empleada en ellos.

Al margen de los propios costes económicos, el stock de masa, permite reducir o mejorar los plazos de entrega a clientes.

Las zonas de carga

Se llaman también zonas de picking o stock de consumo, existen numerosos esquemas para organizar la carga en la zona de pedidos. O bien el preparador se desplaza hasta la dirección donde los artículos se hayan almacenados, o bien los artículos pueden presentarse automáticamente delante del operador. Una vez cargados, el preparador trasladará los artículos hasta la zona de embalaje o de salida.

En función de criterios, puede asignarse un pedido a un único preparador o al contrario encargarlo a varios.

Preparador se desplaza hasta los pedidos: puede desplazarse por sus propios medios, o bien a bordo de una máquina apropiada, los criterios que nos lleven a una u otra solución responderán a la extensión del almacén y las características de pedidos y artículos (figura 5.38). Este tipo de organización es apto, para pedidos que afectan a pocos artículos de tamaño y peso limitados, almacenados en muebles del tamaño adecuado. La altura aconsejada para la carga no debe exceder de 1,60 metros, el ancho de pasillo vendrá determinado, tanto por las máquinas que utilicemos, como por prever la posibilidad de que trabajen dos personas en el mismo pasillo (ancho de 2 metros).

Los articulos se desplazan hasta el preparador: en este tipo de organización es conveniente almacenamientos muy densos. En este caso, serán los palets, los contenedores o los cajones, los que se desplacen automáticamente (figura 5.34). Se presentan delante del preparador, que está en un puesto fijo, y una vez las cargas se han efectuado, regresan a su posición de almacenamiento, para dejar hueco a nuevos artículos.

Entre los equipos estándar donde el conjunto de los artículos, se desplazan simultáneamente, se encuentran:

- Los armarios rotativos para los objetos pequeños.
- Los carruseles de ejes verticales para elementos del mismo tipo, o un poco más voluminosos.

Los equipos en los que sólo los artículos afectados se desplazan, son principalmente:

- Mini-load automático (Fig. 5.34): para todo lo que puede almacenarse en cajones o en cubas de 50 a 250 decímetros cúbicos.

Fig. 5.34: Mini-load automático

- Almacén automático (Fig. 5.35): para todo lo que esté almacenado en palets o contenedores de un bulto equivalente.

Adoptar este tipo de modelo implica, que el tiempo de presentación de los artículos ante el preparador, debe ser compatible con la actividad normal de éste., asimismo, es importante que las actividades del operador y del equipo estén desincronizadas.

Fig. 5.35: Almacén automático

Las zonas de espera de salida

Existen tres razones para terminar la preparación de los envíos antes de que llegue el vehículo que los llevará, de ahí la necesidad de disponer de zonas de almacenamiento relativamente importantes.

- Los imprevistos que pueden surgir durante la preparación, obligan a contar con un margen de seguridad; a continuación están los imprevistos que pueden sufrir los transportistas y que pueden hacer que lleguen tarde, y por último la necesidad de perfeccionar la actividad de los preparadores.
- Las superficies de zonas de espera, corresponderá a las superficies de las plataformas de los vehículos. Se marcarán pintando un límite blanco con el fin de facilitar la labor de los carretilleros y ayudar a respetar la organización.
- Reducir el ancho de los pasillos de carga de los trans-elevadores repercutirá directamente en los tiempos de carga, estos pasillos deben de tener un ancho de 3 metros.

Ejemplo de disposición de un almacén automático

La Fig. 5.36 muestra la disposición final de un almacén automático, el cual cuenta con seis pasillos por los que se mueven dos trans-elevadores automáticos con un cambio de vía al fondo. Este almacén se encuentra situado entre la zona de producción de la fábrica y los muelles de carga y tiene dos niveles en la zona de cabecera, el inferior a la altura de los muelles y un piso superior con un área disponible para operaciones de picking.

Al almacén le llegan palets tanto de los muelles de carga por "recepción" como de la zona de "producción" mediante una lanzadera sobre raíles. Una vez que el palet se en encuentra sobre la cabecera de entrada llega sobre unos transportadores de rodillos hasta el Punto de Identificación de Entradas (P. I. E. 1), pasando por una serie de detectores de gálibo y de estado del palet. Si se detecta algún problema en la identificación del palet o en su conformación se puede enviar a "rechazo" o a "acondicionamiento", donde se solucionan manualmente los problemas. Si en el P. I. E. está todo conforme se introduce el palet en las estanterías mediante una lanzadera sobre raíles, transportadores de cadenas y el correspondiente trans-elevador.

Cuando se saca el palet de su ubicación en la estantería se deposita en las mesas de cadenas del nivel superior y de ahí con la lanzadera a la cabecera de mesas de rodillos que lo lleva al "elevador" para que vaya al nivel inferior y salga por "expedición" para ser llevado por carretilla al muelle que corresponda.

En caso de que el palet se saque para hacer "picking" éste pasará por delante del operario, que irá llenando los palets situados a su lado sobre la plataforma de picking con los productos extraídos de esos palets que van pasándole por delante sobre la línea de rodillos. Una vez se han extraído los productos necesarios para el picking el palet baja por el "elevador" y vuelve a entrar en el almacén, esta vez por el P. I. E. 2; si hay problemas se pueden resolver en la zona de "acondicionamiento" para volver a intentar el envío a la estantería esta vez por P. I. E. 1. Los palets resultado del picking pueden ser introducidos en la línea por l entrada de "palet formado" para su bajada a expedición o su entrada al almacén. Y si el palet original se vacía como resultado del picking se puede extraer por "rechazo/salida de picking". Y si se requiere un volumen de picking mayor se pueden sacar palets de la línea por "reposición".

Excepcionalmente los palets pueden pasar directamente de la zona de "producción" a "expedición" pasando por el P. I. E. para su control.

En este ejemplo el volumen de materias primas o productos semi-acabados que pasan por el almacén es escaso. En caso necesario se pueden sacar palets de material por "expedición" y llevarlos por carretilla hasta "devolución" para que vayan a "producción".

5.4. CONCLUSIÓN

En este capítulo se ha abordado el estudio de la ingeniería de la producción a un nivel superior al ya visto en el capítulo anterior; el nivel de planta. Para ello se han expuesto algunos de los elementos que inciden sobre la integración a nivel de planta y se han comentado las diferentes configuraciones que favorecen esta integración para determinadas necesidades. Seguidamente se ha hecho mención a las nuevas tendencias, comentándose las nuevas líneas sobre las que está evolucionando la automatización a nivel de planta.

La segunda parte de este capítulo se ha dedicado a la integración del almacenaje y la distribución. En principio puede parecer que esto no constituye parte de la ingeniería de la producción como tal. Pero se ha visto que, en la cadena de suministro actual, el almacén está dejando de encontrarse completamente separado como un elemento independiente situado después de la línea de producción. Hoy en día la gestión del almacén está íntimamente ligada a la gestión de la producción, ya que desde él se realiza la gestión de los stocks, no solo de productos acabados, si no de productos semi-acabados, materias primas y productos devueltos que pueden requerir un re-procesado.

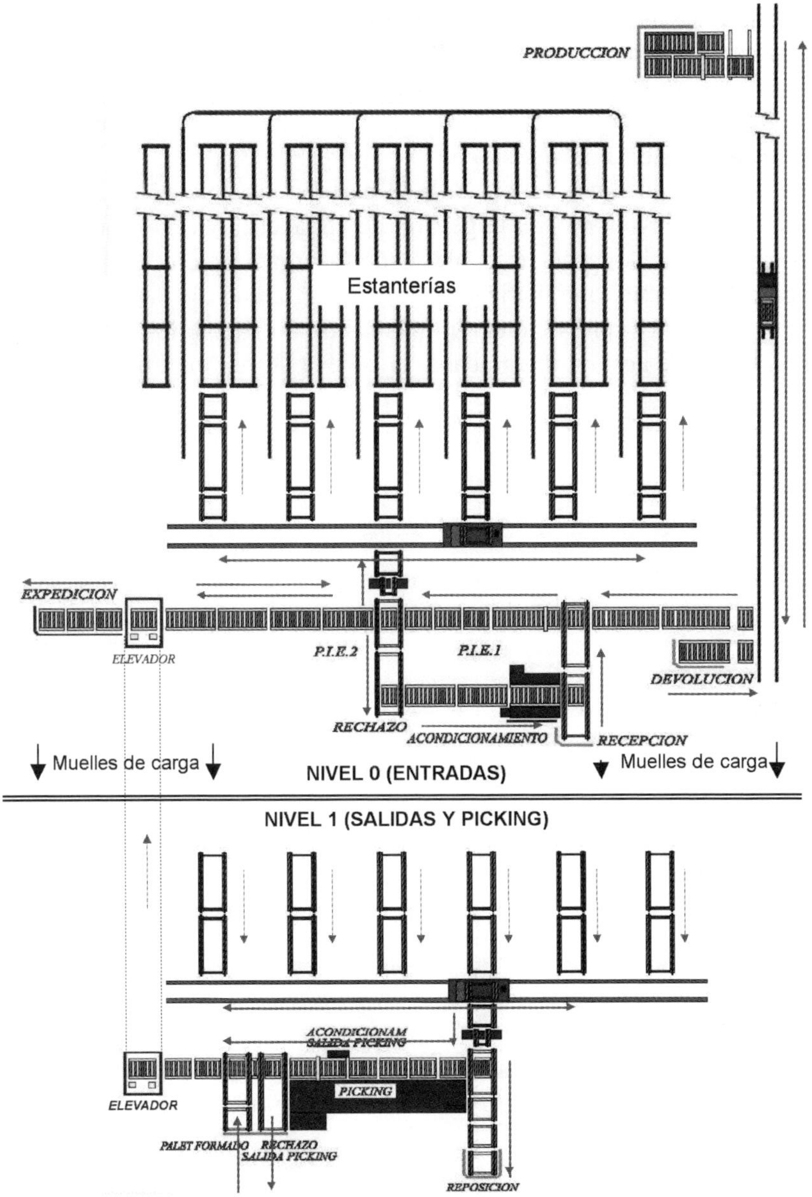

Fig. 5.36: Disposición de un almacén automático

De forma que, en un mundo en el que se impone el comercio electrónico de productos diseñados casi a la medida en el que la gestión integrada de la cadena de suministro es ya una realidad, el almacén aumenta drásticamente su funcionalidad y nivel de requerimiento para convertirse en parte integrante fundamental del sistema productivo en las empresas actuales.

Es por esto que se ha dedicado una parte importante de este capítulo al análisis de los inventarios, a la gestión de almacenes y a los equipos que se utilizan en ellos. Además se ha abordado la organización de los almacenes modernos altamente automatizados que actúan como avanzados centros de distribución en los que se integran muchas de las funciones que definen las nuevas líneas de gestión integrada de la cadena de suministro.

6. PLANIFICACIÓN Y GESTIÓN DE LA PRODUCCIÓN

6.1. INTRODUCCIÓN

Tal como se vio en el primer capítulo, uno de los elementos principales de la rueda del CIM es la "Planificación, Control y Gestión de la Producción" (manufacturing planning control), denominado habitualmente en el campo del CIM como MPC (Manufacturing Planning and Control, Fig. 6.1).

A lo largo de este capítulo se explicará en qué consiste la planificación y control de la producción así como su papel fundamental dentro de la integración que pretende conseguir el CIM.

Recordando lo visto en el capítulo dedicado a la empresa, en cuanto a la parte organizativa se refiere, en la Fig. 6.2 se muestran las relaciones interdepartamentales con MPC dentro de la organización de una empresa.

A continuación se centra el estudio en dos de las operaciones principales de las que se encarga la MPC: la gestión de las operaciones y la gestión de la producción. Para seguidamente discutir los diferentes niveles de planificación de una empresa. Este capítulo termina mostrando un modelo de planificación MPC.

6.2. GESTIÓN DE LAS OPERACIONES Y GESTIÓN DE LA PRODUCCIÓN

En primer lugar, como siempre, se debe diferenciar entre dos tipos de empresas: la de fabricación de productos (producto final tangible) y la de ser-

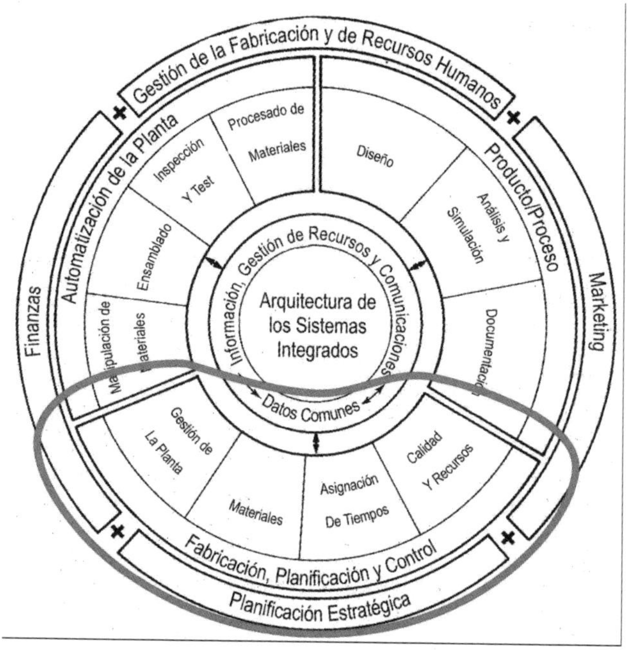

Fig. 6.1: MPC en la rueda del CIM

vicios (realización de una determinada acción). Las diferencias principales entre ambas son:

- Consistencia del producto.
- Punto de contacto con el cliente.
- Intensidad del trabajo.
- Nivel de producción.

En la práctica, existe otro tipo de empresa que se puede considerar como un caso mixto entre los dos mencionados. Un ejemplo de estas empresas mixtas podría ser un equipo de análisis de sangre de un hospital o la división de mantenimiento de un fabricante de equipos de rayos X. En estos casos se ofrece un servicio mediante la operación sobre un producto.

Asociado a las empresas de servicio y como aplicación del CIM nace el concepto de CIE (Computer Integrated Enterprise).

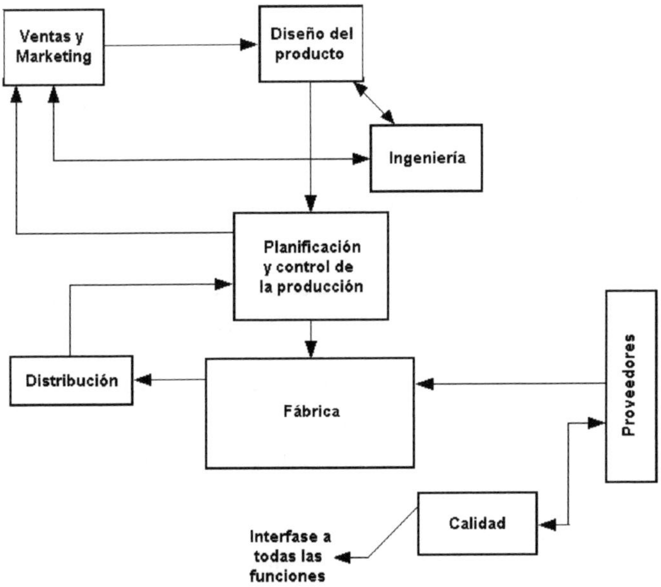

Fig. 6.2: MPC en la organización de una empresa

6.3. NIVELES DE PLANIFICACIÓN EN UNA EMPRESA

La función principal del MPC es la planificación. Dentro de una empresa se distinguen tres niveles de planificación (Fig. 6.3):

- Planificación estratégica.
- Planificación global.
- Planificación detallada.

6.3.1. Planificación estratégica

Una de las características principales de la planificación estratégica de una empresa es que se realiza manualmente. Consiste en una planificación a largo plazo que puede durar de uno a varios años y es realizada por los altos directivos de la empresa. Entre otras decisiones se encarga de planificar la localización de las plantas, líneas de productos, etcétera.

6.3.2. Planificación global

Tiene un carácter a medio-largo plazo, generalmente de 2 a 18 meses. Entre otras, se planifica los niveles de empleo, la subcontratación en caso de que fuera necesaria y los inventarios.

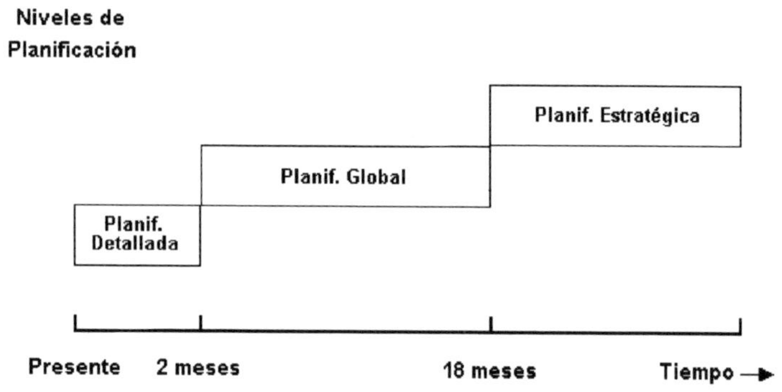

Fig. 6.3: Niveles de planificación de una empresa

Su objetivo principal es la generación de una planta de producción que use de forma eficiente los recursos de la empresa para satisfacer la demanda de los compradores.

Algunas de las tareas que se realizan durante la planificación global son analizar como afectan los niveles de inventario, salida de productos, etcétera. a los recursos fijos y variables de la empresa, así como combinar los productos en grupos.

Una vez concluida la planificación global la relación producción/demanda debe ser aproximadamente iguales. Si esta relación es mayor que la unidad, es decir, la demanda excede la capacidad de producción, entonces se debe recurrir a la subcontratación. Si por el contrario es menor que la unidad, la capacidad de producción excede la demanda, entonces se deben realizar campañas de promoción para dar salida a ese exceso de producción.

6.3.3. Planificación detallada

Tiene un carácter a corto plazo. Se encarga de planificar la carga de máquinas, el enrutamiento de piezas, la secuencia de operaciones o el tamaño de lote.

Debe realizar una descomposición previa del plan global en bloques y comienza con la creación del MPS (Plan Maestro de Producción).

Planificación global

	Meses				
	Enero	Febrero	Marzo	Abril	Mayo
Salida Planificada	1500	2000	1800	2500	3000

Planificación detallada (Plan maestro de Producción)

Salida Planificada		Meses				
		Enero	Febrero	Marzo	Abril	Mayo
24"	110 V	500	550	525	650	675
24"	220 V	150	450	450	500	700
36"	220 V	475	550	500	650	725
48"	220 V	175	200	150	325	475
54"	220 V	200	250	175	300	350

Tabla 6.1: Ejemplo de planif. global y descomposición en planif. detallada

La Tabla 6.1 muestra un ejemplo de salidas de producción en una empresa para el que se pueden apreciar ambos tipos de planificación: global y detallada.

En el capítulo 2 se hizo una clasificación de empresas en función de cómo se fabrica el producto y de determinadas posibilidades en cuanto a la configuración del sistema productivo. La Fig. 6.1 muestra la evolución de la complejidad de la planificación detallada en función del tipo de empresa (donde: CPM = Critical Path Method; PERT = Performance Evaluation and Review Technique).

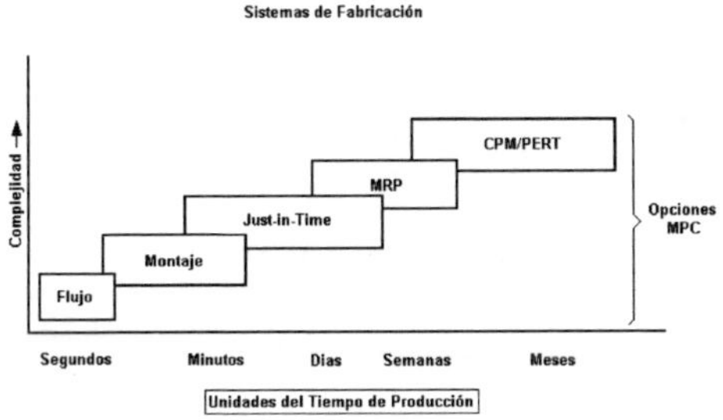

Fig. 6.4: Planificación detallada en función del sist. de producción

6.4. MODELO MPC

En la Fig. 6.5 se muestra el esquema general de un modelo MPC. En dicha figura se observa que se ha divido el esquema en dos secciones: la planificación de las operaciones (izquierda) y la planificación de los recursos (derecha). En cuanto al nivel operacional, en el esquema se muestra la planificación a largo plazo en la parte superior del modelo y a medida que se concreta a planificación detallada y gestión y seguimiento de procesos se avanza hacia la parte inferior.

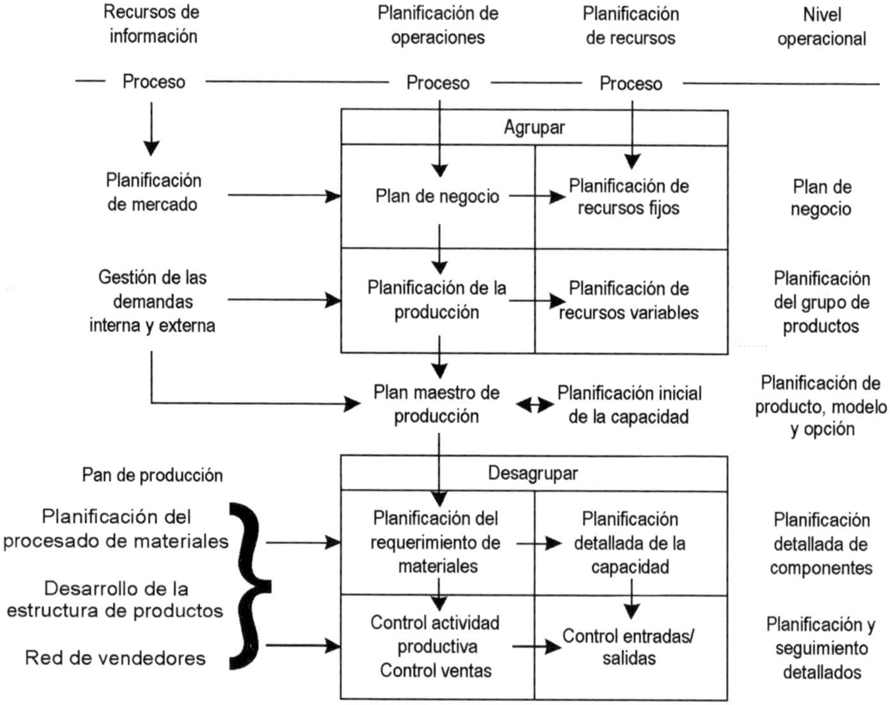

Fig. 6.5: Modelo MPC

Planificación agregada

La planificación agregada aparece en la parte superior del modelo mostrado en la Fig. 6.5. En ella, la planificación de la dirección se encuentra en la parte operacional del modelo y usa los planes del mercado para hacer la planificación de los recursos fijos. Se realiza el envío de datos generales del plan de dirección y líneas de demanda al bloque de planificación de la producción.

En cuanto a la planificación de la producción, se encarga de reunir todos los datos necesarios para realizar la planificación de los recursos variables (niveles de trabajo, número de subcontratistas, etcétera...).

El resultado final de esta planificación agregada es la generación del plan maestro de producción (MPS) a partir de la previsión de la demanda y del plan de producción.

Planificación detallada

Tiene como punto de partida del plan maestro de producción (MPS) y planifica a partir del mismo:

- Las necesidades de material (MRP).
- Planifica detalladamente las capacidades.
- Realiza el control de las actividades de producción.
- Realiza control de entrada/salida.

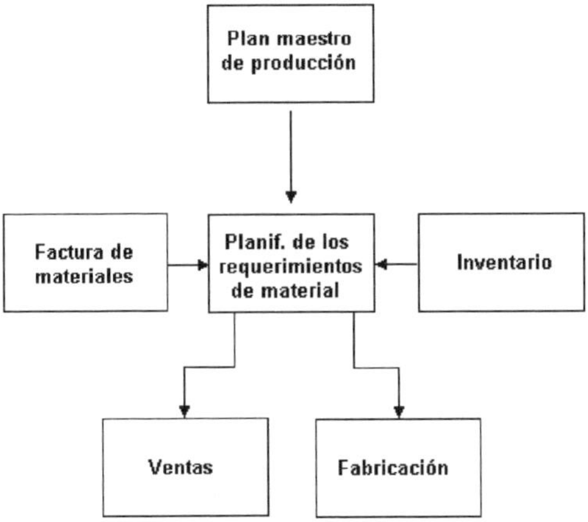

Fig. 6.6: Datos de entrada y salida en el MRP

(a) MRP:

El modelo básico de la planificación de las necesidades de material MRP se muestra en la Fig. 6.6. Tal como se muestra en la figura, los datos de entrada del MRP son:

- El plan maestro de producción (MPS).
- La planificación aproximada de las capacidades.
- La lista de materiales (95% de precisión).

- El inventario actual (98% de precisión).
- El tamaño de lote, el stock de seguridad, el tiempo de fabricación...

Las salidas del MRP son las órdenes hacia compras y fabricación.

(b) Planificación detallada de las capacidades:

En esta etapa se usa los datos procedentes del MRP para buscar recursos de producción de la forma más eficiente posible. La técnica más usada se denomina Planificación de Requisitos de Capacidades (CRP).

(c) Control de las actividades de producción (PAC):

Consiste en una serie de principios y técnicas usadas por los directivos para planificar, gestionar, controlar y evaluar la efectividad de las operaciones de producción en planta. Sus objetivos principales son: minimizar las inversiones de inventario, mejorar el servicio al usuario y maximizar la eficiencia de la producción.

Generalmente el PAC suele especificar los siguientes elementos:

- Diagrama de estructura del producto (Fig. 6.7).
- Hojas de ruta y tiempo de fabricación (Tabla 6.2).

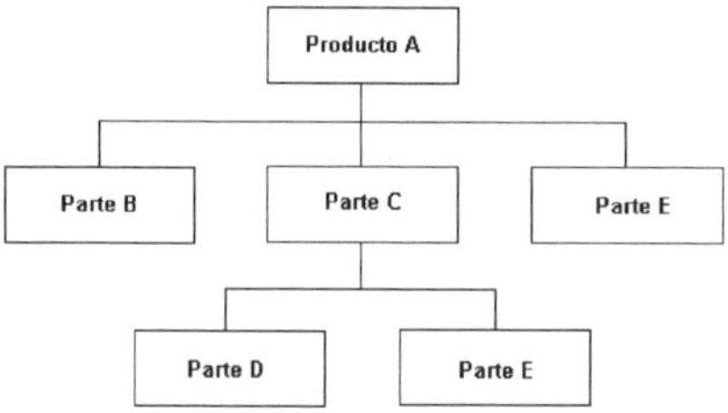

Fig. 6.7: Diagrama de estructura del producto

Ruta (Parte D)							
Operación	Centro de Trabajo	Tiempo de ejecución	Tiempo de configuración	Tiempo en movimiento	Tiempo en cola	Tiempo total	Tiempo redondeado
1	201	1.6	0.5	0.4	2.6	5.1	5.0
2	208	1.5	0.3	0.2	2.8	4.8	5.0
3	204	0.1	0.1	0.3	0.6	1.1	1.0
4	209	1.2	0.8	0.3	2.3	4.6	5.0

Tabla 6.2: Hoja de ruta y tiempo de fabricación

Los requisitos para realizar el PAC son los siguientes:

- Base de datos integrada.
- Reglas de establecimiento de prioridades: consiste en un mecanismo de selección y secuenciamiento de fabricación en los centros de trabajo y asignación de tareas a trabajadores.
- Mecanismos de asignación de operaciones.

Sus funciones principales son:

- Determinación de la prioridad relativa de los trabajos en curso.
- Crear una lista con el rango de los trabajos en curso y comunicarla a la factoría.
- Seguir el movimiento de las piezas a lo largo de la fábrica.
- Monitorizar y proyectar las colas de los puestos de trabajo.

(d) Control Entrada/Salida:

Consiste en evaluar el número de órdenes de producción completadas con relación a las que se han recibido. Da una medida de la eficiencia, y proporciona datos de realimentación para la planificación de la producción.

Dentro del MRP existe una serie de problemas sin resolver que se han solventado realizando nuevos modelo denominados MRP realimentado o MRP II. Cabe aquí reseñar el diferente significado que algunos autores confieren a las siglas MRP y MRPII; en el primero de los casos esas letras representan: "Material Requirement Planning" y en el segundo: "Manufacturing Resource Planning". Este diferente significado tiene unas connotaciones que de por sí resultan bastante indicativas del distinto carácter y alcance de ambas planificaciones. Otros autores pasan por alto esta diferenciación; lo que puede ser simplemente un error derivado del uso abusivo de abreviaturas que se hace en este campo.

6.5. CONCLUSIÓN

Este capítulo se ha dedicado a analizar la planificación y la gestión de la producción; lo que, en el ámbito del CIM, se conoce por las siglas MPC (Manufacturing Planning and Control). El MPC comprende diferentes tareas tales como la gestión de la planta, aprovisionamiento de materiales, la asignación de tiempos a tareas (scheduling) y la gestión de recursos.

Todas estas labores comprenden la planificación y control de la planta y han de ser abordados por el departamento de planificación estratégica de la empresa en estrecha colaboración con los de marketing y finanzas.

En este capítulo se ha comenzado centrando el estudio en dos de las operaciones principales de las que se encarga la MPC: la gestión de las operaciones y la gestión de la producción. Para seguidamente discutir los diferentes niveles de planificación de una empresa. Así mismo se ha mostrado un modelo de planificación MPC.

7. SUPERVISIÓN Y CONTROL DE LA PRODUCCIÓN

7.1. INTRODUCCIÓN

En este capítulo se va a reflejar la importancia de los sistemas de supervisión y control en entornos fabricación; donde cuentan con un campo de aplicación especialmente amplio. Ejemplos típicos son en el control de velocidad de un sistema de mecanizado o en el control de posición del extremo de un robot industrial. En este último ejemplo, los robots industriales, siempre aparece la opción de la programación "off-line" del mismo. La programación "off-line" consiste en una programación de los movimientos del robot tras una calibración previa del mismo dentro de su entorno de trabajo. El inconveniente principal de la programación "off-line" de robots industriales es la incertidumbre latente en un entorno de fabricación. Este problema se soluciona aplicando técnicas de control activas.

Aunque existen técnicas de control especializadas para cada máquina herramienta, robot industrial, vehículo articulado móvil, etcétera...; este capítulo se limitará a la realización de una exposición breve de algunas técnicas generales de control; como son el control basado en reglas, el control basado en modelo y el control difuso. Además se analizarán los sistemas empleados para supervisión de instalaciones industriales. Y, puesto que la supervisión va a permitir detectar anomalías en el funcionamiento de las instalaciones, se va a aprovechar este tema para realizar un rápido repaso a algunos de los conceptos que se manejan habitualmente en el mantenimiento.

7.2. SISTEMAS DE CONTROL

En un sistema de control clásico, como el representado en la Fig. 7.1 las tareas básicas a realizar son tres, aunque después aparezcan otras más alejadas del concepto de control. Estas tres tareas son las siguientes:

- Captura de datos (sensores).
- Cálculo de actuaciones (reguladores).
- Acciones de control (actuadores).

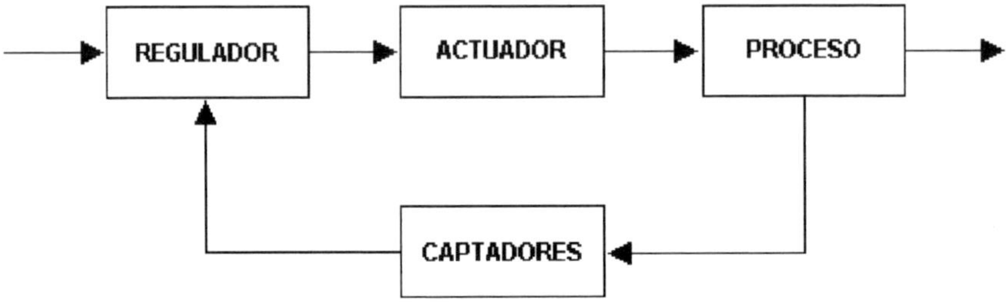

Fig. 7.1: Esquema de control clásico

En el caso objeto de este análisis, el control de procesos complejos propio de fabricación, existen algunas modificaciones respecto a esta estructura. Estas modificaciones de la estructura de control son debidas a las nuevas necesidades de control originadas por diversos factores, entre los que cabe destacar el mal comportamiento de este tipo sistemas de reguladores clásicos (sistemas mal definidos) y el deseo de aumento de seguridad de funcionamiento (maquinaria peligrosa). Esta nueva situación aparece como consecuencia de la introducción del operador dentro del sistema de control, por lo general en forma de bucle de control superpuesto al control convencional. A este tipo de control se le denomina control supervisor (Fig. 7.2).

Como se puede observar aparecen otras dos tareas en este tipo de control, ambas relacionadas con la comunicación hombre-máquina:

- Presentación de datos al operador.
- Interpretación de órdenes del operador.

La inclusión de un elemento no modelable como es el operador constituye, por tanto, la característica fundamental de este tipo de control. La misión del operador es, por lo general, la de establecer estrategias de control mediante especificación de las consignas del bucle de control. Esta misión se lleva a

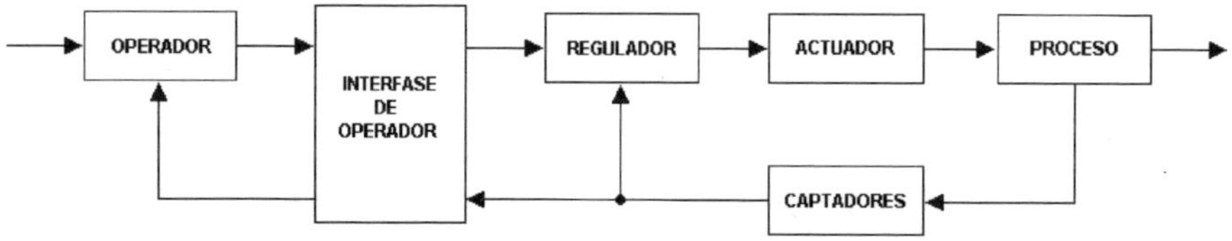

Fig. 7.2: Esquema de control supervisor para procesos de producción

cabo mediante un proceso de toma de decisiones. La utilización del humano en este tipo de sistema presenta ventajas y desventajas inherentes al comportamiento característico del mismo. Las ventajas y desventajas de este tipo de control en sistemas complejos son:

- Desventajas: falta de uniformidad en la actuación, sobrecarga informativa del operador, errores humanos, cansancio,...
- Ventajas: capacidad de determinación de la actuación correcta aún con información incompleta, capacidad de aprendizaje.

En los sistemas de control se realizan dos tipos de actividades: *conductistas* y *congnoscitivas*. Las actividades conductistas son fácilmente implantables en un ordenador; no así las cognoscitivas, esencialmente las derivadas de la intuición y previsión. Por este motivo es preciso mantener al humano en el bucle de control, aunque se pueden desarrollar entornos que le ayuden en su labor.

Dado que parece imposible suprimir al hombre del bucle de control debido a la necesidad de los elementos que aporta (esencialmente sentido común), tradicionalmente se ha tratado de solventar esta problemática (automatización de las funciones del operador) mediante el desarrollo de sistemas de asistencia al humano. Ejemplos de este tipo de sistemas son los sistemas inteligentes de ayuda a la toma de decisiones. En ellos se realiza una gestión eficiente de la información disponible por el operador. De este modo el operador puede realizar sus actuaciones de una forma mucho más fiable, ya que se disminuye el elemento intuitivo de la misma. En este tipo de sistemas se produce una delegación dinámica de tareas del operador al sistema ayudante, permitiendo de este modo al operador estar en cada momento con el nivel de trabajo más adecuado. Esto es cierto salvo cuando se tareas a realizar que precisan de la capacidad del humano; en esta situación el sistema ayudante no puede prestar ninguna ayuda, ya que su capacidad está limitada a las tareas más simples y repetitivas.

Ante esta situación surge la pregunta: ¿Es posible reemplazar el operador humano por un sistema artificial que presente una funcionalidad equivalente?

7.3. CONTROL INTELIGENTE

La introducción de técnicas de inteligencia artificial en control está produciendo una pequeña revolución en el campo de control de procesos, ya que se presentan nuevas vías de solución a problemas tradicionales de control. Estos problemas vienen causados, en su mayor parte, por la carencia de conocimiento preciso sobre el sistema a controlar.

Es misión del operador del proceso el conseguir que éste se comporte de forma que se logren unos determinados objetivos de alto nivel. Esta misión de alto nivel es la que hace necesaria la presencia humana en este tipo de sistemas. Los objetivos de alto nivel pueden ser diversos, pero entre ellos los principales son:

- *Seguridad:* para personas y equipos.
- *Calidad:* ni deficiente ni excesiva (alto coste).
- *Producción:* no sólo a corto plazo sino a largo plazo, por lo que entran en consideración aspectos de mantenimiento (estabilidad de funcionamiento).

Por otro lado, las actividades de control llevadas a cabo en un sistema de control supervisado son las siguientes:

- Determinación de la necesidad de la actuación.
- Identificar los posibles cursos de acción.
- Determinar el impacto sobre el sistema.
- Interpretación de los impactos.
- Selección de una alternativa de control.
- Monitorización de los resultados.

Los aspectos característicos del control inteligente se pueden agrupar en dos categorías fundamentales:

- *Aspectos conceptuales:* derivados de las necesidades específicas del control, fundamentalmente operación en tiempo real.
- *Aspectos de implementación:* son los relativos a la forma en que se va a conseguir cumplir los requerimientos conceptuales anteriormente expresados.

Los aspectos conceptuales que caracterizan a los sistemas de control inteligente son los derivados de dos factores fundamentales: la variabilidad temporal de los sistemas a controlar y la incertidumbre o imprecisión en el conocimiento los mismos. Un sistema de control es un ente encargado de que otro, sistema objeto, tenga un comportamiento determinado. La necesidad del sistema de control surge de las variaciones a lo largo del tiempo en el estado del sistema objeto, debidas a causas diversas.

Los aspectos de implementación son los que constituyen el soporte para hacer frente a los problemas conceptuales referidos en el apartado anterior. Cuando se esté buscando un entorno para desarrollar aplicaciones de inteligencia artificial en control, lo que se debe buscar en la sección de características técnicas son los siguientes elementos.

- Funcionamiento en tiempo real.
- Acceso a módulos desarrollados en otros lenguajes.
- Modelado profundo, preferiblemente basado en objetos.
- Contextos múltiples.
- Distribución de las fuentes de conocimiento y de los subsistemas.
- Razonamiento interrumpible.
- Mecanismos de focalización espacial-temporal.
- Comunicaciones interprocesos.

Los sistemas de control inteligente se pueden clasificar básicamente en dos tipos:

- Los sistemas de control inteligente desarrollados a medida.
- Herramientas para el desarrollo de sistemas inteligentes de control que pueden ser obtenidas por evolución de los sistemas clásicos, pueden ser entornos de ingeniería del conocimiento o bien sistemas desarrollados específicamente: comerciales (G2, Nexpert Object,...) o proyectos de investigación públicos (TEX-I, QUIC,...).

Los enfoques con los que los sistemas de control inteligente permiten abordar el problema de control los hacen distinguirlos en los siguientes:

- Control basado en reglas.
- Control basado en modelo.
- Control difuso.

7.3.1. Control basado en reglas

El control basado en reglas es la aplicación directa de la tecnología de sistemas expertos en control. En este tipo de sistemas la base de conocimientos de control se obtiene de un experto humano: el operador del proceso a controlar. Esta base de conocimiento recoge esencialmente dos tipos de información: reglas referentes a la interpretación del estado del proceso y reglas para la determinación de las actuaciones. Este enfoque, en sistemas muy grandes, conduce a sistemas expertos con bases de conocimiento de complejidad excesiva, siendo necesario el uso de técnicas que permitan reducir esta complejidad y aumentar la eficiencia. Una de estas técnicas es el uso de meta-niveles. Por lo general meta-nivel es el encargado de determinar el estado del sistema y de seleccionar el grupo de reglas pertinente a esa situación. De este modo la base del conocimiento queda dividida en sub-bases que permiten una mejora en eficiencia. Por lo general estos sistemas alcanzan volúmenes, miles de reglas, que los hacen inadecuados para su utilización en tiempo real.

Definición y características

Se ha mencionado que el control basado en reglas es aplicación directa de sistemas expertos. Una de las definiciones más completas de sistema experto es la siguiente:

> Un sistema experto es un programa inteligente de computador, que usa procedimientos de conocimiento e inferencia para solucionar problemas que son suficientemente difíciles como para requerir experiencia humana en su solución. El conocimiento necesario para operar en tal nivel, añadido a los procedimientos de inferencia utilizados, puede ser considerado como un modelo de la experiencia de los mejores operadores de dicho campo.

Esta definición, aunque referida a los sistemas expertos, es perfectamente aplicable a los sistemas basados en reglas. Revisando la definición se puede observar que las características más importantes de un sistema experto son:

- Es un programa para computador.
- Dispone de gran cantidad de conocimiento sobre el problema, fruto de la experiencia.
- Realiza un razonamiento similar al que haría un experto humano ante el problema planteado.
- Puede operar con datos cualitativos además de cuantitativos.
- Puede sacar conclusiones a partir de datos incompletos o inciertos.

Estructura interna

Según la disposición que, para un sistema experto en general, muestra el diagrama de bloques de la Fig. 7.3, un sistema basado en reglas está formado internamente por:

- Base de conocimiento.
- Motor de inferencia.
- Interfases con el usuario y el ingeniero de conocimiento.
- Control de ejecución.

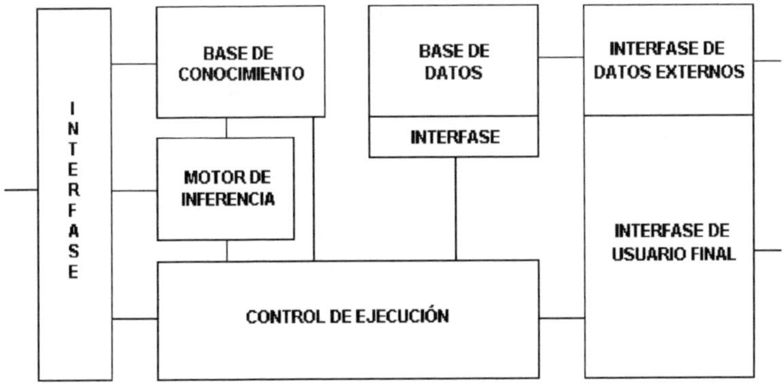

Fig. 7.3: Estructura interna de un Sistema Experto

Arquitecturas

La tecnología de los S. B. R., dado que son programas de computador, puede considerarse independiente de un hardware específico. Lógicamente por el tamaño en disco o memoria, velocidad y lenguaje básico cada sistema tiene unos requisitos mínimos. Pero es posible desarrollar sistemas basados en reglas en computadores personales, estaciones de trabajo, grandes computadores o máquinas de diseño específico.

Aunque los S. B. R. comenzaron funcionando como bloques independientes de intercomunicación con el usuario, poco a poco ha ido creciendo la necesidad de llegar a estructuras más complejas a fin de utilizar al máximo sus propiedades. Se puede hablar de diferentes tipos de conexión, la clasificación que sigue no es exhaustiva ni los tipos son excluyentes entre si:

- *Aislados:* en el caso más sencillo un S. B. R. mantiene un diálogo con el usuario para ayudarle a la toma de decisiones, diagnóstico, etcétera. Para poder realizar control es necesario mantener contacto con un a interfase de proceso. Normalmente, es el S. B. R. el que decide cuando y cómo realizar las comunicaciones. Estas comunicaciones viene limitadas por la herramienta de desarrollo utilizada.
- *Integrados:* en la actualidad, casi todas las herramientas del mercado permiten construir S. B. R. que se integren en aplicaciones más complejas formadas por diferentes programas. Esta integración supone un intercambio de ficheros hasta el paso de mensajes. Cada fabricante utiliza mecanismos distintos.

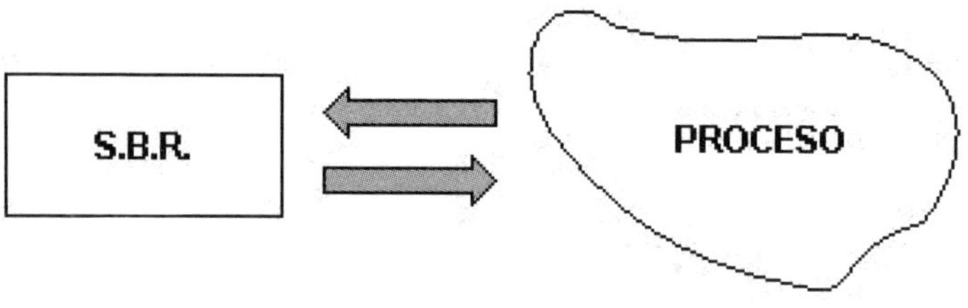

Fig. 7.4: S.B.R. Aislado

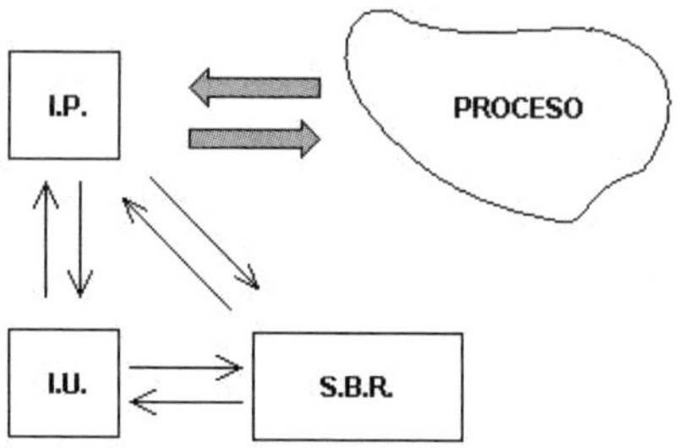

Fig. 7.5: S.B.R. Integrado.(I.U.=Interfase de Usuario; I.P.=Interfase de Proceso)

- *Embebidos:* un S. B. R. está embebido cuando es uno más, dentro de un conjunto de módulos que forman una aplicación y su actividad está controlada por otro módulo principal. Se trata de aplicaciones de control en las que el S. B. R. es un elemento que se activa cuando las necesidades del proceso lo requieren. Se trata del caso más versátil y el que permite mayor flexibilidad a la hora de construir sistemas.

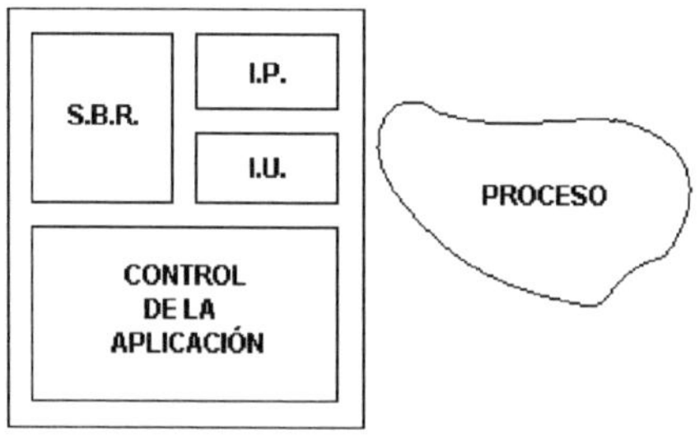

Fig. 7.6: S.B.R. Embebido

- *Cooperantes:* se trata de varios S. B. R. cada uno especializado en una parte del problema a resolver y controlados por un módulo central que determina qué consulta (diagnóstico, razonamiento) es necesario realizar. Frecuentemente los S. B. R. residen en hardware distinto por lo que se les denomina distribuidos.

Aplicaciones y Lenguajes

Para el diseño de los S. B. R. aunque puede utilizarse cualquier lenguaje de programación, dadas sus especiales características se han desarrollado algunos lenguajes específicos. Entre ellos los de mayor difusión son:

- LISP.
- PROLOG.
- SMALLTALK.
- OPS.
- C.

A modo de ejemplo se cita a continuación algunos sistemas existentes así como la plataforma en la que han sido desarrollados:

- REACTOR: S. B. R. para la monitorización y detección de desviaciones de comportamientos de plantas nucleares.
- SMOKEY: S. B. R. para la asistencia al servicio de extinción de incendios en portaaviones (LISP y C).
- ESCORT: S. B. R. para la ayuda a la operación de plantas petrolíferas (LISP).
- FCDES: S. B. R. funcionando en tiempo real para al análisis de sensores (LISP).
- SECOFE: S. B. R. para la corrección de problemas detectados en tanques de fermentación (GURU).
- BIO-SCAN: S. B. R. funcionando en tiempo real para la supervisión de un fermentador experimental (G2).
- CRAFT: S. B. R. en tiempo real para la localización de la sección en que se ha producido un fallo (OPS84).
- CONEX: es un sistema diseñado para el control de hornos de clinker en fábricas de cemento, uno de sus módulos es un S. B. R. (G2).
- MIP: S. B. R. de control en tiempo real instalado en una planta petroquímica (TIRS).

7.3.2. Control basado en modelo

El razonamiento basado en modelos es la denominación genérica de un conjunto de técnicas convergentes. Constituye el elemento crucial de los sistemas expertos de segunda generación.

El modelo es una representación del conocimiento que se dispone sobre el proceso. Es más extenso que el empleado en sentido matemático, teniendo cuatro facetas:

- *Amplitud:* el modelo incluye información de toda una gama de objetos del mundo real en relación con nuestro sistema. Nos permite almacenar y utilizar nuestro conocimiento sobre estos objetos.
- *Profundidad:* el modelo permite trabajar a diferentes niveles de profundidad, que enlazan de forma ascendente por mecanismos de abstracción. Esto hace posible la utilización de conocimientos por sistemas de razonamiento a diferentes niveles.
- *Certeza:* nuestro conocimiento del sistema tiene diferentes grados de certeza, cuyo conocimiento es preciso para tomar las acciones correctas.
- *Riqueza:* diremos que nuestro conocimiento es rico cuando incluya diversos aspectos (qué, cómo, cuándo, por qué, etcétera...).

El enfoque de control por razonamiento basado en modelos parece viable desde dos puntos de vista:

- Usando *modelos implícitos:* constituidos por reglas que expresan el comportamiento del sistema.
- Usando *modelos explícitos:* en ellos se especifican los elementos del sistema y sus interrelaciones.

En el caso del control de procesos, no se da esta circunstancia de forma completa, ya que el sistema de control no interacciona con el proceso salvo a través de los actuadores y los captadores. Es por ello necesario que el modelo incluya submodelos correspondientes a los sistemas de captación y actuación. Estos modelos permitirán al interfase de proceso el filtrado inteligente de la información procedente del sistema, así como la actuación eficaz y segura.

7.3.3. Control difuso

El control difuso puede considerarse como un control basado en reglas que utiliza técnicas difusas para manejar imprecisión. El considerarlo como un paradigma independiente se debe a que su estructura (monocapa) y su implementación (compilación de reglas) son muy específicas de este tipo de control. Los reguladores difusos tratan de implantar estrategias de control expresadas en términos lingüísticos por los ordenadores de proceso; para ello se basan en técnicas de lógica difusa.

Las principales ventajas que presentan este tipo de reguladores son las siguientes:

- Permiten utilizar el conocimiento operacional sobre el control del sistema, obtenible de expertos humanos.
- Son reguladores más robustos.
- Permiten realizar control multivariable de forma simple.
- Pueden alcanzar comportamientos mejores que reguladores PID clásicos.
- Admiten diversos modos de supervisión.

Esencialmente se basa en un conjunto de reglas de control difuso de la forma:

SI	**Variable A es Grande y Variable B es pequeña**
ENTONCES	**Actuación es Grande.**

Los términos que aparecen en las expresiones se denominan términos lingüísticos (grande, pequeño). Todo el conjunto de reglas equivale a una función del espacio de entradas en el espacio de salidas. Un aspecto fundamental de este tipo de reglas es el número de niveles de cuantificación de entradas: corresponde al número de términos lingüísticos utilizados para representar los valores de las entradas. Esta conversión a valores difusos es el primer paso en el proceso de control. El número de valores empleados son del orden de 7. La decisión de este número es importante desde dos puntos de vista: la representatividad y el volumen de los datos.

Etapas de control

Las etapas de control, tal como se encuentran representadas en la Fig. 7.7, son:

- Conversión de los valores medidos de las variables del proceso a su representación difusa.
- Aplicación de las reglas para obtener los valores de las actuaciones.
- Obtención de valores nítidos para las actuaciones a partir de los valores difusos (defuzzificación).

Para el control difuso se usan fundamentalmente dos técnicas:

- *Control directo de reglas:* en este caso en cada ciclo de control se realiza el cálculo de la actuación a partir de la unificación (proceso de búsqueda de reglas que se adecuan a la situación actual) de la base de reglas de control con los hechos procedentes del proceso (valores medidos de las variables de proceso).

- *Compilación de reglas:* este es un enfoque en el que la base de reglas se "compila", en el sentido de pasarla a una representación más eficiente. De este modo se obtiene una tabla en la que para cada combinación de las variables de control se tiene el valor de la actuación. De este modo el determinar, durante la fase de control, el valor de la actuación consiste en mirar en la tabla el valor de la misma. Este enfoque sólo es viable mientras el conjunto de reglas no cambie; si se produce este cambio es preciso volver a calcular la tabla.

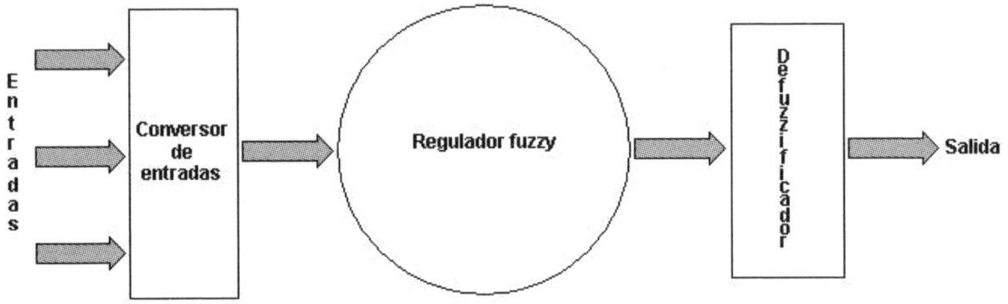

Fig. 7.7: Etapas de control en un regulador fuzzy

En control fuzzy las metodologías a utilizar son claras, pero falta por determinar aspectos en los que se han realizado pocos desarrollos:

- *Estabilidad:* se ha hecho algún tipo de estudios de estabilidad aunque bajo condiciones muy estrictas para el sistema analizado. No existe una metodología genérica para realizar estudios de estabilidad de reguladores difusos.
- *Viabilidad para procesos complejos:* en caso de procesos complejos (muchas variables) el enfoque de complicación de reglas no es adecuado, debido al excesivo tamaño de la tabla de control generada.

Aplicaciones industriales

La tecnología fuzzy no sólo no es incompatible con los sistemas de control convencionales, sino que pueden integrarse conjuntamente para lograr controladores más robustos. Sin embargo, el control fuzzy tiene algunas particularidades que lo hacen claramente susceptible de ser utilizado en control de procesos que reúnen alguna o varias de las siguientes características:

- Procesos difíciles de automatizar y que, paradójicamente, son controlados fácilmente por operadores humanos.
- Procesos con incertidumbre, poco definidos.
- Difícil estimación de los parámetros que definen el proceso.
- Sistemas complejos, no lineales, de orden elevado, variantes con el tiempo.
- Situaciones en las que resulta difícil la medición del valor de las variables a controlar (procesos biológicos, reacciones químicas complejas...).
- Cuando las medidas no son fiables.

7.4. SUPERVISIÓN

A parte de la supervisión que, de forma intrínseca, han de realizar los sistemas de control, las instalaciones modernas cuentan con complejos dispositivos de supervisión del funcionamiento del sistema en general. Estos dispositivos no solo muestran una visión de conjunto si no que existe una fuerte tendencia a que permitan una rápida adquisición de gran cantidad de datos relativos al funcionamiento específico de los diferentes elementos que componen la instalación.

Puesto que los modernos sistemas de supervisión permiten disponer de forma centralizada de un gran volumen de información sobre las condiciones de funcionamiento de la planta y sus diferentes elementos, se suele acabar por incluir en estos sistemas la posibilidad de realizar diferentes labores de control. Además esta centralización de la información resulta ideal para su utilización el mantenimiento, por lo que estos sistemas suelen conectarse a mecanismos de gestión del mismo.

Dado el elevado volumen de información que es necesario manejar en las instalaciones industriales, los sistemas de supervisión de plantas suelen adoptar la forma de paquetes informáticos específicos: son los llamados sistemas SCADA.

7.4.1. Definición de sistema SCADA

SCADA es el acrónimo de Supervisory Control And Data Acquisition (Supervisión, Control y Adquisición de Datos). Un SCADA es un sistema basado en computadores que permite supervisar y en parte controlar a distancia una instalación de cualquier tipo.

A diferencia de los Sistemas de Control Distribuido, el lazo de control es generalmente cerrado por el operador. Los Sistemas de Control Distribuido se caracterizan por realizar las acciones de control en forma automática. Hoy en día es fácil hallar un sistema SCADA realizando labores de control automático en cualquiera de sus niveles, aunque su labor principal sea de supervisión y control por parte del operador.

En la Tabla 7.1 se muestra un cuadro comparativo de las principales características de los sistemas SCADA y los sistemas de Control Distribuido (DCS). Se trata de unas características típicas, lo que no implica necesariamente un límite a las prestaciones de los sistemas de uno u otro tipo.

ASPECTO	SCADAs	DCS
TIPO DE ARQUITECTURA	CENTRALIZADA	DISTRIBUIDA
TIPO DE CONTROL PREDOMINANTE	SUPERVISOR: Lazos de control cerrados por el operador. Adicionalmente: control secuencial y regulatorio.	REGULADOR: Lazos de control cerrados automáticamente por el sistema. Adicionalmente: control secuencial, batch, algoritmos avanzados, etcétera.
TIPOS DE VARIABLES	DESACOPLADAS	ACOPLADAS
ÁREA DE ACCIÓN	Áreas geográficamente distribuídas.	Área de la planta.
UNIDADES DE ADQUISICIÓN DE DATOS Y CONTROL	Remotas, PLCs.	Controladores de lazo, PLCs.
MEDIOS DE COMUNICACIÓN	Radio, satélite, líneas telefónicas, conexión directa, LAN, WAN.	Redes de área local, conexión directa.
BASE DE DATOS	CENTRALIZADA	DISTRIBUIDA

Tabla 7.1: Diferencias típicas entre sistemas SCADA y DCS

7.4.2. Flujo de información

La información recogida por un sistema SCADA es utilizada para diferentes misiones siguiendo un flujo que comprende diferentes elementos y operaciones.

Las variables a medir: estas están íntimamente ligadas al fenómeno físico que se ha de analizar. Dependiendo del proceso, la naturaleza del fenómeno es muy diversa: presión, temperatura, flujo, potencia, intensidad de corriente, voltaje, ph, densidad, etcétera. Este fenómeno debe traducirse a una variable que sea inteligible para el sistema SCADA, es decir, en una variable eléctrica. Para ello, se utilizan los sensores o transductores.

Los sensores o transductores: son encargados de convertir las variaciones del fenómeno físico en variaciones proporcionales de una variable eléctrica. Las variables eléctricas más utilizadas son: voltaje, corriente, carga, resistencia o capacitancia.

Los acondicionadores de señal: son los encargados de procesar esa variedad de señales eléctricas para que sea entendida por el computador digital. Para ello se ha de referenciar estos cambios eléctricos a una misma escala de corriente o voltaje. Además estos acondicionadores proporcionan aislamiento eléctrico, a la vez que filtran la señal con el objeto de proteger el sistema informático de estados transitorios y ruidos originados en el campo.

Conversión de datos: una vez acondicionada la señal, la misma se convierte en un valor digital equivalente. Generalmente, esta función es llevada a cabo por un circuito de conversión analógico/digital. El computador almacena esta información, la cual es utilizada para su análisis y para la toma de decisiones.

Presentación de la información: los sistemas SCADA se caracterizan por permitir una clara representación de los datos (Fig. 7.8), lo que facilita su compresión por parte del operador; el cual puede así conocer el estado de la instalación en tiempo real.

Toma de decisiones: basándose en la información representada en las diferentes pantallas del sistema, el operador puede tomar diferentes tipos de decisiones entre las que puede encontrarse la posibilidad de realizar una acción de control sobre el proceso. De esta forma el operador puede incluir un comando en el computador que se convertirá, a su vez, en una señal eléctrica de actuación.

Salidas de control: las acciones de control decididas por el operario acaban generando salidas de control que acabarán accionando un dispositivo dado: bobina de un relé, setpoint de un controlador, etcétera.

7.4.3. Implantación de un sistema SCADA

Para evaluar si un sistema SCADA es necesario para manejar una instalación dada, el proceso a controlar debe cumplir las siguientes características:

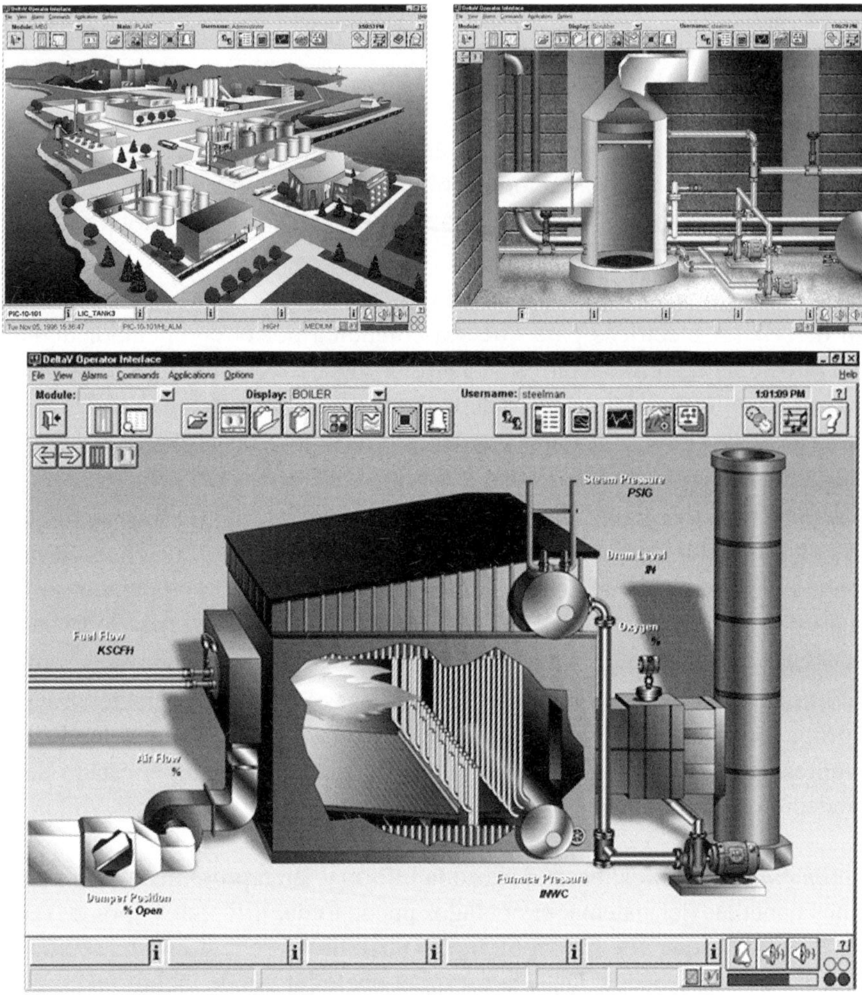

Fig. 7.8: Pantallas en un sistema SCADA

- El número de variables del proceso que se necesita monitorear es alto.
- El proceso está geográficamente distribuido. Esta condición no es limitativa, ya que puede instalarse un SCADA para la supervisión y control de un proceso concentrado en una localidad.

- La información del proceso se necesita en el momento en que los cambios se producen en el mismo, o en otras palabras, la información se requiere en tiempo real.
- La necesidad de optimizar y facilitar las operaciones de la planta, así como la toma de decisiones, tanto gerenciales como operativas.
- Los beneficios obtenidos en el proceso justifican la inversión en un sistema SCADA. Estos beneficios pueden reflejarse como aumento de la efectividad de la producción, de los niveles de seguridad, etcétera.
- La complejidad y velocidad del proceso permiten que la mayoría de las acciones de control sean iniciadas por un operador. En caso contrario, se requerirá de un Sistema de Control Automático, el cual lo puede constituir un Sistema de Control Distribuido, PLC's, Controladores a Lazo Cerrado o una combinación de ellos.

7.4.4. Funciones de un sistema SCADA

Dentro de las funciones básicas realizadas por un sistema SCADA están las siguientes:

- Recabar, almacenar y mostrar información, en forma continua y fiable, correspondiente a la señalización de campo: estados de dispositivos, mediciones, alarmas, etcétera.
- Ejecutar acciones de control iniciadas por el operador, tales como: abrir o cerrar válvulas, arrancar o parar bombas, etcétera.
- Alertar al operador de cambios detectados en la planta, tanto aquellos que no se consideren normales (alarmas) como cambios que se produzcan en la operación diaria de la planta (eventos). Estos cambios son almacenados en el sistema para su posterior análisis.
- Aplicaciones en general, basadas en la información obtenida por el sistema, tales como: elaboración de informes, gráficos de tendencia, historiales de variables, cálculos, predicciones, detección de fugas, etcétera.

7.5. MANTENIMIENTO

El mantenimiento puede ser definido como el conjunto de las acciones oportunas, continuas y permanentes dirigidas a prever y asegurar el funcionamiento normal, la eficiencia y la buena apariencia de sistemas, edificios, equipos y accesorios.

Las acciones más importantes de mantenimiento son: planificación, programación, ejecución, supervisión y control. Para garantizar la disponibilidad operacional de sistemas, edificios, instalaciones, equipos y accesorios, el mantenimiento debe ser ejecutado de manera continua y permanente a través de planes que contengan fines, metas y objetivos precisos y claramente definidos.

Con una buena planificación y programas oportunos de inspecciones rutinarias, el ingeniero de mantenimiento está en capacidad de detectar los síntomas que indican, muchas veces con bastante anticipación, que los equipos están próximos a fallar y que, en consecuencia, debe abocarse a corregir las desviaciones antes que se conviertan en problemas de mayor trascendencia.

Dada la gran importancia y complejidad del mantenimiento es posible encontrar abundante bibliografía sobre el mismo. El siguiente apartado se limita a dar un breve repaso a algunos conceptos relacionados con el tema. Debido a la extensión que requeriría un estudio en profundidad, se opta aquí por remitir al lector interesado a algún tratado específico si requiere de un conocimiento más detallado.

7.5.1. Objetivos y aplicación del mantenimiento

El objetivo fundamental del mantenimiento es el de garantizar que todo activo continúe desempeñando las funciones deseadas; asegurando así la competitividad de la empresa en todo momento. Lo cual se consigue por medio de:

- Garantizar la disponibilidad y confiabilidad planeadas de la función deseada.
- Satisfacer todos los requisitos del sistema de calidad de la empresa.
- Cumplir todas las normas de seguridad y medio ambiente, a la vez que se maximiza el beneficio global.

El mantenimiento es aplicable a todo sistema o empresa que desee aumentar la confiabilidad o la vida útil de sus activos. Uno de los aspectos más importantes del mantenimiento de los equipos, maquinarias e instalaciones, es aplicar un adecuado plan de mantenimiento que aumente la vida útil de éstos reduciendo la necesidad de los repuestos y minimizando el costo anual del material usado. El mantenimiento es un proceso donde se aplica un conjunto de acciones y operaciones orientadas a la conservación de un bien material. El plan de mantenimiento ha de nacer desde el momento mismo en que se concibe el proyecto y su buena gestión permite prolongar la vida útil de la instalación.

7.5.2. Tipos de mantenimiento

La función principal de la gestión del mantenimiento será, por tanto, contar en todo momento con un grupo mínimo de recursos humanos y tecnológicos capaz de garantizar los objetivos básicos de optimización de producción, disponibilidad de equipos, y la seguridad en la planta industrial. Según la forma en la que se trata de alcanzar estos objetivos se pueden distinguir varios tipos de mantenimiento.

Mantenimiento preventivo: incluye los servicios de inspección, control, conservación y restauración de equipos e instalaciones con la finalidad de prevenir, detectar o corregir defectos, tratando de evitar fallas. Este mantenimiento se realiza con una frecuencia y rigurosidad que dependen de la importancia del sistema a mantener en el funcionamiento del conjunto.

Mantenimiento correctivo: comprende los servicios de reparación de los elementos en los que se ha detectado un fallo. Es decir este mantenimiento se realiza cuando la avería ya se ha producido y ha sido detectada.

Mantenimiento predictivo: se refiere a aquellos servicios de seguimiento del desgaste de una o más piezas o componentes de equipos prioritarios a través de análisis de síntomas, o estimación hecha por evaluación estadística. De esta forma se trata de extrapolar el comportamiento de esas piezas o componentes y determinar el momento adecuado para efectuar su sustitución antes de que se produzca la avería. El mantenimiento Predictivo se basa en la confiabilidad y permite mantener el rendimiento de la instalación. Para cada componente se analizan, de forma sistemática, las características físicas, la forma como se utiliza, las diferentes modalidades de fallo que pueden producirse y sus consecuencias. De esta forma es posible definir un protocolo de mantenimiento para cada componente con las adecuadas medidas preventivas o correctivas.

Mantenimiento mejorativo o rediseños: consiste en la modificación o cambio de las condiciones originales del equipo o instalación. No es tarea de mantenimiento propiamente dicho, aunque la suele asumir el departamento de mantenimiento.

Mantenimiento selectivo: se refiere a aquellos servicios de cambio de una o más piezas o componentes de equipos prioritarios, de acuerdo con recomendaciones de fabricantes o entidades de investigación.

Hoy en día el mantenimiento suele aprovechar en gran medida las funciones de los sistemas de supervisión y control. Está cada vez más extendida la utilización de la información disponible en el sistema SCADA para la realización de gráficos de funcionamiento de los diferentes equipos; donde, por ejemplo, se pueden contabilizar con facilidad las horas de funcionamiento de cada uno de ellos y las condiciones de trabajo. Así mismo es frecuente que el propio sistema de supervisión sea el encargado de la realización de históricos de averías. En instalaciones complejas lo más habitual es que el sistema SCADA incluya paquetes adicionales con herramientas específicas de apoyo al mantenimiento.

7.6. CONCLUSIÓN

En este capítulo se ha realizado una breve exposición de algunas técnicas generales de control; como son el control basado en reglas, el control basado en modelo y el control difuso. Además se ha dado un pequeño repaso a los sistemas empleados para supervisión de instalaciones industriales; dedicándole cierta atención a los sistemas computerizados tipo SCADA de visualización y control. Se ha concluido el capítulo recordando algunos conceptos relacionados con el mantenimiento industrial; donde se ha incluido una breve descripción de los diferentes modos de mantenimiento existentes.

8. ELEMENTOS DEL CIM: SISTEMAS CAD/CAM/CAE

8.1. INTRODUCCIÓN

Para empezar a hablar de sistemas CAD/CAM/CAE, es conveniente saber cuál es el significado de las siglas. Así se tiene:

- CAD (Computer Aided Design) o diseño asistido por computador.
- CAM (Computer Aided Manufacturing) o fabricación asistida por computador.
- CAE (Computer Aided Engineering) o ingeniería asistida por computador.

No cabe la menor duda de que se ha producido un cambio radical en el diseño y fabricación de todos los productos industriales, desde los automóviles a los zapatos y juguetes, pasando por las prendas de confección. En los últimos años los sistemas CAD se han puesto al alcance de cualquier fábrica, taller o laboratorio, por pequeño que sea. El concepto y organización de una fábrica también ha experimentado una mutación total. Y el empresario que no lo ha entendido así ha condenado su negocio al letargo, languidecimiento o incluso a la extinción.

La fábrica moderna se basa en una integración completa mediante computadora, en la que el diseño de los productos se realiza mediante el diálogo interactivo entre el operador y una computadora (Fig. 8.1). Esto permite sustituir los procesos menos creativos y liberar al proyectista, que podrá intensificar su esfuerzo en aquello que nunca se automatizará: el libre ejercicio de la imaginación creadora. A lo largo del proceso, la computadora evalúa constantemente la información acerca de los costes de fabricación, calidad, fiabilidad y posibilidad de fabricación. El personal involucrado en el diseño, planificación de la producción, ingeniería de fabricación y otras funciones asociadas, debe reciclarse constantemente; la separación entre diseño y fabricación se ha reducido a la mínima expresión, y la cualificación de los operarios y técnicos ha mejorado sustancialmente con respecto a hace unos pocos años.

Fig. 8.1: Sistema CAD de MicroStation

El objetivo del CIM (fabricación integrada por computador) es la automatización del flujo de información en la organización global de la producción, desde la entrada de una orden de suministro, a lo largo de todas las etapas del proceso, hasta el embarque y servicio postventa del producto fabricado. Como puede verse, se trata de una nueva concepción de la fabricación que abarca conceptos tales como: control adaptativo de procesos, robótica, control numérico, inteligencia artificial, sistemas expertos, sistemas flexibles de fabricación, gestión de datos técnicos, planificación de procesos, almacenaje y manipulación automática de materiales, programación y control de mantenimiento, etcétera.

Los beneficios que aporta la adopción de técnicas CAD/CAM/CAE se pueden simplificar como sigue:

- Notable aumento de la productividad.
- Disminución del coste de producción.
- Adaptabilidad rápida de la producción a las fluctuaciones y exigencias del mercado.
- Mejora considerable de la calidad y fiabilidad de la producción.
- Promoción profesional del técnico y obrero, y utilización más eficaz de la maquinaria.

8.2. SISTEMAS CAD/CAM

Históricamente, los sistemas CAD comenzaron como una ingeniería tecnológica computerizada, mientras los CAM eran una tecnología semiautomática para el control de máquinas de forma numérica. Pero estas dos disciplinas, que nacieron separadamente, se han ido mezclando gradualmente hasta conseguir una tecnología suma de las dos; de forma que los sistemas CAD/CAM son considerados, hoy en día, como una disciplina única.

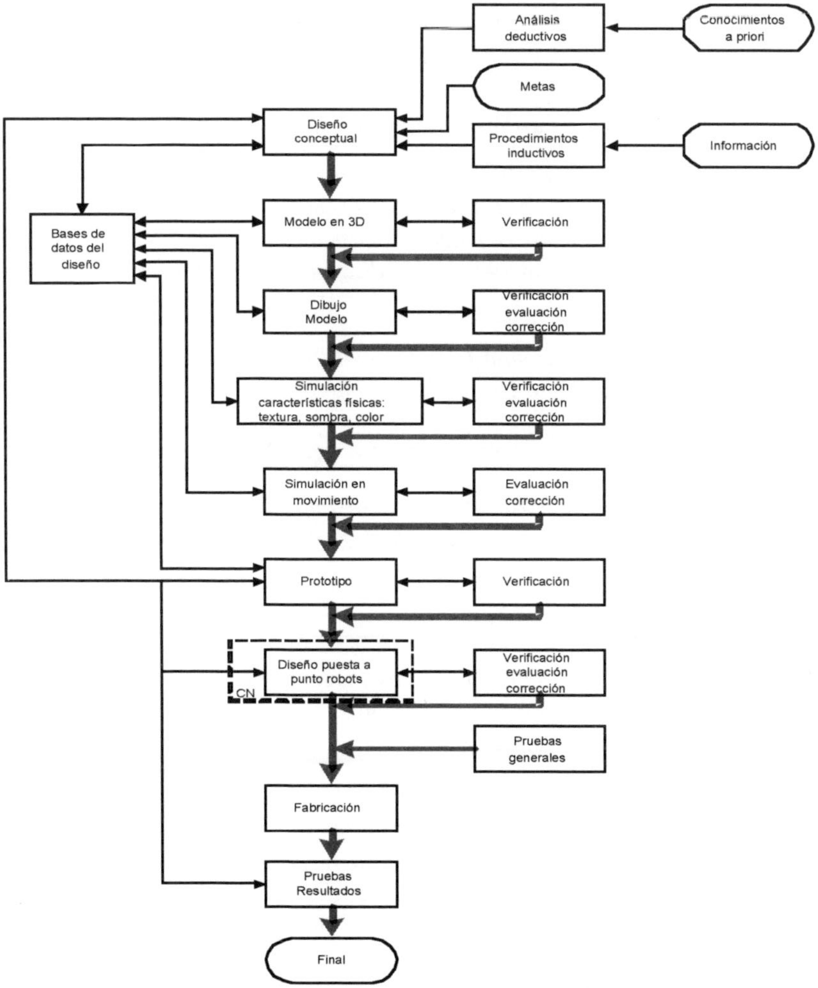

Fig. 8.2: Flujo de datos en un sistema CAD/CAM

La evolución del CAD/CAM se ha debido, en gran medida, a que esta tecnología es fundamental para obtener ciclos de producción más rápidos y productos elaborados de mayor calidad. Así, han sido espectaculares desarrollos como: el diseño 3D, la automatización total de industrias, los sistemas de control descentralizados, los análisis y diseños cartográficos, o el análisis de objetos en movimiento; lo cual puede representar algunos de los mayores logros en la evolución de estos sistemas.

Tipo	Funciones
Dibujo	*Punto-Línea-Arco-Círculo-Elipse-Curva-Rectángulo-Polígono-Polilínea-Texto- Croquis*
Edición	*Borrar-Copiar-Estirar-Deshacer/Rehacer-Girar-Mover-Simetría-Escala-Partir-Matrices-Enlace-Chaflán-Des/Agrupar-Texto*
Ayuda al dibujo	*Retícula-Variables-Fijar puntos-Modos de referencia-Capas-Líneas de construcción-Selección de objetos-Coordenadas (absolutas, relativas, polares)-Entrada con teclado-Entrada con ratón-Entrada con tableta digitalizadota-Unidades-Precisión-Colores*
Visualización	*Encuadre-Zoom-Previsualización-Redibujado-Vistas-In/Visibilidad*
Dimensionado y medición	*Cota horizontal-Cota vertical-Cota alineada-Cota angular-Nota-Punto-Distancia-Perímetro-Área-Ángulo-Parámetros*
Símbolos	*Seleccionar-Previsualización-Insertar-Deshacer-Escala-Atributos-Editar*
Líneas y tramas	*Rayados-Tramas-Tipos de líneas-Espesores de líneas-Ajustes-Editar*
Textos	*Tipos de letra-Ajustes-Editor-Importar-Símbolos especiales*
3D/Sólidos	*Primitivas-Revolución-Traslación-Operaciones lógicas*
Trazado e impresión	*Escala-Fichero-Ventana-Color-Pluma-Impresora-Trazador de plumillas*
Macros y lenguajes de programación	*Teclas de función-Macros-Personalización de la interfaz-Lenguaje de programación*
Ficheros de intercambio	*ASCII-IGES-DXF*
Control de ficheros	*Previsualizar-Cargar-Salvar-Insertar-Mezclar*
Ayudas generales	*Manuales-Ayuda-Tutorial-Ejemplos*
Varios	*Animación-Captura de pantallas-Librerías de símbolos-Bases de datos-Digitalización de dibujos-Módulos de ampliación-Modelización realista (rendering)*

Tabla 8.1: Resumen de las funciones de un sistema CAD

Hoy en día se cuenta con sistemas CAD/CAM muy evolucionados; los cuales reúnen una serie de condiciones, entre las que cabe destacar:

- El sistema debe ayudar al diseñador a realizar un trabajo mediante relaciones mutuamente efectivas. Es decir, el computador debe realizar aquellas tareas en las que es más eficiente que el operador humano.
- El sistema debe ayudar en todos los procesos, desde el diseño conceptual al control numérico (CNC).
- En la etapa de diseño conceptual el sistema deberá facilitar una presentación efectiva del objeto diseñado.

La sencillez en el flujo de datos (Fig. 8.2) a los puntos donde se necesitan es quizá la oportunidad más significativa en la integración del CAD y el CAM; ya que implica que la información referente al proceso de fabricación, a la calidad del producto o a su coste se hace más visible a la ingeniería. Por otro lado esto también implica que los datos acerca del diseño de un producto son más accesibles a la fabricación. El flujo sencillo de información relevante a través de todas las fronteras de la organización de la producción constituye un requisito previo con vistas a la obtención de soluciones innovadoras de los problemas de organización.

La Tabla 8.1 muestra un resumen de las funciones más importantes desempeñadas por los programas de CAD de carácter general.

8.3. SISTEMAS CAE

El concepto de sistema CAE, asociado a la concepción de un producto y a las etapas de investigación y diseño previas a su fabricación, sobre todo cuando esta ultima es asistida o controlado mediante computados, se extiende cada vez más hasta incluir progresivamente a la propia fabricación. Se puede decir, por tanto, que el CAE es un proceso integrado que incluye todas las funciones de la ingeniería que van desde el diseño propiamente dicho hasta la propia fabricación; idea ésta que puede apreciarse en el diagrama de la Fig. 8.3. Esto supone, en la práctica, el empleo de sistemas gráficos interactivos combinados con técnicas de modelado geométrico, análisis de estructuras, diseño y dibujo de detalles de piezas, simulación, análisis por elementos finitos, y evaluación del comportamiento de los elementos diseñados.

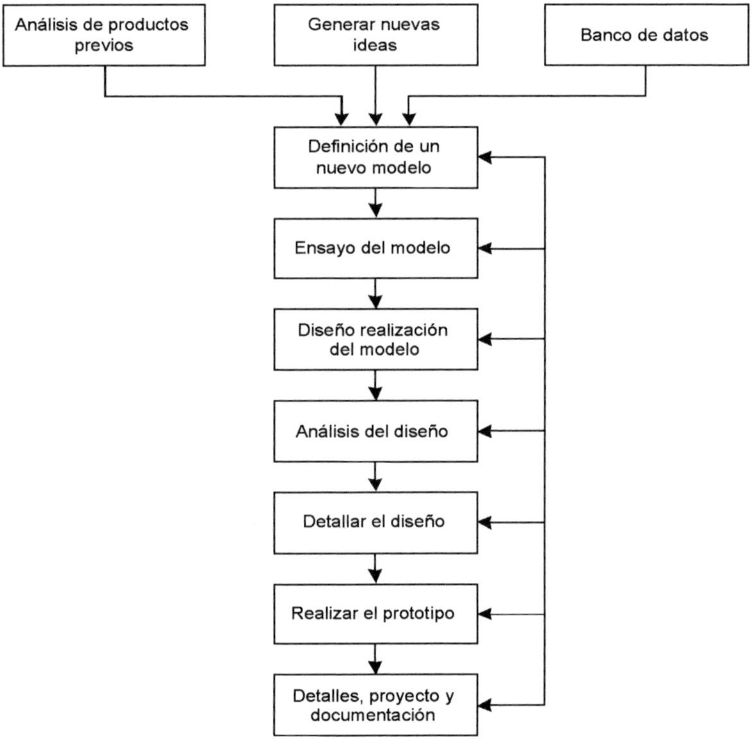

Fig. 8.3: Diagrama básico de los sistemas CAE

8.4. TENDENCIAS EN CAD/CAM/CAE

A la vez que los proveedores de sistemas CAD y CAM afinan sus ofertas en un mercado cada vez más estable, se buscan nuevas soluciones para los sistemas CAE. Las distintas soluciones para la comunicación entre sistemas de diversos proveedores y las nuevas soluciones para trabajar en entornos Web son los puntos donde las diversas empresas buscan sus diferencias competitivas.

Decir que el diseño asistido por ordenador, y también en gran medida su integración con la fabricación (CAD/CAM), son en este momento técnicas maduras y consolidadas es casi una obviedad. Los formatos electrónicos de las piezas permiten su modificación sin problemas y las premisas de la ingeniería concurrente y del trabajo colaborativo son asumidas en mayor o menor medida por los principales temas del mercado.

Si bien, tradicionalmente, los suministradores de sistemas CAD han sido empresas diferentes de las dedicadas al desarrollo de soluciones CAM, recientemente se ha observado en ambos casos una tendencia al solapamiento (determinados sistemas CAM incluían funciones de CAD y viceversa); sin embargo, de un modo general cabe afirmar que unos y otros han seguido en su desarrollo caminos paralelos.

Hoy en día las tecnologías CAD/CAM/CAE han abierto posibilidades para el rediseño y fabricación impensables sin estas herramientas. Dado su avanzado estado de consolidación, se puede afirmar que la principal tendencia que se observa hoy en día en los sistemas CAD/CAM/CAE industriales es hacia una integración cada vez más efectiva de estos tres elementos. Esta integración viene reflejada en el esquema de la Fig. 8.4.

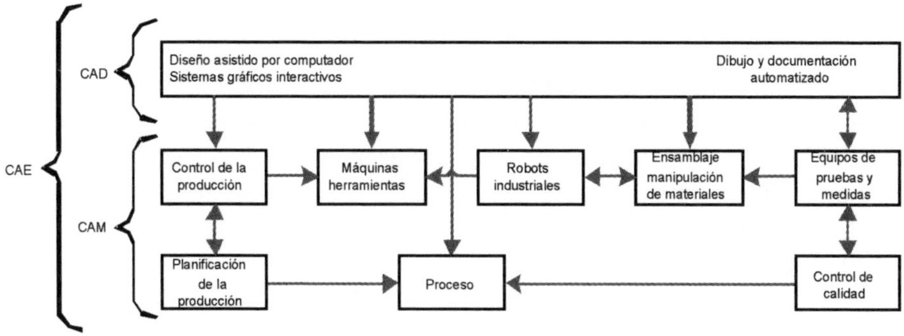

Fig. 8.4: Integración entre sistemas CAD/CAM/CAE

A parte de esta integración total, cabe analizar separadamente las tendencias que pueden observarse en las tres vertientes por separado de los nuevos sistemas.

8.4.1. Tendencias de los sistemas CAD

Los sistemas CAD han tenido una evolución de simple a cada vez más compleja a la que los profesionales han ido adaptándose de una forma que cabe calificar de natural. Primero migraron desde dibujos manuales a dibujos 2D electrónicos, después a modelos de alambres 3D y, más recientemente, a modelado de sólidos. En un principio, el trabajo con estos últimos encerraba una gran complejidad, sin embargo, también en este caso –al igual que ha ocurrido con todo el resto de aplicaciones informáticas– el trabajo con los sistemas CAD 3D fue haciéndose cada vez más fácil y sobre todo más adaptado a las formas de trabajar de los diseñadores.

Paralelamente, a lo largo de las dos últimas décadas se ha ido facilitando también la integración del diseño con la fabricación, de modo que las aplicaciones de diseño y fabricación tienen hoy una presencia muy habitual en oficinas técnicas y plantas industriales.

Hasta que los sistemas de modelado de sólidos no se asentaron en el mercado, los problemas de transferencia de los datos entre los sistemas CAD y los de fabricación eran muchos y, a pesar de que la aparición de estándares como IGES, STEP y VDAFS podían mejorar la situación, el hecho es que cada vendedor de sistemas hacía interpretaciones ligeramente diferentes del estándar, de modo que el usuario seguía enfrentándose a una compleja problemática.

Los sistemas de modelado de sólidos, al proporcionar la geometría de la pieza proporcionaban también su topología e información geométrica y toda esta información podía ser transferida a los sistemas CAM. Pero es que, además, se ha dado un cambio en las estrategias de los grandes suministradores de CAD en el sentido de poner en marcha grupos de trabajo conjunto con los suministradores de sistemas CAM con el objetivo prioritario de facilitar al máximo su integración.

De lo que se trata es que los entornos del CAD y del CAM sean interoperables, es decir, que tengan la capacidad de trabajar con los mismos datos sin necesidad de ninguna aplicación complementaria. Se trata de que no sea preciso copiar o modificar los datos que proporciona el sistema CAD para introducirlos en el sistema CAM. Esto tiene la ventaja de eliminar ocasiones de error y de posibles pérdidas o corrupción de datos al trasladarlos de uno a otro formato.

Es evidente que, cuando la información sobre la fabricación es una parte integrante del diseño, pueden reducirse espectacularmente los tiempos globales.

Integración en la Web

Evidentemente, la creación de una plataforma para trabajar en un entorno Web no implica una novedad en sentido estricto. En realidad, las últimas novedades que presenta en este momento la oferta de CAD/CAM se refieren generalmente a la incorporación de funcionalidades para la comunicación vía Internet que hace posible una ampliación evidente de las posibilidades del trabajo en conjunto sin condicionantes geográficos.

El trabajo con una única base de datos, los sistemas PDM y las soluciones basadas en la Web han sido en los últimos tiempos el principal objeto de atención en este campo, al igual que en otros muchos. Como una nueva actividad exige un nuevo nombre, después de la ingeniería concurrente y de la ingeniería simultánea nos encontramos ahora con la ingeniería colaborativa. Es cierto, que si bien casi todas las empresas que ofrecen grandes sistemas de CAD incluyen el diseño colaborativo como una de las prestaciones de sus paquetes, esta expresión encierra contenidos diversos en prácticamente cada una de ellas. En todo caso, el aspecto de interoperabilidad (posibilidad de trabajar con diversos sistemas CAD) debe ser uno de los exigibles en entornos que se califican de colaborativos. En este sentido, la oferta de Arion Data Systems, con su OneSpace, reúne muchos atractivos al ofrecer la posibilidad de elaborar en entorno Web conjuntos en tres dimensiones compuestos por piezas y subconjuntos que puede haber sido elaborados con diversos sistemas CAD.

En el caso de PTC (Parametric Technology) (Fig. 8.5), que mediante las herramientas Windchill permite el trabajo con su ProEngineer en entorno Web, la interoperabilidad con determinados paquetes es garantizada con su solución ATB (Bus de Topología Asociativa), que posibilita el intercambio de datos entre el citado ProEngineer y los paquetes: CADDS, ICEM Sutf, CDRS y Catia. Respecto a Windchill, las últimas versiones aportan mayores garantías de seguridad para compartir información estratégica e incluye también prestaciones para las fases de comercialización (B2B).

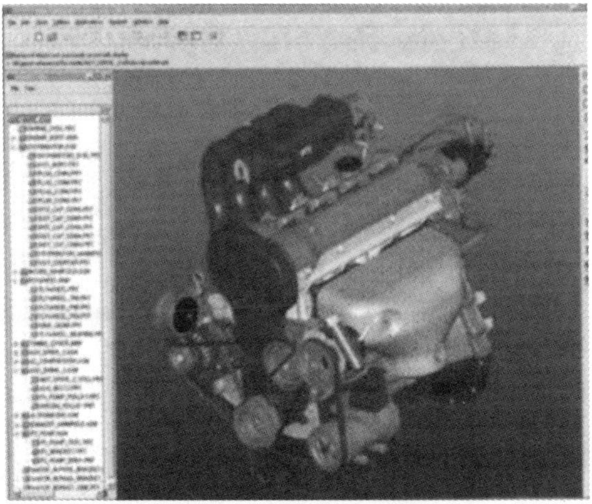

Fig. 8.5: El ProEngineer de PTC, con sus soluciones paramétricas, ocupa un primer lugar en el mercado del CAD

Inclusión en los sistemas de información sobre la fabricación

Como es sabido, STEP (Fig. 8.6) es uno de los estándares que permite transferir la geometría del CAD a otras aplicaciones. En este aspecto no sería muy diferente a, por ejemplo, el IGES. Sin embargo, STEP es algo más: se trata de un estándar para el intercambio de datos del producto que contiene, obviamente definiciones de la geometría de las piezas, pero también identificación del producto, estructura del mismo (montaje de diversas piezas) y características de la fabricación.

La información que aparece en pantalla es la que usualmente se pierde cuando se transmiten modelos CAD diferentes del propio. STEP no es un estándar que se considere acabado. El grupo de trabajo que lo elabora está ahora trabajando para incluir información sobre mecanizado, estrategias de fabricación, información sobre el propio proceso de fabricación y mantenimiento. Y parece ser que quienes constituyen el grupo de trabajo se plantean ir más allá y enfocar también toda la problemática de la llamada "ingeniería colaborativa".

En todo caso, lo que sí es cierto es que son cada vez más los paquetes de CAD que soportan STEP, debido a que permite disponer de un conjunto de herramientas que reducen considerablemente los tiempos de trabajo. Así, por ejemplo, Bentley utiliza librerías para capturar datos STEP y los traslada a sus modelos de objetos. También CADkey utiliza S7-Developer y ST-Acis para elaborar un traductor STEP.

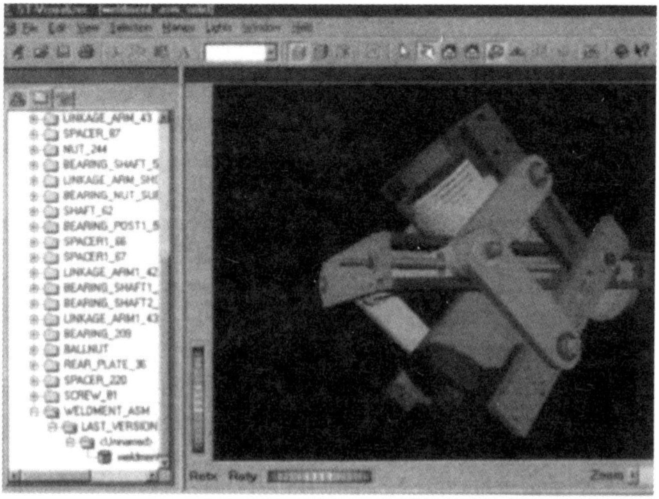

Fig. 8.6: Vista de un montaje de piezas según STEP

Las herramientas STEP posibilitan también establecer una relación entre las necesidades de fabricación y las capacidades de la planta de producción de la empresa. Es decir, que utilizando reglas de fabricación e informaciones respecto al producto a fabricar (el tamaño de los lotes, las dimensiones de las piezas, etcétera.) se determinan las operaciones necesarias y los recursos que se precisan para construir una determinada pieza.

Diseño de moldes

En este momento, los moldes (uno de los campos donde los sistemas de CAD se ha mostrado una herramienta valiosísima, que hoy puede calificarse de imprescindible) se diseñan completamente en 3D, incluyendo las placas, columnas o guías, todas ellas disponibles en las bibliotecas de los sistemas. A grandes rasgos, la forma de operar consiste en partir de la información geométrica de la pieza proporcionada por la empresa que lo ha encargado (sectores del automóvil, electrodomésticos, etcétera), que generalmente los facilita ya como un modelo en 3D. Después de aplicar a la pieza un nodo positivo para compensar la contracción del material, se crea alrededor de la misma un modelo sólido del molde. La visualización en 3D de dicha pieza posibilita que puedan observarse posibles interferencias u otros problemas.

En este caso es donde especialmente se muestran las ventajas de los sistemas paramétricos (como el de la Fig. 8.7), que hacen posible que cualquier modificación de la pieza no exige rehacer el molde, basta variar las cotas y se regenera el molde.

Fig. 8.7: El paquete Topmod de Cadmol

Prestaciones adicionales

Un buen programa CAD no sólo dispone de herramientas de creación de superficies, sino también de posibilidades de análisis y verificación de las mismas, entendiendo por superficies correctas aquéllas cuyos enlaces entre ellas son continuos en cuanto a tangencia y curvatura, y sin contener zonas donde se ha perdido continuidad de curvatura, para ello, en un primer nivel de análisis es suficiente con realizar cortes en las superficies por planos paralelos o radiales, en distintas direcciones se consigue una malla de curvas que ponen de manifiesto los errores antes mencionados. En un segundo nivel, se pueden crear curvas de isotangencia según cualquier dirección. En caso de existir defectos, estas curvas los exageran y pueden observarse fácilmente Por último, se puede recurrir a la visualización realista de la superficie, sin crear ni una sola curva. La visualización realista destacará los defectos como zonas de sombras, tal como si se observara el objeto real. Incluso se pueden mostrar las superficies coloreándolas según la curvatura, con lo que las posibles discontinuidades aparecen de inmediato. Estos métodos expuestos corrigen alrededor del 90% de los defectos que puedan existir.

Ya que no es posible detectar todos los defectos, en muchos casos es aconsejable fabricar un modelo real de la pieza a fin de poder analizar mejor el resultado obtenido, sobre todo en aquellos casos en que a partir de las superficies creadas en el CAD se diseña el molde. Para fabricar dichos modelos se utilizan tecnologías de fabricación rápida de prototipos. Además de la verificación de las superficies, un programa CAD avanzado permite trazar superficies paralelas a las creadas, por ejemplo generando la piel interna de la pieza a partir de la piel externa en el caso de piezas con un espesor uniforme conocido y debe tener los elementos necesarios para conseguir realizar sobre el modelo CAD todas las actividades de ingeniería de diseño necesarias (nerviado, fijaciones, centradores, elementos rigidizadores).

8.4.2. Tendencias de los sistemas CAM

La ingeniería CAM hace referencia concretamente a aquellos sistemas informáticos que ayudan a generar los programas de CN (Control Numérico) necesarios para fabricar las piezas en máquinas con CNC (Control Numérico Computerizado). A partir de la información de la geometría de la pieza, del tipo de operación deseada, de la herramienta escogida y de las condiciones de corte definidas, el sistema calcula las trayectorias de la herramienta para conseguir el mecanizado correcto, y a través de un post-procesado genera los correspondientes programas de CN con la codificación específica del CNC donde se ejecutarán. En general, la información geométrica de la pieza proviene de un sistema CAD, que puede estar o no integrado con el sistema CAM. Si no está integrado, dicha información geométrica se pasa a través de un formato común de intercambio gráfico, por ejemplo el formato IGES, Como alternativa, algunos sistemas CAM disponen de herramientas CAD que permiten al usuario introducir directamente la geometría de la pieza, si bien en general no son tan ágiles como las herramientas de un sistema propiamente de CAD.

Algunos sistemas CAM permiten introducir la información geométrica de la pieza partiendo de una nube de puntos correspondientes a la superficie de la pieza, obtenidos mediante un proceso de digitalizado previo. La calidad de las superficies mecanizadas depende de la densidad de puntos digitalizados Si bien este método acorta el tiempo necesario para fabricar el prototipo, en principio no permite el rediseño de la pieza inicial.

La utilización más inmediata del CAM en un proceso de ingeniería inversa es para obtener prototipos, los cuales se utilizan básicamente para verificar la bondad de las superficies creadas cuando éstas son críticas. Desde el punto de vista de la ingeniería concurrente, es posible, por ejemplo, empezar el diseño y fabricación de parte del molde simultáneamente al diseño de la pieza que se quiere obtener con el molde, partiendo de la superficie externa de la pieza mientras aún se está diseñando la parte interna de la misma.

8.4.3. Tendencias de los sistemas CAE

El tercer elemento de la tecnología objeto de este estudio son la herramientas CAE, es decir, las que permiten el análisis del comportamiento de las piezas ante su producción y, posteriormente, cuando estén trabajando en un determinado conjunto, sometidas a muy diversas condiciones de trabajo (presión, temperatura, etcétera).

La evolución del CAE sólo se ha mantenido paralela a la del CAD/CAM en cierta medida. Los primeros paquetes de análisis por elementos finitos se presentaron en el mercado ya en la década de los setenta y estaban basados en el hardware y software disponibles en aquel momento. Los sistemas llamados H-Element estaban basados, como es de suponer, en sistemas CAD 2D y, años más tarde, en modelos alámbricos 3D. Posteriormente aparecieron los llamados P-Element, que utilizaban modelos de superficies.

En realidad, estas soluciones han llegado prácticamente hasta nuestros días. Es bien cierto que se han hecho esfuerzos para que dichos programas resultaran lo más fáciles de utilizar que fuera posible, sin embargo, son bien pocos los software de este tipo utilizados en los departamentos de diseño de las empresas. Y es que los usuarios de estos sistemas se ven obligados a descomponer en elementos geométricos modelos muy complejos, a partir los modelos de sólidos en pequeños elementos, etcétera, lo que exige la colaboración de técnicos muy especializados. A esto hay que añadir que dichos programas absorben muchos de los recursos del hardware. En realidad, la causa del problema está en que las herramientas para el análisis por elementos finitos siguen en cierta medida basados en los sistemas de CAD alámbricos de la década de los ochenta, mientras que los sistemas CAD han evolucionando mucho desde entonces.

No obstante, no se puede olvidar que se hicieron esfuerzos por parte de los suministradores de sistemas de análisis por elementos finitos para ofrecer versiones de sus programas que corrieran sobre PC –uno de los programas más conocidos es el Nastran de Atos ODS, que desde finales del pasado año está disponible con todas sus funcionalidades en su versión PC con interface Windows– y que estuvieran ligados a los sistemas CAD, de modo que no sea preciso salir de un paquete para entrar en otro. Sin embargo, la experiencia muestra que siguen resultando difíciles de interpretar por parte de un técnico de diseño.

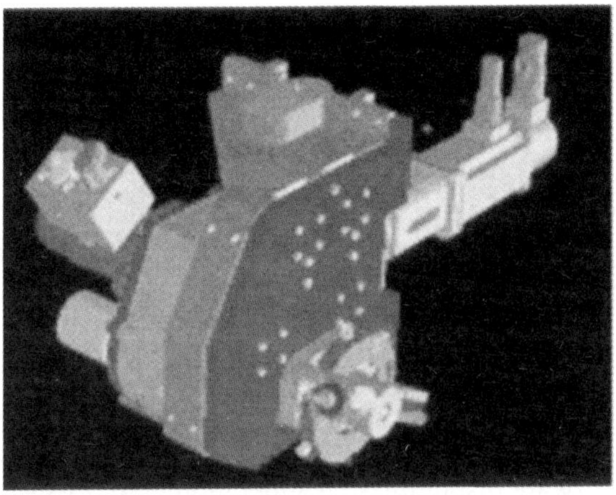

Fig. 8.8: El SigEdge de Unigraphics incluye nuevas prestaciones y módulos adicionales

Una propuesta interesante en este sentido es la que llevó a buscar caminos radicalmente diferentes, basados en las técnicas de simulación. En lugar de construir un objeto y luego analizar mediante cálculo los diversos esfuerzos a que estará sometido, se busca estudiar mediante técnicas de simulación qué les ocurrirá a las diversas partes del modelo cuando éste esté en servicio (Fig.

8.8). En este caso pueden analizarse también los comportamientos dinámicos (aceleraciones, impactos, etcétera). Son soluciones que pueden resultar válidas en muchos casos –no en todos– y que tienen la ventaja adicional de que resultan fácilmente utilizables por un técnico en diseño, ya que no es necesario realizar cálculos y, sobre todo, no hay que hacer interpretación alguna. Una vez construido el modelo virtual, y definidas las condiciones de trabajo real, el software muestra en pantalla la simulación de las líneas de estrés y deformaciones que se pueden producir.

Para realizar la ingeniería asistida por computador (CAE), se dispone de programas que permiten calcular cómo va a comportarse la pieza en la realidad, en aspectos tan diversos como deformaciones, resistencias, características térmicas, vibraciones, etc. Así se puede conseguir una reducción de errores, y por tanto, se reducirán los costes; además se incrementarán la calidad del producto y la competitividad de la empresa.

Es necesario pasar la geometría creada en el entorno CAD al sistema CAE. En el caso en que los dos sistemas no estén integrados, ello se lleva a término mediante la conversión a un formato común de intercambio de información gráfica, como puede ser el formato IGES.

Usualmente se trabaja con el método de los elementos finitos, siendo necesario mallar la pieza en pequeños elementos y el cálculo que se lleva a término sirve para determinar las interacciones entre estos elementos. Este método permite, en un ordenador, la búsqueda de una solución aproximada suficientemente válida, a costa de despreciar la continuidad de la materia que obligaría a integrar ecuaciones diferenciales de difícil resolución. Mediante este método, por ejemplo, se podrá determinar qué grosor de material es necesario para resistir cargas de impacto especificadas en normas, o bien conservando un grosor, analizar el comportamiento de materiales con distinto limite de rotura También se podrán hacer cálculos iterativos automáticos, parametrizando un nervio y averiguando qué valor de longitud y altura son necesarios para garantizar una determinada rigidez. Es posible, además, determinar las frecuencias propias de la pieza, dada una determinada forma de fijarla. Si estos modos propios de vibración son demasiado bajos, facilitando una entrada en resonancia, se actuará sobre el diseño para elevar el valor de estas frecuencias, alejándolas de las zonas de riesgo. Otra aplicación importante de estos sistemas en el diseño de moldes es la simulación del llenado del molde a partir de unas dimensiones de éste dadas, y el análisis del gradiente de temperaturas durante el llenado del mismo.

La realización de todas estas actividades CAE dependerá de las exigencias del diseño, y suponen siempre un valor añadido al diseño al detectar y eliminar problemas que retrasarían el lanzamiento del producto. Esta reducción del tiempo de desarrollo es una ventaja importante del CAE. Si se toma como ejemplo un producto con una vida útil de 5 años, se tendría que un retraso en el lanzamiento de 6 meses conllevaría una reducción de un 30% en el beneficio. Además, este factor es crítico en aquellos productos que inician nueva tecnología, ya que quien llega primero es el que domina el mercado (lock in), y no necesariamente domina el mejor producto. Un ejemplo de esto son los microprocesadores Intel que se han impuesto a pesar de que otro que utilizan tecnología RISC son más rápidos; otro ejemplo es la disposición del teclado, impuesta por Remington Co, que es así debido a que las máquinas mecánicas originales (1873) se atascaban con otra configuración. La disposición resultante se ha mantenido a pesar de ser poco eficiente.

Para la realización de funciones como las comentadas, el CAE se enfrenta hoy en día con dos dificultades básicas:

1) Una necesaria interoperabilidad entre programas CAD. Esto es un problema debido a que las estrategias que se siguen por parte de las firmas que desarrollan paquetes de CAD son insatisfactorias por la aplicación que éstas hacen de las tecnologías:
   - Traductores directos entre parejas de programas.- Se requiere un traductor distinto para pareja. Las estructuras de datos, tolerancias... son muy diversas.
   - Formatos neutrales: IGES, STEP, .xdf. Los estándares suelen nacer obsoletos.

En el uso de estos puntos se pierde intención de diseño, ya que sólo se transfiere geometría pura y dura, y no la historia del diseño. Sin embargo, por otro lado, las siguientes políticas también suponen un riesgo:

- Utilizar diversos programas con mismo kernel. Esto implica un riesgo derivado de ligarse a un único fabricante.
- Utilizar dentro de la empresa un único programa. Esto conlleva el riesgo de ligarse a un único desarrollador (monopolio). Además será muy difícil satisfacer todas las necesidades del diseño.

Para evitar esto, se pueden mantener varios programas distintos. Pero esto tiene el problema añadido de que el gasto de entrenamiento (entre 6 y 9 meses) será muy elevado y además probablemente se hará un uso no eficiente de los sistemas.

2) Mantenimiento de los datos de ingeniería. Cuando la vida del producto es mayor que la del sistema informático y los diseños incorporan piezas de otros anteriores. Como consecuencia hay que cambiar/actualizar:
   - El hardware, corriendo el mismo programa.

- Programa/versión del programa, manteniendo datos.
- Formato base de datos del mismo producto.

Un caso en el que esto puede suponer un problema grave lo representa la industria aeronáutica donde es usual que la vida del producto sea mayor de 20 años. Ej.: El Boeing 707, diseñado en 1958, aún hoy sigue en servicio.

8.5. CONCLUSIÓN

La primera gran duda con que se enfrentan los profesionales del diseño asistido por ordenador al adquirir un programa es si decantarse por una aplicación de CAD general, no especializada para ninguna tarea en concreto, o bien software de CAD específico para una determinada disciplina.

Fig. 8.9: Autodesk Inventor Series

Hoy día, salvo que se trate de usuarios que realizan trabajos sencillos, ocasionales o multisectoriales, lo recomendable es trabajar con aplicaciones especializadas, lo que no quiere decir que un programa de CAD general no sea útil. Se puede tener una aplicación especializada partiendo de un programa general que se complementa con cualquiera de las muchas utilidades existentes en el mercado para sectores como la arquitectura, Ingeniería, topografía, presentaciones fotorrealistas, etcétera. Uno de los inconvenientes del CAD específico es la dependencia casi absoluta de la empresa fabricante, que se encargará de las actualizaciones, librerías, mantenimiento... Por el contrario, los programas más populares de CAD general, como es el caso de AutoCAD, poseen empresas asociadas encargadas de realizar aplicaciones de especialización (AutoDesk, con productos como el de la Fig. 8.9). La cantidad de librerías de objetos que se pueden encontrar en el mercado es inmensa, los fabricantes de productos de construcción, mobiliario, etcétera. realizan sus catálogos informáticos en formatos propios de estas aplicaciones, etcétera.

En general, la adquisición de software de CAD general es más barata que la de programas específicos y permite una mayor libertad al usuario para decidir cómo quiere especializar su sistema. Actualmente se pueden encontrar aplicaciones especializadas, por ejemplo para arquitectura, con una calidad muy superior a la de cualquier CAD general, calidad que se equipara si usamos programas que la complementan para estas tareas. Pero al ser distintas empresas quienes realizan la aplicación genérica y la complementaria, hay ocasiones en que no se logra el nivel deseable, lo que ha originado que el fabricante de CAD general haya optado por crear sus propios programas de CAD específico (Ej.: Autodesk, fabricante de AutoCAD, software de CAD general más usado en el mundo, dispone en la actualidad de una aplicación destinada al sector de la arquitectura: AutoCAD Architectural Desktop).

Por otro lado, los sistemas CAE permiten a los usuarios construir, modificar y revisar rápidamente los modelos de flujos de tuberías, análisis 3D, etcétera. Usando una geometría 3D que se puede importar desde Sistemas de CAD de diseño de plantas, desde modelos de stress de tuberías, o creados directamente dentro de la aplicación. Ejemplo de módulos CAE lo constituyen los programas: AutoPIPE, PULS, WinNOZL y PlantFLOW.

9. SIMULACIÓN

9.1. INTRODUCCIÓN

Dentro del conjunto de herramientas para el análisis y diseño, la simulación juega un papel fundamental en aquellos sistemas cuya complejidad hace inviable un estudio por métodos analíticos.

En este momento, los diferentes paquetes software de simulación numérica no constituyen ya únicamente una herramienta para el diseño y dimensionado de un producto, sino que pueden aplicarse a lo largo de toda la vida del mismo, es decir, en las etapas de diseño, fabricación y mantenimiento. La utilización de la definición numérica del producto desde la etapa de diseño permite un proceso de simulación continuo.

El mercado exige cada vez más acortar los periodos de lanzamiento de un nuevo producto. Ya no basta con innovar, además hay que hacerlo deprisa. Es decir, que los largos procesos dedicados al proyecto de un nuevo producto, con las sucesivas fases de diseño, cálculo por elementos finitos, rediseño, introducción de modificaciones por parte del departamento de fabricación, nuevo rediseño, etcétera, ya no son viables. Es en este contexto donde optar por el hecho de disponer desde el primer momento de un modelo numérico de la pieza o del producto puede ayudar considerablemente a acortar el proceso.

Además no basta con mejorar el diseño de los productos, para que una empresa de fabricación resulte rentable es indispensable un adecuado diseño de los procesos de fabricación. Este diseño suele ser extremadamente complejo, puesto que en él intervienen un conjunto de factores condicionantes muy amplio; factores que pueden ser intrínsecos al mismo (tiempos de operación, stocks, etcétera) o extrínsecos (turnos de trabajo, costes energéticos, demanda, etcétera), y que pueden ser deterministas (consumos de materias primas y energía, tiempos de máquina, etcétera) o aleatorios (fallos de suministros, averías, etcétera).

9.2. DEFINICIONES Y ALCANCE

El método ideal para estudiar un sistema es poder experimentar directamente con el mismo. Sin embargo, este proceso es imposible en la gran mayoría de los casos:

- Porque se pretende predecir su comportamiento antes de construirlo.
- Porque el coste de la experimentación sobre el sistema lo hace inviable.
- Porque la experimentación de situaciones limite puede ser peligrosa para personas o equipos.
- Porque el uso de prototipos es lento y costoso, etcétera.

En estos sistemas se puede recurrir a la simulación como método alternativo. Entendiéndose como simulación la reproducción del comportamiento de un proceso mediante otro de más fácil manejo que evolucione de forma análoga al original.

Antes de continuar conviene establecer una serie de definiciones que permitan concretar el significado de algunos términos habituales. Es el caso de "sistema", "modelo" y "simulación".

9.2.1. Sistema

Un sistema es un conjunto de elementos, físicos o abstractos, relacionados entre sí de forma que modificaciones o alteraciones en determinadas magnitudes de uno de ellos pueden influir o ser influidas por las de los demás.

Esta definición permite profundizar en el sentido de establecer los siguientes tipos de sistema:

- Discretos: las variables de estado cambian en puntos separados del tiempo.
- Continuos: las variables de estado cambian de forma continua a lo largo del tiempo.

En un sistema aparecen diferentes tipos de señal:

- Variable de entrada, es la magnitud introducida, a propósito, al sistema con el fin de influir sobre él.
- Perturbaciones, son magnitudes introducidas al sistema de forma incontrolada.
- Variable de salida, magnitud significativa del sistema que sufre el efecto de las excitaciones.

9.2.2. Modelo

Un modelo es una representación de un sistema que se puede emplear para reproducir, en cierta medida, el comportamiento del mismo o para razonar sobre las características del sistema modelado. Otra definición es: "Representación simplificada de un sistema, construida para mejorar tanto la comprensión del mismo como la capacidad para predecir y controlar su comportamiento".

En simulación, un modelo está formado por dos conjuntos:

- Un conjunto de variables.
- Un conjunto de relaciones entre las variables del modelo.

Las variables del modelo representan habitualmente magnitudes físicas del sistema que se modela, las relaciones describen su comportamiento ante una cierta clase de situaciones.

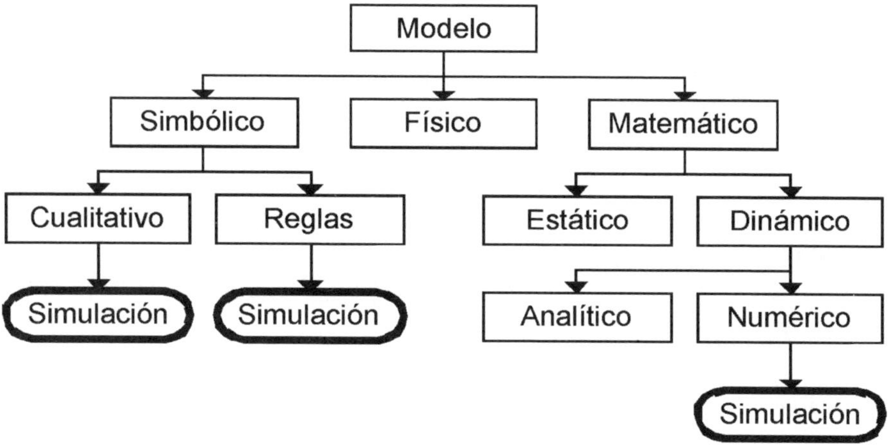

Fig. 9.1: Tipos de modelos

Clasificación de los modelos

Es posible realizar distintos tipos de clasificaciones de modelos, por ejemplo, según la naturaleza del sistema o del uso que se vaya a dar al modelo. Un ejemplo de clasificación es la que se muestra en la Fig. 9.1, donde los modelos son:

- Físico. En algunos casos se puede construir un sistema físico cuyo comportamiento represente el del sistema en estudio; por ejemplo, un modelo a escala de un barco.

- Mental. Para mantener un vaso en equilibrio, el cerebro no precisa conocer la formulación matemática de la ley de la gravitación universal, sino que a partir de una cierta formulación intuitiva es capaz efectuar el control del sistema.
- Gráfico. Del mismo modo el cerebro puede tener una idea intuitiva del comportamiento de un transistor, dicha idea no permite calcular la corriente de colector ante unas ciertas condiciones; para este cálculo, puede ser útil una serie de gráficas del comportamiento ante distintas situaciones, incluso más que una posible formulación matemática.
- Matemático. En muchas otras situaciones, el comportamiento de los sistemas permite hacer uso de las leyes físicas, químicas, etcétera, que los gobiernan, con las que se puede elaborar el modelo del sistema preciso.
- Computarizado. Con la aparición del computador como herramienta de cálculo y control, se han elaborado programas que permiten, en ciertos casos, adaptarse al sistema que se desea controlar, con objeto de cumplir unas ciertas especificaciones.

La clasificación más frecuente de los modelos utilizados en ingeniería se realiza en función de su naturaleza, y así se tienen:

- Modelos Icónicos: contribuyen al planteamiento y resolución de problemas mediante su representación visual.
- Modelos Análogos: simulan el comportamiento de un sistema mediante otro más sencillo que lo reproduce.
- Modelos Simbólicos: son abstracciones abreviadas de las partes relevantes y cuantificables de un problema.

Atendiendo a los parámetros en que se basan, se puede hablar de:

- Modelos Extrapolativos: basados en datos históricos recopilados sobre el sistema al que reproducen.
- Modelos Explicativos: incorporan además otros tipos de variables (aleatorias, etcétera).

Asimismo, existen clasificaciones que tienen en cuenta otras características y que diferencian entre: modelos estáticos o dinámicos, continuos o discretos, determinísticos o estocásticos, analógicos o digitales, etcétera. Estas diferencias pueden resumirse como sigue:

- Modelos estáticos frente a modelos dinámicos: en los primeros, el tiempo no juega ningún papel mientras que en los segundos el sistema evoluciona con el tiempo.
- Modelos determinísticos frente a modelo estocásticos: si un modelo de simulación no contiene componentes aleatorias se dice determinístico.

En otro caso se habla de modelos estocásticos. Estos modelos producen resultados aleatorios por lo deben de ser tratados como estimaciones de las verdaderas características del modelo.

- Modelos discretos frente a modelos continuos: los modelos discretos se refieren a sistemas en los cuales las variables de estado cambian en puntos separados en el tiempo. En los modelos continuos, las variables de estado cambian de manera continua a lo largo del tiempo, por ejemplo, la trayectoria de un avión.

9.2.3. Simulación

Una vez elegido un conjunto de modelos, habrá que determinar si son suficientemente buenos para justificar los datos experimentales, es decir, hay que validar el modelo, para lo cual se dispondrá de una serie de reglas. En cualquier caso, un modelo no puede casi nunca aceptarse como una descripción verdadera y final del sistema, sino como una estimación suficientemente buena a partir de los datos y de los aspectos que más interesan de éstos.

El concepto de simulación está claramente vinculado al de modelo, de forma que es posible establecer la siguiente definición de simulación:

- "Representación virtual por medio de un modelo de la evolución de un sistema real".

Fig. 9.2: Los elementos finitos constituyen un medio eficaz para validar o mejorar el diseño de pequeñas embarcaciones

La decisión de realizar una simulación, que es en sí misma un proceso exigente y costoso, no es baladí, sino que ha de obedecer a una necesidad específica de estudio y comprensión del sistema. Cuando se aplica la simulación a un proceso de producción o fabricación se persiguen unos objetivos concretos, como son:

- Toma de decisiones previa a la construcción del sistema físico.
- Realizar estudios sobre sistemas difícilmente accesibles.
- Evitar repercusiones desfavorables sobre el sistema real.
- Repetir experimentos en condiciones análogas.
- Reducir el tiempo para la obtención de resultados.
- Mantener la confidencialidad de la información.
- Proporcionar entrenamiento y aprendizaje a costes muy inferiores.

El tándem modelo/simulación constituye así un conjunto de aproximaciones, tanto estructuradas como cualitativas, sobre la forma en que trabaja un proceso de producción industrial.

9.2.4. Alcance de la simulación

En una primera etapa – la de diseño y dimensionado de componentes mecánicos o conjuntos –, tradicionalmente se ha dispuesto de métodos de cálculo que cabría calificar de propósito general. Se trata de los sistemas clásicos de cálculo por elementos finitos, como el del ejemplo que se muestra en la Fig. 9.2.

Posteriormente, se fueron desarrollando paquetes orientados hacia una determinada aplicación y, por tanto, basados en conocimientos específicos del sector; de manera que la utilización de estos sistemas resultaba más sencilla (así, por ejemplo, el Cetim francés desarrolló un paquete para el dimensionado de equipos de presión). Ha sido muy recientemente cuando se ha introducido la posibilidad de disponer desde el primer momento de modelos numéricos que permitan hacer simulaciones en las distintas etapas del proceso, desde el diseño a la fabricación.

Sin embargo esta nueva posibilidad no sustituye al modelo de elementos finitos. Aunque sí es cierto que a partir de la definición numérica de un producto utilizando herramientas de simulación puede evaluarse el comportamiento de la pieza en función de su entorno. Lo cual permite anticiparse a los posibles defectos, de manera que el propio diseñador puede probar diversas soluciones para corregir los problemas así como para optimizar el producto. Es el caso del ejemplo de la Fig. 9.3 en la que el diseñador de los elementos de la suspensión de un camión articulado puede utilizar un paquete de simulación dinámica que le permite comprobar el comportamiento en diferentes situaciones.

Fig. 9.3: Simulación del comportamiento de un camión durante el diseño de su suspensión

Pero es que, paralelamente, el departamento de producción podrá estudiar las distintas opciones de fabricación y optar por la que aparezca como más idónea. De modo que se puede llegar a fabricar la pieza o el equipo sin necesidad de pasar por la trabajosa etapa de la construcción física de un prototipo (Fig. 9.4).

Se trata, en definitiva, de observar los puntos débiles del diseño desde las fases iniciales y detectar casi simultáneamente el procedimiento de fabricación óptimo, lo que, obviamente, hará posible acortar sensiblemente el tiempo de puesta en el mercado.

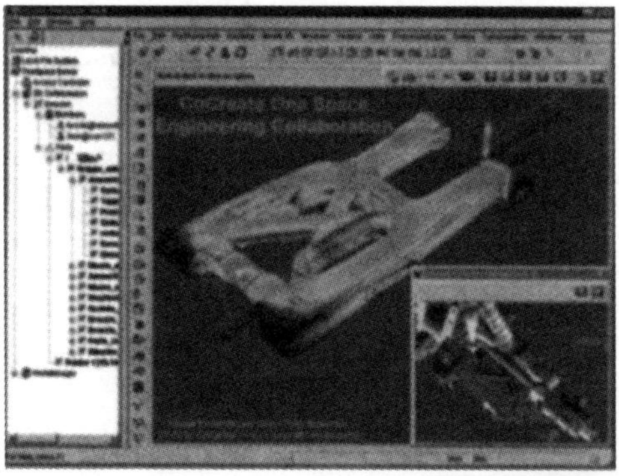

Fig. 9.4: La simulación ayuda al diseño colaborativo

9.3. ORGANIZACIÓN DE UNA SIMULACIÓN

A continuación se exponen brevemente las distintas etapas requeridas en la realización de un estudio de simulación.

1. Especificar claramente los objetivos del estudio.

Indicar las distintas alternativas de diseño a estudiar, y los criterios para evaluar las alternativas, Estimando el número de personas, coste y tiempo requerido para cada aspecto. Por ejemplo, al estudiar una red de comunicaciones los objetivos podrían ser:

- Determinar el impacto que tiene en el sistema la realización de cambios locales en la red.
- Mejorar el comportamiento del sistema (retrasos, throughput, etcétera.)
- Identificar los "cuellos de botella" antes de implementar el sistema
- Asegurar que se van a cumplir los objetivos de comportamiento antes de comprar los equipos.

2. Recogida de datos. Los cuales va a ser utilizados para:
   - Estudiar la forma de operar el sistema.
   - Obtener las distribuciones de probabilidad de las variables del modelo.
   - Validar el modelo (en el caso de que se puedan recoger datos sobre comportamiento del sistema).

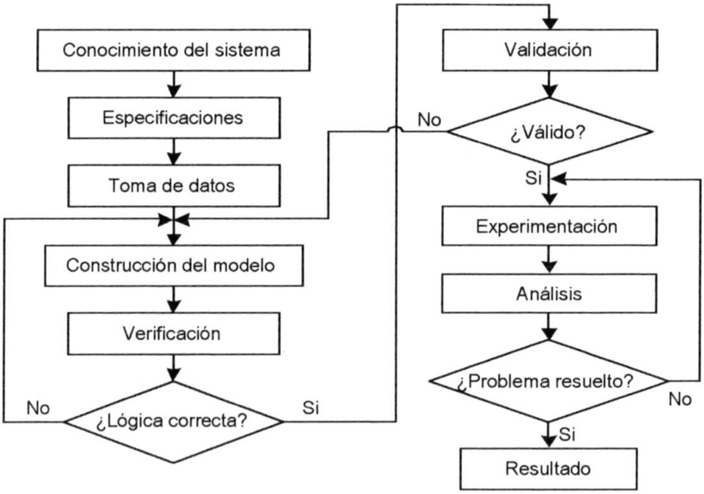

Fig. 9.5: Fases en la construcción de un modelo

3. Construcción del modelo. Lo cual constituye tanto un arte como una ciencia, ya que no hay reglas fijas para construir un modelo. Conviene empezar con un nivel moderado de detalle, que se puede ampliar después si se considera necesario. El modelo debe captar la esencia del sis-

tema pero no tiene por qué haber una correspondencia biunívoca entre elementos del sistema y del modelo. Para construir un buen modelo es conveniente seguir un esquema de trabajo como el mostrado en la Fig. 9.5 y además:

- Conocer a fondo el sistema que se va a modelar, y tener bien definidos los objetivos que se persiguen.
- Escribir una lista de cuestiones específicas a estudiar, basadas en los objetivos. Priorizar dichas cuestiones, identificar cuales son claves e intentar cuantificar los beneficios que se derivan de cada una de ellas.
- Definir qué resultados son necesarios en el modelo para contestar a las cuestiones anteriores.
- Documentar las hipótesis y simplificaciones que se han hecho para construir el modelo.
- Identificar las entradas al modelo.

En el ejemplo de la red alguna de esas cuestiones podrían ser, entre otras:

- ¿Qué impacto tiene el fallo de un nodo?
- ¿Qué ocurre si añadimos una nueva estación de trabajo al área local?
- ¿Con qué protocolos se obtiene mejor comportamiento de la red?
- ¿Se necesita otro servidor para la red?

4. Validación del modelo. Consiste en comprobar si el modelo propuesto se adecua al sistema real y al objetivo perseguido. La validación se debe realizar a lo largo de todo el estudio. En esta etapa se pueden contrastar la bondad del ajuste de las distribuciones propuestas. Es conveniente que las personas más familiarizadas con el funcionamiento del sistema opinen sobre el modelo propuesto.

5. Decidir el lenguaje de programación. Que puede ser de tipo general o específico de simulación, o bien si se va a utilizar un simulador. Se utilizan las técnicas habituales para depurarlo, y para verificar que funciona correctamente.

6. Replicaciones de prueba. Se realizan varias ejecuciones de prueba y los resultados servirán para validar el modelo como se indica en el apartado siguiente.

7. Si existe en la práctica algún sistema similar al modelado, se pueden comparar los resultados de las simulaciones piloto con los resultados del sistema existente. También se puede ver hasta qué punto los datos de salida son sensibles (o robustos) a pequeños cambios en los paráme-

tros de entrada. Sí alguno fuera muy sensible, habría que estimarlo mejor.

8. Establecer los límites de la simulación. Cuando existen muchas alternativas de diseño y no se pueden simular todas, hay que decidir cuáles se simulan para obtener la óptima. A veces esa decisión depende de las salidas que se vayan obteniendo. Las técnicas estadísticas de Diseño de Experimentos son muy útiles cuando hay muchos factores que influyen en los resultados, y resulta prácticamente imposible probar todas las combinaciones entre los distintos valores que pueden tomar esos factores. Por ejemplo en una red ATM sencilla con 32 clientes, 4 conmutadores a los que llegan los mensajes y dos conmutadores en la siguiente etapa, los factores que influyen en la probabilidad de pérdida de una celda son: valores de para cada cliente, tamaño del buffer de los 6 conmutadores y la capacidad (tasa de servicio) de cada uno de los enlaces. Mediante un diseño de experimentos adecuado se pueden obtener conclusiones válidas sin tener que probar todas las combinaciones de valores de los factores. En esta fase hay que decidir también la longitud de la simulación, del periodo transitorio, el número de muestras, etcétera.
9. Obtención de resultados. Lo cual permitirá estimar las características de interés. Hay que tener en cuenta que los resultados de las simulaciones son estimaciones, ya que están basados en experimentos aleatorios.
10. Análisis de resultados. Para analizar los resultados y obtener conclusiones fiables se utilizan técnicas estadísticas como por ejemplo, la estimación puntual o los intervalos de confianza.
11. Elaboración de informes y documentación. Es importante documentar el programa, los resultados, las hipótesis del modelo, etcétera, ya que puede utilizarse en más de una aplicación. Los resultados del estudio habrán de presentarse de forma concisa y dejando claros en todo momento los límites de su fiabilidad; ligada a las hipótesis del modelo y a la precisión de los datos de partida.

9.4. TIPOS DE SIMULACIÓN

Las técnicas de simulación convencional se basan en la obtención de un modelo matemático del sistema. Partiendo de este modelo matemático se puede obtener en algunos casos información del sistema por métodos analíticos. Este es el caso de los sistemas dinámicos lineales, cuyo modelo se caracteriza mediante un conjunto de ecuaciones diferenciales lineales. Ahora bien, en sistemas no lineales, o no modelables por ecuaciones diferenciales, la complejidad de la solución analítica hace necesario el uso de métodos numéricos para su resolución. La simulación es una técnica específica, dentro de los métodos numéricos, en la que se resuelven simultáneamente las ecuaciones del modelo, con valores continuamente crecientes de la variable "tiempo".

En función de la naturaleza de los sistemas a simular, las técnicas de simulación convencional se dividen en tres grupos:

- Simulación de sistemas continuos.
- Simulación de procesos por lotes.
- Simulación combinada.

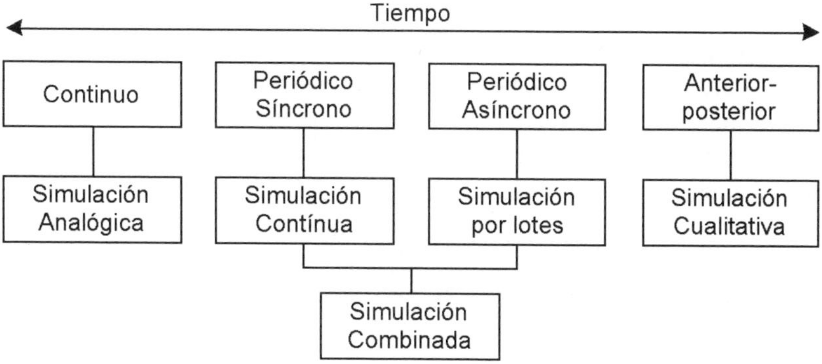

Fig. 9.6: Tipos de simulación según su relación con el tiempo

El criterio que se toma para establecer esta división es la distinta utilización de la variable que se emplea para el control de la simulación, el tiempo. Esta clasificación se encuentra representada en la Fig. 9.6. En el caso de las técnicas de simulación simbólica, cabe destacar:

- Simulación basada en reglas.
- Simulación cualitativa.
- Simulación funcional.
- Simulación causal.

El tiempo es intrínsecamente una variable continua; así, para realizar una simulación real de un proceso se debería manejar un tiempo que variase de forma completamente continua; lo que únicamente es posible en la simulación analógica.

La primera aproximación para introducir el tiempo desde una simulación digital es tomar como reloj un contador con incrementos constantes, lo que produce un reloj síncrono y una simulación continua. A medida que los incrementos disminuyan, la aproximación al sistema físico mejorará, a costa de un mayor tiempo de cálculo.

Existe otra serie de sistemas en los cuales no es precisa una evolución continua del tiempo, ya que las modificaciones que existen en el sistema a simular se producen cada ciertos intervalos de tiempo, siendo éstos de valor elevado y espaciados no uniformemente en el tiempo. En este caso se precisa un reloj asíncrono, cuya actualización depende de los eventos producidos en el sistema, obteniéndose la simulación por lotes o por eventos discretos.

Para concluir se van a comentar con algo más de detalle los distintos tipos de simulación según los valores del tiempo.

9.4.1. Simulación de sistemas continuos

En los sistemas continuos, las variables del sistema son funciones definidas en un dominio continuo, que en el caso de los sistemas físicos será el tiempo. En estos sistemas las variables están definidas en todo instante de tiempo, y su modelo matemático más usual es un conjunto de ecuaciones diferenciales. Las variables de entrada serán funciones temporales que usualmente serán continuas o, al menos continuas por tramos. Las variables de salida, como solución de ecuaciones diferenciales, serán derivables y por tanto continuas de evolución suave.

Una de las herramientas tradicionales para resolver este conjunto de ecuaciones diferenciales son los computadores analógicos electrónicos. En estos equipos las tensiones existentes se hacen proporcionales a las variables del sistema, existiendo circuitos para realizar operaciones de suma, cambio de signo, integración, etcétera. Las ecuaciones del modelo se llevan al computador analógico mediante un cableado que una los diferentes módulos. La principal característica de este método es la gran velocidad de simulación; mientras que entre los inconvenientes hay que destacar la falta de precisión, la limitación en cuanto a la complejidad del modelo y la falta de flexibilidad.

Para solventar los inconvenientes de los computadores analógicos se han desarrollado programas y lenguajes de simulación en computadores digitales cuya filosofía de funcionamiento es, en esencia, la misma que la de los analógicos.

La diferencia fundamental entre la simulación analógica y digital es la forma de resolución de las ecuaciones. El analógico resuelve simultáneamente todas las ecuaciones, mientras que el digital tiene que hacerlo de manera secuencial mediante métodos de análisis numérico, por lo que la velocidad de ejecución es bastante menor. Frente a este inconveniente la simulación digital es más precisa, más flexible y de menor costo.

Aplicaciones de la simulación de sistemas continuos

Los programas de simulación de sistemas continuos permiten, en, su mayoría, la simulación de sistemas discretos y muestreados. Por sistema discreto se entiende aquel cuyas variables son secuencias, y por tanto están definidas en un dominio discreto. Los modelos matemáticos de estos sistemas son conjuntos de ecuaciones en diferencias, cuya resolución numérica es casi inmediata, resultando sencillo integrarla con la simulación continua.

Los sistemas muestreados se caracterizan porque alguna de sus señales sufre el proceso de muestreo, esto es, la obtención de una secuencia discreta a partir de una señal continua, por lo que en éstos coexisten variables continuas y discretas. En el caso de sistemas continuos las ecuaciones diferenciales obtenidas se podrán resolver mediante métodos de análisis numérico. En este caso, los métodos más empleados son los de integración abierta y cerrada, el método corrector-preditor y, fundamentalmente, el método de Runge Kutta y los basados en él. En el caso de los sistemas muestreados, los métodos más empleados para la obtención de la ecuación en diferencias equivalente son los métodos de los residuos y los de sustitución de operadores.

9.4.2. Simulación de sistemas por lotes

Frente a los sistemas en los que la evolución es continua a lo largo del tiempo, los sistemas por lotes –también llamada simulación de eventos discretos– tienen una evolución predominantemente discontinua. Por ejemplo, la entrada y salida de piezas de una célula de fabricación se produce en puntos específicos del tiempo. Como característica fundamental en estos sistemas, nada relevante ocurre entre sucesivas transiciones del estado del proceso. La estructura del modelo se compone de:

- Entidades, que en el ejemplo anterior serían las colas de entrada y salida de la célula de fabricación, los robots de la célula, etcétera,
- Relaciones, que ligan las entidades anteriores, y
- Acciones, que generan los cambios en el estado.

En este tipo de sistema la descripción del comportamiento se realiza mediante eventos, que producen cambios en el estado del mismo. Un evento puede provocar un cambio en el valor de algún atributo de alguna entidad, puede crear o destruir una entidad, o puede iniciar o detener alguna actividad.

Para llevar a cabo una simulación de un proceso de este tipo, es necesario mantener registros de todas las actividades que se desarrollan y de las entidades involucradas en ellas, que se actualizarán periódicamente para reflejar la aparición de eventos en el sistema. Esto implica mantener registros con los tiempos de eventos y calcular el tiempo de producción de los eventos futuros dentro de la simulación.

Existen dos técnicas fundamentales para realizar la simulación por lotes. La primera es encontrar el tiempo más próximo de aparición de un evento y avanzar la variable de tiempo hasta este valor. En la segunda se avanza el reloj a pequeños intervalos y se determina si debe ocurrir un evento en ese momento. Este último método es el normal en simulación de sistemas continuos, mientras que el primero es el utilizado normalmente en procesos por lotes.

Un punto a destacar en la simulación de procesos por lotes es la generación de llegadas externas. Estas llegadas se suelen describir mediante un patrón, función del tiempo entre llegadas. Este tiempo suele variar estocásticamente, por lo que es necesario definir su función de probabilidad y disponer, en el programa de simulación, de generadores de números seudo-aleatorios con distintas distribuciones.

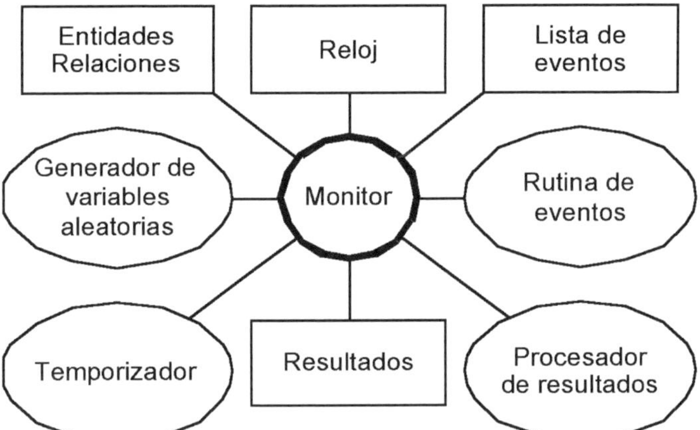

Fig. 9.7: Componenetes de un simulador por lotes

Definiciones y componentes

Se van a definir y analizar los diferentes componentes presentes en todo paquete de simulación de eventos discretos (Fig. 9.7), así como los pasos a seguir en el desarrollo de una simulación.

- *Estado del sistema:* es el conjunto de valores que toma en un instante determinado el conjunto de variables internas del sistema y que permiten definir la situación en que se encuentra el sistema en ese instante.
- *Reloj de simulación:* debido a la naturaleza dinámica de una simulación, es necesario conocer el instante de tiempo simulado en el que se encuentra el sistema mientras se está realizando la simulación. La variable que proporciona el instante actual de tiempo simulado se llama reloj de simulación. La unidad de tiempo se suele tomar la misma que la de los parámetros de entrada. No tiene relación con el tiempo necesario para correr la simulación en el ordenador (tiempo de computación o de ejecución). Para avanzar el reloj de simulación, lo habitual es avanzar el tiempo al ocurrir el siguiente suceso: el reloj de simulación se inicia a cero, y se avanza hasta el instante en que ocurrirá el próximo suceso. En ese punto se actualizan las variables de estado para ver cómo ha afectado al sistema la ocurrencia de un suceso. También se actualizan los futuros sucesos a ocurrir. Este proceso se continúa hasta que se satisface alguna condición de parada.
- *Lista de sucesos (o eventos):* la lista que contiene los próximos instantes en los que van a ocurrir los distintos tipos de sucesos.
- *Contadores estadísticos:* variables utilizadas para guardar la información estadística sobre el funcionamiento del sistema.
- *Rutina de inicialización:* subprograma que inicializa el modelo de simulación en el instante cero.
- *Rutina del tiempo:* subprograma que determina el siguiente suceso de la lista de sucesos, y avanza el reloj hasta el instante en que ese suceso ocurre.
- *Rutinas de sucesos:* subprograma que actualiza el estado del sistema y de los contadores cuando ocurre un suceso (una rutina para cada tipo de suceso).
- *Librería de rutinas:* conjunto de subprogramas que generan números aleatorios de las distribuciones utilizadas en el modelo.
- *Generador de informes:* subprograma que estima (a partir de los contadores estadísticos) las medidas de comportamiento del sistema que nos interese, y genera un informe con los resultados de la simulación.
- *Programa principal (monitor del sistema):* subprograma que llama a la rutina de tiempos para determinar el próximo suceso y transfiere el control a la rutina correspondiente. También se ocupa de verificar la condición de parada y de llamar al generador de informes cuando la simulación ha terminado.

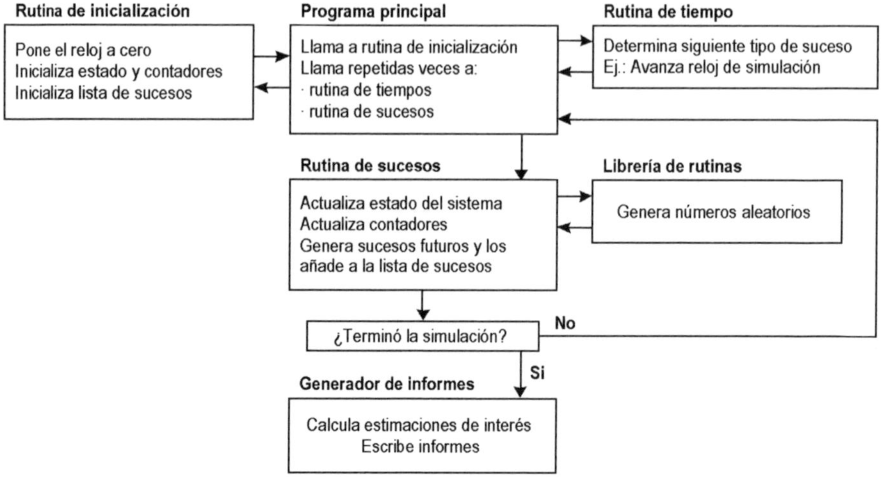

Fig. 9.8: Flujo en una simulación

Diagrama de flujo general

A partir de los elementos descritos es posible establecer un diagrama como el de la Fig. 9.8 que permite representar el flujo en un programa de simulación. Así el programa principal llama en primer lugar a la rutina de inicialización y a partir de ahí va permitiendo que la rutina de tiempo le indique el instante determinado de forma que, para ese instante, pueda comprobar comprueba en la rutina de sucesos si se produce alguno de éstos. Para cada avance en el tiempo se comprueba si se ha llegado al tiempo de finalización de la simulación, en cuyo caso se recopila la información generada y se elaboran los informes que se presentan al usuario.

Ejemplo

Aunque la simulación se aplica a una serie de campos muy diversos, existen una serie de componentes comunes en toda simulación y hay una organización lógica de estos componentes lo que da lugar al código del programa de ordenador que servirá para desarrollar dicha simulación. Para facilitar la comprensión de esa estructura se propone el ejemplo de un sistema de colas con un sólo servidor (como una peluquería o un mostrador de información de un aeropuerto). Para este sistema se pueden establecer las siguientes definiciones:

- Objetivo: estimar el tiempo medio en cola de los clientes que llegan.
- Variables de estado asociadas a este objetivo: estado del servidor (libre u ocupado), número de clientes en cola, hora de llegada de cada cliente (si,

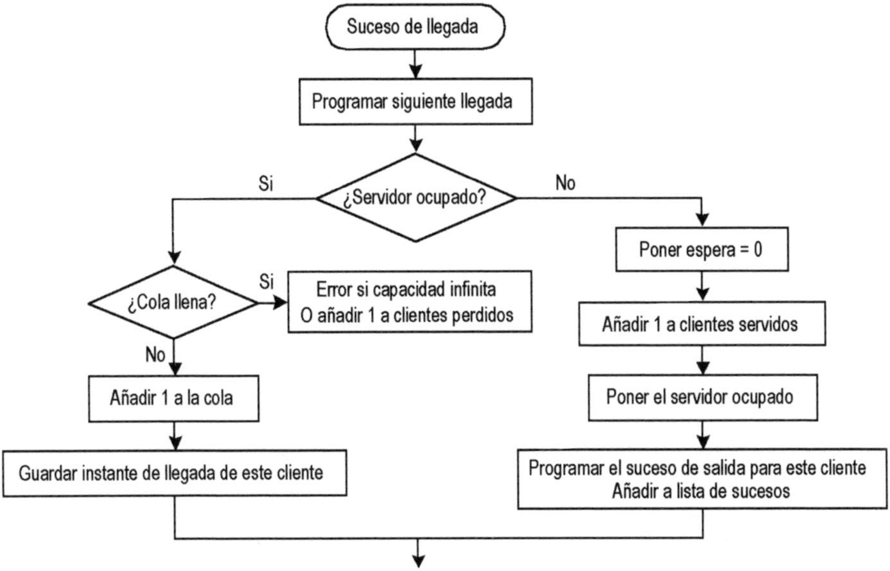

Fig. 9.9: Rutina de llegada de un cliente

por ejemplo, el objetivo fuese estimar el número medio de clientes en el sistema, la hora de llegada de cada cliente no sería variable de estado).

- Sucesos: llegada de clientes (produce cambios en las variables de estado, por ejemplo, en el estado del servidor), salida de clientes servidos.

Para este ejemplo la Fig. 9.9 representa la rutina asociada a la llegada de un cliente mientras que la Fig. 9.10 representa la rutina de salida.

En general, la elaboración de cualquier modelo precisa de una cierta experiencia previa. Suele seguirse un proceso de descomposición del sistema en subsistemas, más conocidos y más sencillos de modelar. La tarea de localizar los puntos conocidos del sistema, interconectarlos y reconstruir el sistema a partir de sus entradas y salidas, constituye la esencia de la identificación de sistemas.

9.4.3. Simulación combinada

Una simulación combinada puede basarse en un sistema que evoluciona de forma continua, con sucesos discontinuos ocasionales, o bien un sistema de sucesos discontinuos, en el que alguno de sus subsistemas son continuos.

Se emplean dos tipos diferentes de sucesos para conectar entre sí las partes continuas y por lotes: los sucesos de tiempo (variaciones del sistema con-

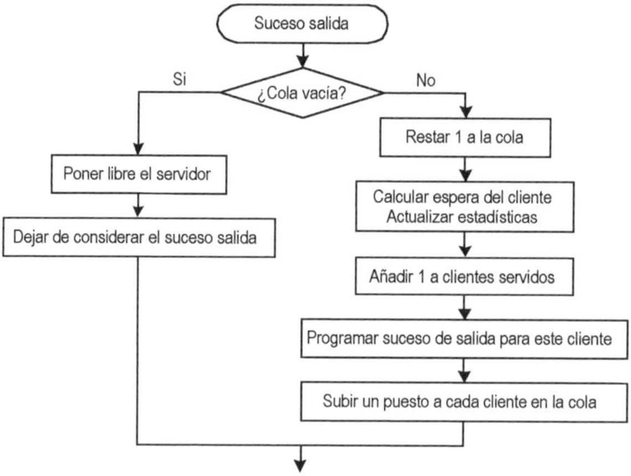

Fig. 9.10: Rutina de salida de un cliente

tinuo de forma prefijada al llegar el reloj a un valor especificado) y los sucesos de estado (variaciones del sistema por lotes al sobrepasar una variable continua un umbral prefijado).

9.4.4. Simulación cualitativa

En este tipo de simulación la variable tiempo no evoluciona de forma continua ni tan siquiera por intervalos de tiempo de valores determinados; aquí sólo se utiliza el concepto de relación de orden (anterior posterior) entre instantes e intervalos de tiempo.

La simulación cualitativa de un sistema parte de la descripción estructural del mismo y de un estado inicial para generar un grafo orientado con todos los posibles estados futuros del sistema unidos por una relación de sucesión temporal. Los comportamientos posibles del sistema son los correspondientes a los diferentes caminos entre el estado inicial y cualquiera de los estados finales. Para una mejor comprensión de la simulación cualitativa se va a analizar el proceso mediante un ejemplo.

Ejemplo

Utilizando la simulación simbólica expresar el proceso de razonamiento que se habría de aplicar al caso de un objeto que es lanzado hacia arriba con una determinada velocidad V bajo efecto de la gravedad g (Fig. 9.11).

Para la realización de la simulación cualitativa se divide el proceso en los pasos que se analizan a continuación.

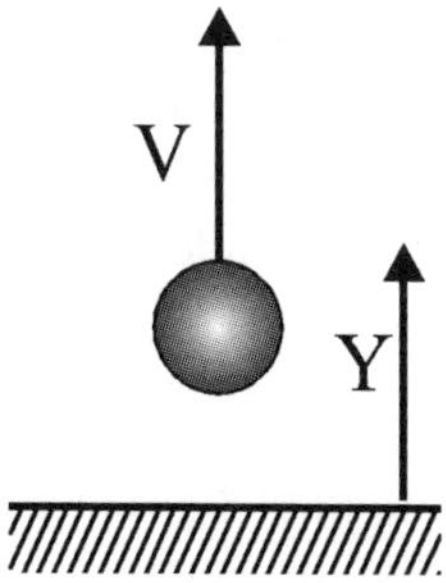

Fig. 9.11: Ejemplo de simulación cualitativa

1. Determinación del espacio de cantidades, restricciones y estado inicial de las variables implicadas
   - Variables: y (posición), v (velocidad), a (aceleración)
   - Espacios de cantidades: Q(y)={-,0,+}; Q(v)={-,0,+}; Q(a)={-,0,+}
   - Restricciones: dy/dt=v; dv/dt=a; a=cte=g<0
   - Estado inicial: y=(+,inc); v=(+,dec); a=(g,cte)
2. Generación de transiciones posibles
   - y=(+,inc) ➤ T_1: (y^*,cte); T_2: (+,inc)
   - v=(+,dec) ➤ T_3: (0,cte); T_4: (0,dec); T_5: (+,dec); T_6: (v^*,cte)
   - a=(g,cte) ➤ T_7: (g,cte)
3. Generación de tuplas asociadas a las restricciones
   - dy/dt=v ➤ T_1,T_3; T_1,T_4; T_1,T_5; T_1,T_6; T_2,T_3; T_2,T_4; T_2,T_5; T_2,T_6
   - dv/dt=a ➤ T_3,T_7; T_4,T_7; T_5,T_7; T_6,T_7
4. Filtrado de consistencia simple y por pares
   - La condición de consistencia simple permite eliminar las tuplas T_1,T_5 (puesto que no puede ocurrir que para v>0 "y" sea constante); T_1,T_6; T_2,T_3; T_2,T_4; T_3,T_7; T_6,T_7
   - La condición de consistencia por pares permite eliminar: T_1,T_3; T_2,T_6 (puesto que no hay una tupla que encaje con ellas y coincida con la asignación de valores a las variables comunes.
5. Generación de estados posibles. En este caso los únicos estados posibles son:
   - T_1,T_4,T_7 ➤ y=(y^*,cte); v=(0,dec); a=(g,cte) ➤ deja de subir y se para
   - T_2,T_5,T_7 ➤ y=(+,inc); v=(+,dec); a=(g,cte) ➤ sigue subiendo

6. Filtrado global: de los dos estados anteriores el segundo es el mismo que el inicial, por lo que se selecciona el otro para seguir la simulación. Ya que el estado rechazado no es un estado estable y el sistema no puede permanecer en él de forma indefinida.
7. Vuelta al punto 2 con el nuevo estado inicial para repetir el procedimiento.

Siguiendo con este proceso, en el siguiente ciclo ya se concluye que si se tira el peso para arriba en esas condiciones acaba cayendo. Lo cual es una conclusión que parece bastante obvia pero que realmente es alcanzada mentalmente mediante un razonamiento de este tipo.

9.5. APLICACIÓN DE LA SIMULACIÓN

La simulación de sistemas se basa en la realización de una serie de experimentos cuya planificación dependerá del objetivo a conseguir. El análisis de sistemas pretende estudiar el comportamiento de los mismos, con el objetivo de alcanzar un mayor conocimiento de ellos. Como se ha indicado anteriormente, el ideal sería experimentar con el propio sistema pero dado que en general es inviable, la simulación puede cubrir este objetivo. El objetivo del diseño de sistemas es producir sistemas cuyas características de funcionamiento satisfagan unas especificaciones fijadas a priori. En este caso, una vez determinada la concepción del sistema, hay que predecir su comportamiento futuro y compararlo con las especificaciones, siendo la simulación una herramienta fundamental en este proceso.

La postulación de sistemas trata de obtener modelos posibles de sistemas reales existentes. En el proceso normal de simulación se pretende obtener el comportamiento del sistema a partir de su modelo, por lo que la postulación es en realidad el proceso inverso donde se pretende obtener, a partir del comportamiento del sistema, un modelo que lo satisfaga. En este caso se realizan hipótesis que pueden explicar el comportamiento del sistema, verificándose su exactitud comparando el sistema simulado con el real tomado como partida.

9.5.1. Fases en la aplicación

Disponer de un modelo numérico de una pieza no resultará útil únicamente en el momento de diseño y fabricación de la misma, sino que puede resultar básico también para las etapas posteriores.

Fase de anteproyecto: en estafase probablemente lo prioritario sea la rapidez en la ejecución. Es el caso, por ejemplo, de fijar una cifra para pasar una oferta. En este caso bastarán cálculos simples (analíticos o numéricos) que fijen aproximadamente el orden de dimensiones y un diseño global del producto teniendo en cuenta las cargas a las que ha de estar sometido (presión, temperatura, etcétera).

Etapa de verificación: en esta etapa ya se precisa afinar mucho más los resultados de cálculo. Su precisión es ya un aspecto clave. Por tanto, es preciso realizar cálculos detallados sobre los diversos componentes del producto y que servirán para finalizarlo, verificar su conformidad, evaluar los riesgos, etcétera.

Posibles adaptaciones: a partir de un producto estándar puede convenir realizar adaptaciones para conseguir un producto adaptado acondiciones excepcionales. En este caso, las técnicas de cálculo utilizadas pueden ser idénticas a las de la etapa anterior o también es posible utilizar métodos específicos para los tipos de cargas suplementarias de que se trate.

Mejora del producto: las mejoras pueden referirse a diversos aspectos (coste de producción, coste de la materia prima, mejora de las características del proceso, cambios de formas exteriores, etcétera) y, por tanto, las técnicas a aplicar pueden también ser muy diversas.

Análisis de una avería: en el caso que se haya producido una ruptura de alguno de los componentes, además de un posible examen metalográfico pueden emplearse técnicas de cálculo para conocer la causa de dicha ruptura.

9.5.2. La simulación y el CAD/CAM/CAE

Está claro que la simulación puede facilitar mucho el trabajo, pero no hay que creer que basta con presionar una tecla para que todas las etapas de simulación se realicen automáticamente. Los sistemas de CAE exigen conocimientos que no siempre tienen los especialistas en diseño; hay que comprender y ser capaz de interpretar con rapidez los fenómenos físicos, evitando errores de interpretación. De todos modos, en este momento hay en el mercado paquetes de software que ayudan a dimensionar las piezas y, por tanto, evaluar y comparar las diversas soluciones de diseño.

Durante años, los software de CAD y los de CAE trabajaban de forma absolutamente independiente, incluso con plataformas de hardware diferentes. En este momento, las cosas han cambiado y no es extraño que los modelos CAE se construyan a partir de los modelos CAD a los que se han introducido algunas modificaciones, la que no significa que, al final del proceso, dichos modelos no puedan resultar totalmente diferentes.

Los modelos CAE son habitualmente menos detallistas en lo que se refiere a la geometría de la pieza, es decir, que puede ser suficiente representar la estructura y su entorno pero incluyendo una geometría más simplificada. De todos modos, los niveles de simplificación dependerán de los objetivos planteados. Así, por ejemplo, es bien posible que para conocer los desplazamientos de una estructura baste un modelo alámbrico, mientras que para estudiar las contracciones del material se precise un modelo mucho más rico en detalles volumétricos.

En función de la complejidad del trabajo a realizar y las características del sistema, será más o menos difícil la utilización de un software de simulación numérica. Tradicionalmente se ha considerado que los sistemas CAE debían ser manejados por especialistas, de modo que éste ha sido uno de los principales problemas que presentaban cuando el usuario no era una gran empresa.

Y es cierto que el modelado por elementos finitos es una tarea relativamente compleja, especialmente si se trata de componentes críticos con una geometría complicada, en cuyo caso realmente deberá ponerse en manos de un especialista. Sin embargo, también es cierto que los paquetes actuales de CAE y de CAD están facilitando cada vez más el trabajo. Así, por ejemplo, en muchos sistemas presentes hoy en el mercado el operador va siendo guiado paso a paso, y cabría afirmar que en aproximadamente un 80% de las aplicaciones no críticas, el propio usuario es capaz de elaborar un modelo CAE a partir del modelo CAD. Los sistemas de CAE han evolucionado mucho debido a que las herramientas de análisis ya no sólo van dirigidas al analista, sino principalmente al diseñador, es decir, al proyectista y usuario de paquetes CAD de modelado sólido.

Es decir, hoy en día las herramientas de análisis se integran ya directamente en el paquete CAD –es el caso, por ejemplo, de Cosmos/Works (www.tecnocae.es/ cosmosm/ cosworks), en el que son un menú más de SolidsWorks– o trabajan externamente pero de forma asociada, como es el caso de Cosmos/DesignStar (www.tecnocae.es/ cosmosm/ designstar) , que puede trabajar con la geometría CAD de Solid Edge, de Autodesk Inventor o de SolidWorks. De todos modos, dentro de las familias de Cosmos se encuentra también el paquete Cosmos/M (www.tecnocae.es/ cosmosm), que está destinado al analista, es decir, a un profesional especialista que requiere capacidades avanzadas de modelado y análisis por elementos finitos tales como cálculo no lineal, fatiga, etcétera, y que será necesario en casos de mayor complejidad.

9.5.3. Simulación de los procedimientos de fabricación

Cuando se simula la pieza o producto se parte del análisis de la resistencia de las estructuras a los esfuerzos estáticos en un estudio que puede completarse con análisis cinemáticos, dinámicos o de vibraciones. Todos estos análisis se realizan sobre un modelo teórico; pero es sabido que los procesos de fabricación influyen sobre el comportamiento de las piezas. Por tanto, se hace necesaria la simulación de los procesos de fabricación.

En la actualidad es posible encontrar en el mercado paquetes especializados para la simulación de diversas operaciones (fundición, forja, embutido, etcétera), así como para diversos tratamientos térmicos y de superficies así como operaciones de arranque de viruta. El interés de la simulación se centra fundamentalmente en la posibilidad de modificar rápidamente los diferentes parámetros implicados en estos procesos. Tomando como ejemplo un proceso de prensado; mediante la simulación es posible estudiar la contracción de la pieza, estimar la variación del espesor del material, detectar posibles fisuras o estudiar la influencia sobre la calidad de la pieza de los esfuerzos a que se le somete durante el proceso de fabricación.

Por razones obvias la industria aeronáutica ha sido pionera en la aplicación de sistemas de simulación de fabricación; aunque la industria del automóvil la ha seguido muy de cerca. En las dos imágenes de la Fig. 9.12 se muestra, en primer lugar la simulación del embutido de un tubo de escape de un automóvil y, de un proceso de embutido, incluyendo la curva límite realizado mediante el software Autoform, comercializado por Techlab.

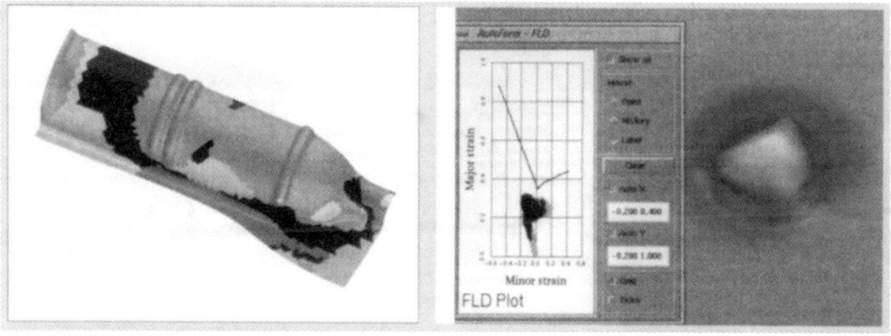

Fig. 9.12: Simulación de un proceso de embutido

9.5.4. Ejemplo de aplicación

La simulación puede ser una excelente solución para tareas muy diversas. Una, entre otras muchas, es su utilización para evaluar la duración de utillajes y herramientas así como para optimizarlas. Para ello, el centro francés CETIM propone un proceso de ayuda al diseño y a la optimización de los utillajes para forja. Basándose en la simulación numérica y el cálculo de estructuras.

El proceso propuesto es el siguiente:

- Se realiza una primera etapa de análisis por parte de expertos para seleccionar los materiales, sus tratamientos térmicos y eventualmente sus tratamientos superficiales o revestimientos.
- Seguidamente se realiza la modelización. Lo cual consiste en describir matemáticamente el utillaje y su entorno.
- La tercera etapa será ya la de simulación. Es decir, se realiza una simulación numérica del proceso de forja.
- La última etapa será la de cálculo para determinar las contracciones mecánicas y la deformación resultante.

Después de realizadas estas cuatro etapas, es posible abordar un esquema de optimización global retomando cada etapa con las modificaciones que se hayan realizado a partir de los resultados de las siguientes. En el caso de que las modificaciones sean relativas a la geometría del utillaje, el trabajo de optimización implicará retomar la última etapa para afinar los cálculos.

En las imágenes de la Fig. 9.13 puede observarse la validación por cálculo de una modificación simétrica en un utillaje de forja. Después del proceso de optimización se constata una disminución de las tensiones.

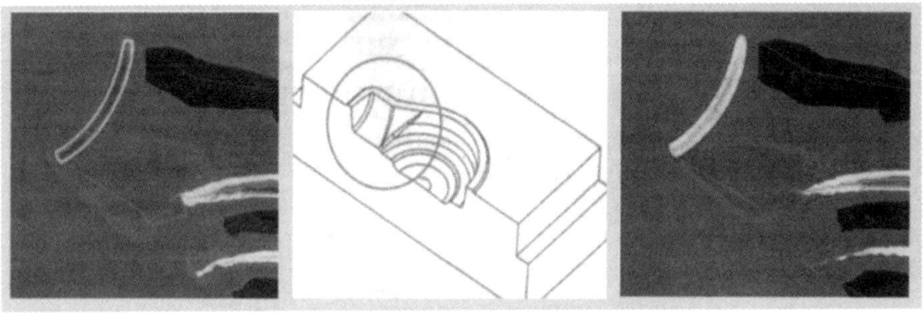

Fig. 9.13: Simulación del stress en utillajes de forja

9.6. USO Y LIMITACIONES DE LA SIMULACIÓN

La simulación es una técnica generalmente lenta, iterativa y de resolución de problemas de forma experimental. Su uso se debe restringir a aquellos casos en que:

- El sistema a simular no existe y la realización de prototipos es demasiado costosa o complicada.
- El sistema existe, pero es muy costoso o imposible el realizar las pruebas necesarias con él.
- Es necesario el conocimiento del comportamiento del sistema ante condiciones muy variadas de funcionamiento.
- La creación del modelo matemático del sistema es muy compleja.
- El modelo matemático realizado no presenta una solución numérica o analítica práctica.
- La validación del modelo de simulación y sus resultados es posible.

La precisión esperada de la simulación es consistente con los requerimientos del problema, ya que los resultados no pueden ser mejores que los datos de partida. Como limitaciones existentes en la aplicación de la simulación en la resolución de problemas se pueden citar:

- La simulación es costosa en horas de desarrollo y de computador.
- Suele conducir a soluciones no óptimas.
- Suele ser muy difícil la validación del modelo y de los resultados.
- La recogida, análisis e interpretación de los resultados suele requerir personal con conocimientos estadísticos; así como con conocimientos del sistema a simular.
- La aceptación de los resultados requiere un elevado conocimiento del modelo empleado, por lo que es difícil su aceptación por personas no involucradas en el grupo que ha realizado la simulación.

Los paquetes de software de simulación actuales ofrecen imágenes espectaculares que proporcionan una gran sensación de realismo, a la vez que son capaces de proporcionar elaboradas presentaciones de los resultados con gráficos claros y precisos. Estos sistemas permiten obtener todo tipo de presentaciones que facilitan el manejo efectivo de gran cantidad de datos de salida.

Sin embargo conviene llamar la atención sobre los problemas que puede llevar asociada la aceptación demasiado entusiasta de los resultados obtenidos por simulación. Y es que, a pesar de la impecable presentación y el gran volumen de datos, los resultados no serán nunca más precisos de lo que lo fueron las hipótesis de partida utilizadas en la elaboración del modelo y los datos de entrada de la simulación.

9.7. CONCLUSIÓN

En algunos casos no es posible realizar una toma de datos directa sobre el comportamiento del sistema que se requiere analizar. Esto puede deberse a que el sistema aún no ha sido construido o a dificultades tales como el coste o la peligrosidad de los posibles ensayos. En estos casos es cada vez más frecuente que se recurra a técnicas de simulación por computador. Estas técnicas permiten la obtención de datos sobre el comportamiento de forma segura y relativamente barata.

En este capítulo se han analizado las diferentes posibilidades con que se cuenta hoy en día para la realización de estudios mediante simulación. Se han indicado de forma razonada los casos en los que las diferentes técnicas son más apropiadas. Así mimo se han expuesto las diferentes fases a seguir en la realización de estudios mediante simulación y la posible relación de estos estudios con el CIM.

Para concluir se han dada una serie de indicaciones sobre las limitaciones en la validez de los resultados obtenidos mediante simulación. En particular se ha resaltado el hecho de que, aunque los estudios mediante simulación pueden proporcionar gran cantidad de datos con una excelente presentación, es conveniente tener en cuenta que la validez de esos resultados dependerá siempre de las hipótesis de partida y de la precisión del modelo en que se ha basado la simulación.

10. COMUNICACIONES EN LA INDUSTRIA

10.1. INTRODUCCIÓN

El concepto de integración visto en la rueda del CIM (capítulo 1) exige que se verifiquen algunos requisitos relativos a las comunicaciones:

- Acceso a una base de datos única para toda la empresa.
- Desarrollo de una red de comunicaciones que permita un acceso eficaz a esa base de datos común.

Dado el tipo de comunicaciones que se han de establecer entre los diferentes departamentos de la empresa, la información a transmitir generalmente pertenece a uno de los siguientes grupos básicos (con un tamaño medio como el indicado):

- Formato texto (3KB).
- Formato vectorial (50KB).
- Formato imagen (1MB).
- Formato vídeo (>1MB).

Lógicamente, la velocidad de transmisión seleccionada por la empresa dependerá del tipo de información que maneje habitualmente.

Por otro lado los protocolos de comunicaciones definen las reglas para la recepción y la transmisión de información entre los distintos nodos de la red, de modo que para que dos nodos se puedan comunicar entre si es necesario que ambos usen el mismo protocolo. Se puede definir un protocolo de comunicación como una selección de características eléctricas, físicas y especificaciones lógicas para una combinación de hardware y software. Los protocolos transmiten la información a través de la red en pequeños segmentos llamados paquetes. Cada protocolo define su propio formato de los paquetes en los que se especifica el origen, destino, longitud y tipo del paquete, así como información redundante para el control de errores. Más adelante se mostrará un ejemplo de estos paquetes, como es el utilizado en Ethernet.

En este capítulo se va a comenzar por analizar de forma general las diferentes topologías utilizadas en redes de comunicación así como las técnicas empleadas para que las diferentes estaciones puedan compartir el mismo medio físico, es decir, la red. Seguidamente se pasará a revisar las arquitecturas, protocolos y estándares concretos más utilizados a la hora de llevar a la práctica dichas técnicas.

Desde el punto de vista de la producción requieren especial mención las diferentes tecnologías específicas utilizadas para la comunicación en planta, a las que se dedica un apartado de este capítulo.

Al hablar en el capítulo 1 de la rueda del CIM ya se comentó la necesidad de completarla teniendo en cuenta además de las comunicaciones internas a la empresa, aquellas que permiten a la empresa interaccionar con su entorno (ej: proveedores y clientes). Por lo que, para finalizar el capítulo, se dará un pequeño repaso a las técnicas más en auge de comercio electrónico.

10.2. REDES DE ÁREA LOCAL

La necesidad de poseer información y poder utilizarla de una manera rápida propició el nacimiento de redes locales. La red de comunicación local se conoce como LAN (Local Area Network), como su nombre indica se trata de una red de comunicaciones que interconecta varios dispositivos de datos localizados en una misma zona geográfica, a una alta velocidad de transferencia de datos y con una tasa de error muy pequeña. Los elementos básicos de LAN son:

- Elementos hardware, los cuales permiten el envío y la recepción de señales.
- Elementos software, que posibilitan el manejo de datos, el tratamiento de errores, etcétera.
- Medio de transporte, el cual hace posible la interconexión física entre los nodos y la transmisión de señales eléctricas entre los mismos.

El desarrollo de la primera LAN se remonta a la década de 1970, y hoy en día su uso se ha generalizado en entornos comerciales y académicos. Los tipos básicos de LAN son los siguientes:

- LAN´s basadas en un servidor. Las redes LAN basadas en un servidor ofrecen un excelente rendimiento, pero son costosas. Por lo general, requieren un computador adicional para actuar solamente como servidor. Se parecen al viejo esquema del computador anfitrión rodeado de estaciones de trabajo, las cuales dependen de éste para cargar los archivos de programa y de datos. En este tipo de LAN, uno de los computadores es el encargado de proveer y guardar los archivos que requieren las estaciones de trabajo, razón por la cual se llama servidor de archivos. Cada estación de trabajo puede acceder a los archivos del servidor como si éstos estuviesen en su disco duro pero con una velocidad de acceso menor.

- LAN´s de igual a igual (Peer to Peer). Una red peer to peer resulta económica porque no requiere un servidor dedicado y le permite a cada usuario compartir sus propios recursos. Sin embargo, presenta las mismas desventajas de una red con servidor no dedicado; pues al tratarse de un computador que opera al mismo tiempo como servidor y como estación de trabajo, no se puede evitar que el usuario cometa un error, lo apague o coloque en condición de bloqueo; lo cual perjudica a los usuarios que están utilizando sus recursos compartidos en ese momento.
- LAN´s de cero ranura. La red LAN llamada de cero ranura es una variante muy económica en el grupo de las redes LAN peer to peer, ya que no requiere de tarjetas especiales de red para la comunicación entre los dos nodos, con lo cual se evita tener que usar una ranura de expansión en la tarjeta madre del computador. La interconexión de los computadores se hace por medio de cables conectados a sus puertos paralelos o puertos serie. Una red de cero ranura puede proveer las facilidades usuales de una red LAN, tal como compartición de archivos y de impresoras, correo electrónico, etcétera. Sin embargo, sólo puede soportar muy pocas estaciones de trabajo, y la velocidad de transferencia de datos es baja.

10.3. TOPOLOGÍAS DE COMUNICACIÓN

Se llaman topologías de red a las diferentes estructuras de intercomunicación en las que es posible organizar las redes de transmisión de datos entre dispositivos. Cada topología de red lleva asociada una topología física y una topología lógica. La primera es aquella que define la geometría de la red, es decir la manera de conectar el cable de interconexión entre las distintas estaciones. La topología lógica es un conjunto de reglas normalmente asociado a una topología física, de forma que se define el modo en que se realiza la transmisión de los datos de la red. La elección de la topología de red es una decisión de gran importancia, ya que la utilización de una topología concreta influye en aspectos como velocidad de transmisión, control de la red, capacidad de expansión de la red, etcétera. Las topologías de comunicación pueden clasificarse en:

- Punto a punto. Se unen dos estaciones adyacentes sin pasar por una intermedia.
- Multipunto. Dos o más estaciones comparten un cable.
- Lógica. Las estaciones pueden comunicarse, haya o no conexión física entre ellas.

La elección de una topología de red suele regirse por algunos de los siguientes aspectos:

- Coste. Costes en instalación y en mantenimiento.
- Flexibilidad. Dificultad de incrementar o reducir el número de estaciones.
- Fiabilidad – Adaptación. Fallos en las estaciones o en el medio de medio de comunicación, facilidad para mantener el servicio. Facilidad de mantenimiento y establecimiento de encaminamientos alternativos.
- Retardo. Retardo mínimo introducido por la red.
- Tráfico de información que puede soportar.
- Aplicación a la que está destinado.
- Tecnología a emplear, dado que ciertos sistemas comerciales imponen su propia tecnología, que incorpora la tecnología por ellos diseñada.
- Bloqueos y congestiones.

A continuación se presentan brevemente las topologías más importantes en redes de comunicación.

10.3.1. Topología en estrella

Se caracteriza porque todas las estaciones se conectan a un nodo central encargado del control de acceso a la red por el resto de nodos. El control puede estar en el nodo central, en una de las estaciones exteriores o distribuido entre dichas estaciones. Esta topología tiene un elevado coste del nodo central y de las líneas al requerir más cableado que otras topologías. Además es moderadamente difícil de instalar lo que encarece la instalación. Posee una buena flexibilidad pues es fácil de reconfigurar, aunque puede haber un número máximo de estaciones conectadas. Presenta una buena fiabilidad ante fallos en estaciones pero no así en el nodo central donde cualquier perturbación deriva en un fallo de toda la red.

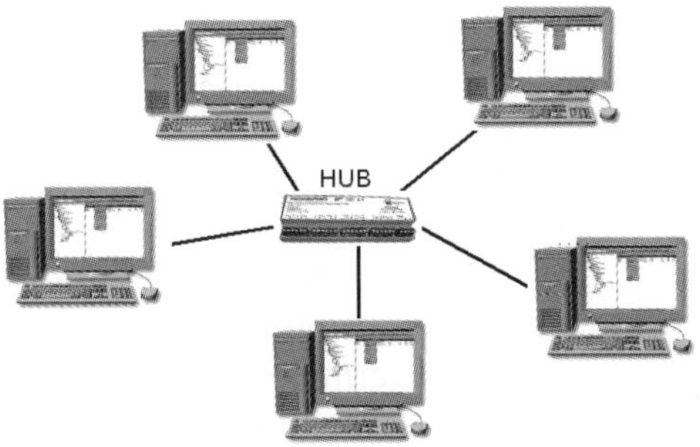

Fig. 10.1: Topología en estrella

10.3.2. Topología en anillo

Consiste en un círculo de conexiones punto a punto que se conectan mediante una unidad de acceso y un repetidor. En esta topología no existe un nodo principal y el control de la red queda distribuido entre los nodos (Topología de control distribuido). Se suelen emplear dos líneas: una de transmisión y otra de recepción. Posee una relación coste – modularidad buena pues aunque la instalación es compleja, resulta fácil variar el número de estaciones. En cuanto a fiabilidad, esta topología es resistente a fallos en las estaciones siempre y cuando no condicionen capacidad de interfaz del anillo. Es muy sensible a fallos en los módulos de comunicaciones (interfaz) y en el medio de comunicación (anillo). El retardo será considerable si el número de estaciones es elevado, por lo que podemos afirmar que esta configuración es idónea para un número bajo de estaciones donde presentará un índice bajo de errores. La topología en anillo resulta difícil de reconfigurar porque se deben dividir o reemplazar los segmentos de anillo cada vez que se modifica la red.

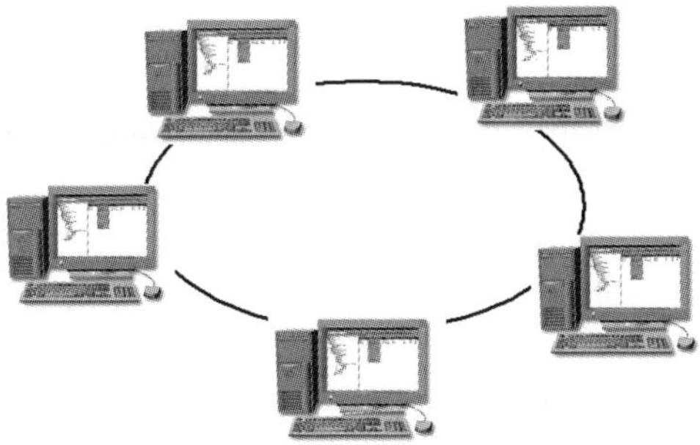

Fig. 10.2: Topología en anillo

10.3.3. Topología en bus

Todas las estaciones comparten un mismo canal de comunicaciones. Los mensajes se envían por el bus y todos los nodos "escuchan", aceptando los datos sólo en el caso de que vayan dirigidos a él, por lo que las estaciones han de reconocer su dirección. Esta topología permite añadir y quitar nodos sin interferir en el resto de la red, aunque un fallo en el bus inutiliza totalmente la misma. Normalmente estos fallos son difíciles de detectar pero fácilmente reparables. Suelen ser necesarios terminadores de red para poder adaptar impedancias y evitar así reflexiones en las ondas transmitidas y recibidas. Actualmente ésta es una de las topologías más utilizada porque poseen un coste reducido, son fáciles de instalar y presentan una respuesta excelente con poco tráfico.

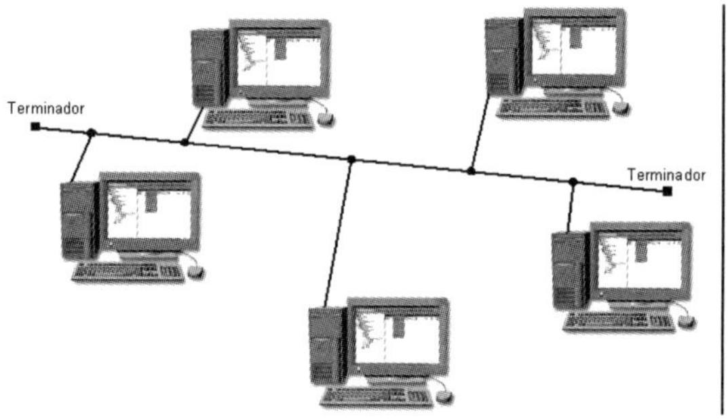

Fig. 10.3: Topología en bus

10.3.4. Topología en malla

Cada estación está conectada con todas (red completa) o varias (red incompleta). Esta topología se puede interpretar como el encadenamiento de diferentes estructuras en buses de diferente longitud y de características distintas, constituyendo diferentes ramas de interconexión. Al coexistir varias estructuras de bus se multiplica el número de terminadores y elementos asociados, así como los elementos de enlace. El coste depende del número de colisiones que suele ser elevado. La instalación es muy compleja debido al elevado número de conexiones lo que también dificulta la expansión. Al estar conectados todos los nodos entre sí es una topología altamente robusta que aguanta niveles altos de tráfico con bajo retardo.

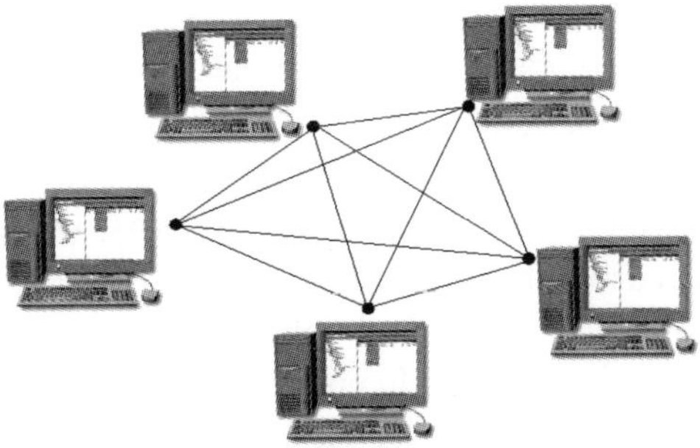

Fig. 10.4: Topología en malla

10.4. TÉCNICAS DE COMPARTICIÓN

En una conexión punto a punto no se hace necesario el uso de técnicas de resolución de problemas ya que normalmente se dispone de un canal de recepción y otro de transmisión, de esta forma se puede enviar datos en cualquier momento ya que nadie estará empleando el canal. Para cualquier otro sistema de bus donde existen varios nodos compartiendo el mismo canal de transmisión, hay que resolver los posibles problemas de utilización. La situación ideal sería la de un sistema de control que resuelva rápidamente las interacciones o problemas en general que se pueden dar cuando varios nodos acceden simultáneamente al bus, también debería ser poco sensible a fallos en las estaciones, viéndose poco afectado por ampliaciones o reducciones de red. Los métodos que se usan para la asignación del usuario que accede a la red son:

- Repartir. A cada usuario se le asigna una fracción de la unidad total a repartir. Dentro de este método se encuentran las técnicas de multiplexación por división de frecuencia (MDF) y multiplexación por división de tiempo (MDT). Las técnicas de repartición resultan eficientes si los usuarios demandan servicios con regularidad.
- Compartir. Las técnicas de compartición se basan que se produce una asignación del medio en función de la demanda. Son eficientes cuando el tráfico no es estable y la demanda se produce a ráfagas, tal y como sucede en las LAN.

En una red uno de los principales problemas es determinar quién usa el canal o la red cuando varias estaciones solicitan su uso. En el caso de existir un único canal esta determinación se hace realmente más complicada. Tomando como referencia la arquitectura OSI que se explicará más adelante, se puede considerar que en la capa de enlace de datos existe una sub-capa que se denomina control de acceso al medio; cuya función es determinar qué nodo puede emplear la red en un instante determinado para enviar o recibir señales. Frecuentemente se describe este proceso como MAC (Medium Access Control) o control de acceso al bus. Las técnicas de compartición más importantes son las siguientes:

- Selección. El usuario es avisado cuando llega su turno y toma el control del medio para transmitir. Los usuarios son seleccionados por algún tipo de turno y desconocen cuando van a ser seleccionados en el futuro. No se producen colisiones ya que no es posible acceder al bus hasta que éste no es asignado a un nodo.
- Contienda. Si el usuario necesita usar la red de comunicación intentará ocuparla, estableciéndose una contienda con los usuarios que tengan idéntico propósito. Por tanto, se producirán colisiones y será necesario incorporar algún algoritmo para resolverlas.
- Reserva. El usuario conoce con adelanto cuando va a poder utilizar el medio para lo cual es necesario hacer y confirmar una reserva. No se producirán colisiones en la transferencia de información pero podrán existir en el proceso de reserva. Para solucionar este hecho existen diversos métodos de ordenación para la asignación del canal. Estas técnicas se clasifican de la siguiente forma:
    - Control centralizado de reservas. Existe un controlador que gestiona (recibe y concede) las demandas de reserva del medio. Se pueden disponer de dos canales distintos, uno para efectuar las reservas y otro para transmitir los datos.
    - Control distribuido de reservas. Es un control de acceso distribuido siempre y cuando todos los nodos intervengan en la decisión de qué nodo y qué instante va a disponer de acceso al bus, es decir todas las estaciones reciben las solicitudes de reserva formuladas por las demás, se aplica un algoritmo que determina a quién se le asigna el canal y la duración de dicha asignación. El resultado será función de las demandas aceptadas y a las que están en espera.

Los métodos de resolución de colisiones más empleados son:

- Algoritmos no adaptativos. El retardo para la retransmisión no depende de la actividad anterior del canal o del número de colisiones. El retardo se obtiene mediante una distribución uniforme. Este método se emplea en las redes ALOHA.

- Algoritmos adaptativos. El retardo depende de la actividad anterior del canal.
- Técnicas de retardo prioritario. Detectada una colisión se retarda la retransmisión en un intervalo distinto para cada usuario. Se establece una prioridad que puede ser fija o round robin.
- Reserva tras la colisión. Cuando se produce una colisión los usuarios establecen entre sí un sistema de reservas para retransmitir sin conflictos. El sistema de contienda se convierte en un sistema de acceso al medio por reserva.

10.4.1. ALOHA

Dentro de las técnicas de contienda existen dos tipos principales: las técnicas de transmisión sorda (ALOHA) y las técnicas de transmisión con escucha (CSMA). ALOHA fue desarrollada por la Universidad de Hawai en los años 70 y se basa en el envío de un mensaje cuando se necesita el canal. Su aplicación principal se centra en los sistemas de radio aunque su sencillez ha dado lugar a un uso muy extenso en protocolos actuales al ser aplicable a cualquier otro medio de transmisión compartido.

Una modificación de este método es el ALOHA ranurado que mejora la eficiencia al alcanzarse incrementos en la utilización del medio del orden del 30%. Se basa en discretizar el tiempo del canal de forma que éste queda dividido en ranuras temporales de duración igual a los paquetes en que se dividen los mensajes, de manera que los usuarios están sincronizados a intervalos. Para llevar a cabo este ranurado temporal es necesario utilizar un reloj central u otra técnica para sincronizar las estaciones. Al comienzo de un intervalo se envía un mensaje reduciendo la posibilidad de colisiones.

En ALOHA el volumen de tráfico es reducido por lo cual esta técnica no es aconsejable para un número elevado de estaciones, ya que a mayor tamaño de la red, mayor será la posibilidad de colisiones y mayores serán los retardos. Esta técnica ofrece un rendimiento excelente con cargas medias y bajas pero con cargas altas aumentan los tiempos de servicio. Igualmente las colisiones aumentan la carga de la red lo que deriva en un incremento de los tiempos de espera. ALOHA presenta la ventaja de que permite añadir una nueva estación con sólo reconocer su dirección.

10.4.2. CSMA

La técnica de transmisión con escucha (CSMA, Carrier Sense Multiple Access) se basa en el hecho de que antes de transmitir, el usuario averigua si el canal está libre, lo que evita colisiones con antelación aunque se pueden producir durante la transmisión. A continuación se describe resumidamente el proceso que se da en el CSMA:

- La estación que quiere transmitir, primero escucha el canal a la espera de que éste quede libre. Si el canal está libre transmite un mensaje.
- Si ocurre una colisión, la estación espera una cantidad de tiempo aleatoria antes de comenzar de nuevo.
- Cuando el receptor recibe correctamente el mensaje, envía una confirmación.
- Al recibir la confirmación la estación dispone del canal.

Existen varios tipos de transmisión CSMA:

- CSMA-NP (no persistente). Las estaciones no escuchan el canal continuamente, si no que lo hacen a intervalos de tiempo. Una vez que el canal está libre transmiten. Como no se ha recibido confirmación se aplica el algoritmo de resolución de colisiones sin esperar.
- CSMA-P (persistente). Se mantiene la escucha hasta que el canal quede libre. Dentro de este tipo se distinguen:
- CSMA-1P (1–persistente). Se transmite el mensaje cuando la probabilidad es 1. La probabilidad será 1 cuando el canal esté desocupado.
- CSMA-PP (p–persistente). Esta técnica se aplica a canales ranurados. Existe probabilidad p de transmitir un mensaje cuando la estación encuentra el canal desocupado y, por tanto habrá una probabilidad q (q=1-p) de esperarse a la siguiente ranura.

CSMA con retardo prioritario. En una tabla se asignan a los usuarios distintas prioridades, de esta forma el retardo será diferente para cada estación y cada usuario tendrá un vector de retardos (round robin). CSMA no persistente y persistente presentan las mejores utilizaciones del canal de todos los algoritmos vistos hasta el momento. La resolución de colisiones es uno de los principales problemas de CSMA. Para la detección de colisiones suelen emplearse los siguientes métodos:

- Detección de interferencias en el canal. Se detecta por técnicas de comparación de la señal emitida con la que está circulando por el canal mediante técnicas de análisis de la señal en la línea. A este tipo pertenece el método CSMA/CD (Carrier Sense Multiple Access / Collision Detection) utilizado por Ethernet, en el cual se detiene la transmisión tan pronto como se detecta la colisión. El siguiente paso es activar un algoritmo de resolución de colisiones que asignará el control a un nodo y éste volverá a retransmitir la información. Otro método es el CSMA/CA (Carrier Sense Multiple Access / Collision Avoidance), donde antes de transmitirse se escucha el canal para ver si está ocupado. Así se reduce la probabilidad de colisión, aunque no se evita completamente al ser posible que dos nodos inicien su emisión simultáneamente una vez detectado el canal libre.

- Técnica ACK. Se basa en la no recepción de un mensaje de conformidad. Esta técnica no detecta colisiones si no errores en la transmisión y además presenta la desventaja de que el paquete se transmite completo por lo que es bastante lento. Ofrece la posibilidad de combinarse con la técnica anterior.

10.4.3. Técnicas de selección

La selección es una de las técnicas de compartición más empleadas. En esta técnica el usuario era avisado cuando llegaba su turno y tomaba el control hasta que acababa de transmitir. En la Fig. 10.5 se muestran las distintas técnicas de compartición mediante selección que se exponen a continuación.

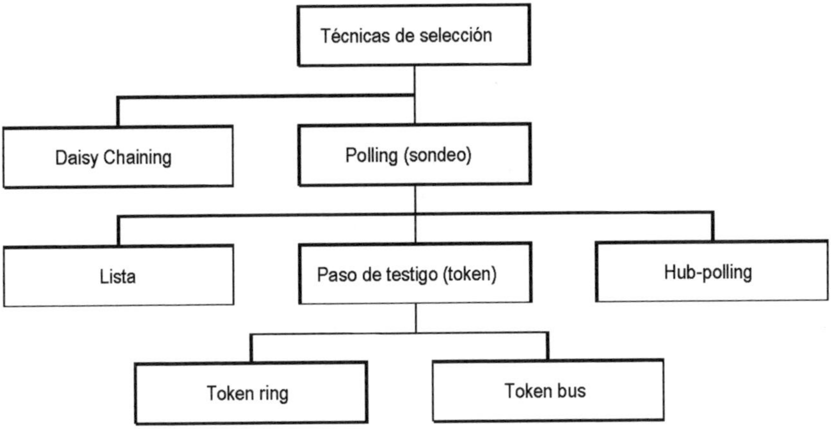

Fig. 10.5: Técnicas de selección

Polling

Es un sistema centralizado en el que un nodo es el encargado de gestionar todo el tráfico de la red, resolviendo posibles colisiones y asignando el control a nodos de la misma prioridad. La principal desventaja es que si falla este nodo central, la red no funciona. En el polling, el nodo central envía un mensaje especial mediante el cual se pregunta al resto de nodos si necesitan acceder al bus, en caso afirmativo se asigna un orden de acceso donde cada nodo dispone de un tiempo determinado en el que posee el control del bus. Se trata de un método equitativo, pues cada nodo dispone del mismo tiempo que el resto. El problema principal reside en la gestión de señales de tiempo crítico, las cuales necesitan ser atendidas de forma inmediata, y en este método no se contempla este caso. En sistemas industriales del tipo maestro-esclavo a nivel de máquina es habitual este tipo de control. Los nodos esclavos envían datos a otros nodos a través del nodo maestro, siendo equivalente a un enlace punto a punto entre el nodo maestro y cada uno de los nodos esclavos, pero estando activo un único enlace en cada instante.

Lista o Control centralizado. El controlador dispone de una lista de las direcciones de las estaciones, de tal forma que se seleccionan las direcciones por orden de lista. Si se desea que un nodo posea mayor prioridad, éste se incluirá varias veces en la lista.

Hub-Polling. Control centralizado. El controlador inicia el proceso de sondeo y selecciona una estación. Cada estación selecciona la siguiente una vez finalizada su transmisión y la última estación avisa el controlador, que reinicia el proceso.

Paso de testigo. Se utiliza un mensaje especial (testigo) para establecer los turnos de acceso al canal. El testigo consiste en un mensaje un mensaje uniforme para todos los nodos, que dispone de varios campos predeterminados como por ejemplo: campo de testigo libre u ocupado, campo dirección destino del testigo, dirección origen del testigo, aceptación de testigo y prioridad. Cuando un nodo posee la propiedad del testigo, éste puede acceder a la red para realizar la transmisión de datos. Este método es aplicable tanto a topologías en bus como en anillo:

- Paso de testigo en anillo (Token Ring). Se utiliza en topologías en anillo. El testigo circula cuando ninguna estación transmite, es recibido y retransmitido por cada estación. Si una estación desea utilizar el canal, espera a recibir el testigo, y una vez recibido modifica el campo de testigo libre, introduce el mensaje, la dirección de destino y la secuencia de reconocimiento y validación; entonces, retransmite el mensaje. Dado que el testigo pasa por todos los nodos, cuando llega al nodo destino, éste reconoce su dirección y recoge el mensaje cambiando el campo de reconocimiento y validación, retransmitiéndolo de nuevo, así, cuando llegue al nodo que inicialmente le envió el mensaje, éste reconoce que el mensaje ha llegado correctamente a su destino. Si no ha expirado el tiempo de posesión del testigo, el nodo transmisor puede enviar más mensajes, y si ha completado su envío liberará el testigo para que éste pueda ser tomado por otro nodo. A pesar de que existe un tiempo límite de posesión, no se garantiza un tiempo máximo en el que un nodo pueda tomar el testigo para enviar datos, ya que depende del número de nodos que deseen tomar el control.

La topología impone el orden de paso. No hay prioridades y si se pierde el testigo la red se bloquea.

- Paso de testigo en bus (Token Bus). Hay un anillo lógico, de modo que cada nodo conoce la dirección del nodo anterior y posterior (no necesariamente colocados físicamente de ese modo) en el paso del testigo, este hecho se realiza al configurar la red por lo que se independizan la topología física y la lógica, conociendo con antelación quien será el siguiente propietario del testigo. Cuando un nodo recibe el testigo, si éste está ocupado y la dirección de destino no es la suya, lo retransmite a la siguiente estación. Si el testigo que llega posee la dirección propia del nodo y el campo de aceptación ha sido validado, entonces se puede liberar el testigo pues el destino ha recibido correctamente los datos. Si al llegar a la estación el testigo está libre, el nodo puede introducir datos que desee enviar y retransmitir el testigo a la siguiente estación prefijada, aunque ésta no sea la destinataria. Existe un tiempo límite de posesión del testigo para cada nodo, prefijado en un campo del testigo (puede haber prioridades modificando el tiempo para cada nodo), por lo que se asegura que la posesión del testigo a un nodo en un tiempo máximo predeterminado. Este hecho es muy importante para los sistemas de tiempo crítico, por ello, es empleado en numerosos sistemas de transmisión para redes industriales de automatización.

Daisy Chain

Esta técnica es la empleada en los buses internos de los ordenadores. Requiere un canal extra (hilo) que recorra en anillo las estaciones, siendo un bus el canal que se utiliza para enviar los datos. A través de este hilo extra se envían pulsos, cuando una estación es seleccionada mediante un pulso, toma el control del medio para enviar sus mensajes, devolviendo el pulso a la siguiente estación física en el anillo al finalizar su transmisión. Si al recibir el pulso no tiene nada que transmitir, lo pasa a la siguiente estación.

10.5. ARQUITECTURAS Y ESTÁNDARES

En esta sección se van a analizar algunos de los estándares más utilizados en comunicación de datos, principalmente aquellos referidos a las arquitecturas hardware.

10.5.1. Arquitectura OSI

En 1983, ISO (International Standards Organization) y CCITT (ahora ITU-T) publican el modelo de referencia OSI (Open Systems Interconnection), con el objetivo de servir como modelo de arquitectura normalizado en el diseño y desarrollo de redes y servicios telemáticos. El modelo OSI se basa en una serie de niveles funcionales o capas, en concreto tiente siete niveles, y en una jerarquía de servicios de manera que los niveles inferiores proporcionan servicios a los superiores. Si bien el objetivo de OSI nunca fue la definición de servicios y protocolos, los escasos protocolos desarrollados conformes a OSI tuvieron una repercusión bastante limitada. No obstante, OSI representa el único esfuerzo realizado en definir, especificar y normalizar completamente un modelo de arquitectura. Por ello, su terminología y algunas de sus ideas son habitualmente utilizadas por los diseñadores y desarrolladores de protocolos de comunicaciones. Por ejemplo, OSI define los siguientes conceptos:

- Servicio. Conjunto de primitivas (operaciones) que un nivel provee al nivel superior. El servicio define que operaciones puede ejecutar el nivel, pero no dice cómo se implementan.
- Protocolo. Conjunto de reglas que gobiernan el formato y significado de las unidades de datos del protocolo, ya sean frames, paquetes... que son intercambiados por las entidades de una capa. Se llama protocolo de nivel n a aquel que permite comunicación virtual entre niveles paralelos.

A continuación se proporciona una breve descripción de los niveles contenidos en el modelo de referencia OSI mostrado en la Fig. 10.6.

Nivel físico

Está relacionado con las características mecánicas, eléctricas, funcionales y de procedimiento para acceder al medio físico. Se encarga de la transmisión de bits sobre un canal de comunicación y de los problemas relacionados:

- De tipo eléctrico (voltajes, codificación de línea, etcétera).
- De tipo mecánico (conectores).
- De procedimiento (señales a intercambiar, asignación de pines, etcétera).

Nivel de enlace

Se ocupa fundamentalmente de garantizar la transmisión fiable y libre de errores de datos, es decir controla el acceso al medio físico. Ensambla y reensambla mensajes provenientes del nivel de red y los envía en paquetes a través del medio físico. Posee mecanismos de control de congestión. Detecta y corrige errores provenientes del medio físico.

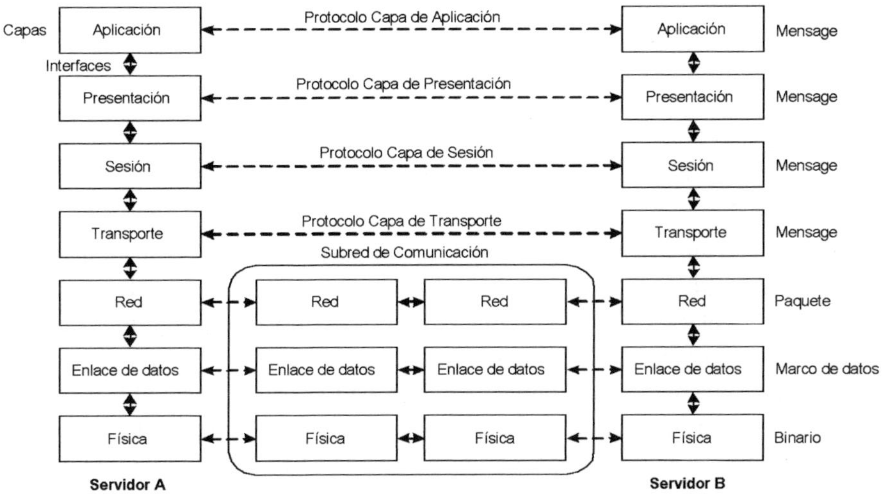

Fig. 10.6: Modelo de referencia OSI

Nivel de red

Provee el medio para establecer, mantener y liberar conexiones entre sistemas. Su servicio básico es proveer transferencia de datos transparente entre entidades de transporte, enrutar paquetes del origen al destino y, al igual que el nivel de enlace, también realiza operaciones de control de congestión.

Nivel de transporte

Es el primer nivel de comunicación entre usuarios o sistemas, conocido como primer nivel extremo o extremo. Este nivel aísla todas las funciones del sistema final de la tecnología de intercambio de datos a través de la subred. Realiza la conexión y la desconexión de la comunicación. Si hay errores los arreglan las capas inferiores.

Nivel de sesión

Permite la comunicación coordinada de entidades para organizar y sincronizar su diálogo y administrar el intercambio de mensajes. Maneja la sincronización en la administración de mensajes, es decir, si aborta un mensaje no lo retransmite completo sino la parte que falta. Verifica si la comunicación es adecuada.

Nivel de presentación

Proporciona transparencia respecto al formato de datos, es decir, se encarga de la codificación de datos, interpretación de formatos de números, compresión de datos y encriptación de datos. Representa el nivel menos importante.

Nivel de aplicación

Es el nivel superior, que provee el medio para que los procesos o usuarios accedan al ambiente OSI. También se llama nivel de usuario. Realiza el intercambio entre el usuario y el sistema. Hace de soporte a los programas de aplicación, se encarga de las claves de acceso, transferencia de ficheros, etcétera.

En ocasiones será posible que un determinado sistema no incluya todos los niveles descritos. La función u orientación de dicho sistema determinará cuáles de los niveles son imprescindibles para cada caso; según una división que puede plantearse como sigue:

- Orientado a la aplicación. Nivel de aplicación y nivel de presentación.
- Orientado al sistema. Nivel de sesión y nivel de transporte.
- Orientado a las comunicaciones. Nivel de red, nivel de enlace y nivel físico.

10.5.2. Comité IEEE 802

El Comité 802 o proyecto 802, del Instituto de Ingenieros en Eléctrica y Electrónica (IEEE) se desarrolló paralelamente con el modelo OSI pero es específico para el hardware (Fig. 10.7). Los estándares OSI y IEEE 802 fueron desarrollados simultáneamente y en cooperación debido a que comparten características e interactúan de forma óptima. El proyecto 802 fue creado al principio de los 80 para desarrollar estándares para las tecnologías emergentes, de manera que los equipos de red de diferentes fabricantes pudieran trabajar juntos e integrarse sin problemas. La mayoría de los estándares fueron establecidos durante los años 80 cuando apenas comenzaban a surgir las redes entre computadoras personales. El proyecto 802 se divide en 12 categorías:

802.1 Interface de alto nivel

Define la relación entre los estándares 802 del IEEE y el Modelo de Referencia para Interconexión de Sistemas Abiertos (OSI) de la ISO (Organización Internacional de Estándares). Por ejemplo, este Comité definió direcciones para estaciones LAN de 48 bits para todos los estándares 802, de modo que cada adaptador debe tener una dirección única. Los vendedores de tarjetas de interface de red están registrados y los tres primeros bytes de la dirección son asignados por el IEEE. Cada vendedor es entonces responsable de crear una dirección única para cada uno de sus productos.

802.2 Control de Enlaces Lógicos

Define el protocolo de control de enlaces lógicos (LLC) del IEEE, el cual asegura que los datos sean transmitidos de forma fiable por medio del enlace de comunicación.

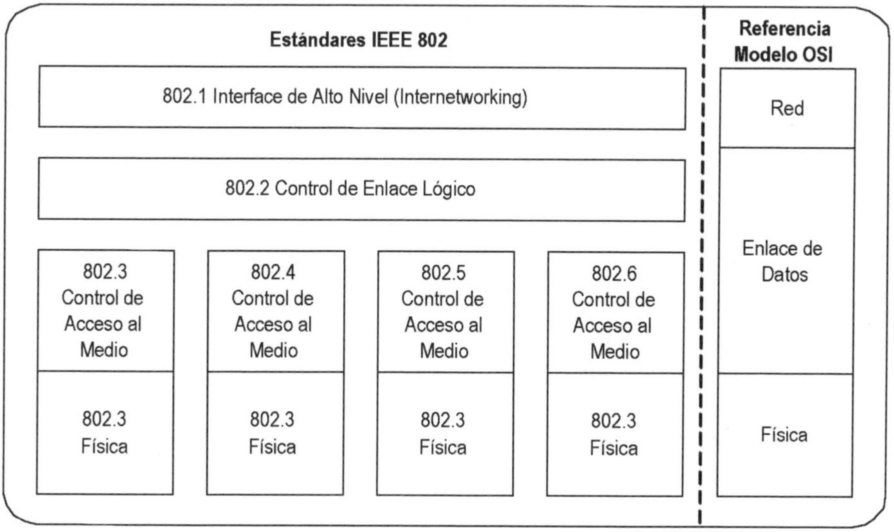

Fig. 10.7: Relación OSI/IEEE 802

802.3 Ethernet

Control de Acceso múltiple con sensor de portadora (CSMA) y detección de colisiones (CD): Ethernet. El estándar 802.3 del IEEE (ISO 8802-3), define cómo opera el método de Acceso Múltiple con Detección de Colisiones (CSMA/CD) sobre varios medios. El estándar define la conexión de redes sobre cable coaxial, cable de par trenzado, y medios de fibra óptica. La tasa de transmisión original es de 10 Mbits/seg., pero nuevas implementaciones transmiten por encima de los 100 Mbits/seg. en cables de par trenzado. Dada su importancia y grado de implantación se analizará este estándar con más detalle más adelante.

802.4 Token Bus LAN

El estándar Token Bus define esquemas de red de anchos de banda grandes, usados en la industria de manufactura. Se deriva del Protocolo de Automatización de Manufactura (MAP). La red implementa el método token-passing para una transmisión bus. Un token es pasado de una estación a la siguiente en la red y la estación puede transmitir manteniendo el token. Los tokens son pasados en orden lógico basado en la dirección del nodo, pero este orden puede no relacionar la posición física del nodo como se hace en una red token ring. El estándar no es ampliamente implementado en ambientes LAN.

802.5 Token Ring LAN

También llamado ANSI 802.1-1985, define los protocolos de acceso, cableado e interface para la LAN token ring. IBM hizo popular este estándar. Usa un método de acceso de paso de tokens y es físicamente conectada en topología estrella, pero lógicamente forma un anillo. Los nodos son conectados a una unidad de acceso central (concentrador) que repite las señales de una estación a la siguiente. Las unidades de acceso son conectadas para expandir la red, que amplía el anillo lógico. La Interface de Datos en Fibra Distribuida (FDDI) fue basada en el protocolo token ring 802.5, pero fue desarrollado por el Comité de Acreditación de Estándares (ASC) X3T9. Este estándar es analizado más adelante en un apartado específico.

802.6 Redes de Área Metropolitana

Define un protocolo de alta velocidad donde las estaciones enlazadas comparten un bus dual de fibra óptica usando un método de acceso llamado Bus Dual de Cola Distribuida (DQDB). El bus dual provee tolerancia de fallos para mantener las conexiones si el bus se rompe. El estándar MAN esta diseñado para proveer servicios de datos, voz y vídeo en un área metropolitana de aproximadamente 50 kilómetros a tasas de 1.5, 45, y 155 Mbits/seg. DQDB es el protocolo de acceso subyacente para el SMDS (Servicio de Datos de Multimegabits Switcheados), en el que muchos de los portadores públicos son ofrecidos como una manera de construir redes privadas en áreas metropolitanas. El DQDB es una red repetidora que switchea celdas de longitud fija de 53 bytes; por consiguiente, es compatible con el Ancho de Banda ISDN y el Modo de Transferencia Asíncrona (ATM). Las celdas son switcheables en la capa de Control de Enlaces Lógicos.

802.7 Broad Band

Este comité provee consejos técnicos a otros subcomités en técnicas sobre anchos de banda de redes.

802.8 Fibra Óptica

Provee consejo a otros subcomités en redes por fibra óptica como una alternativa a las redes basadas en cable de cobre. Los estándares propuestos están todavía bajo desarrollo.

802.9 Redes Integradas de voz y datos

El grupo de trabajo del IEEE 802.9 trabaja en la integración de tráfico de voz, datos y vídeo para las LAN 802 y Redes Digitales de Servicios Integrados (ISDN's). Los nodos definidos en la especificación incluyen teléfonos, computadoras y codificadores/decodificadores de vídeo (codecs). La especificación ha sido llamada Datos y Voz Integrados (IVD). El servicio provee un flujo multiplexado que puede llevar canales de información de datos y voz conectando dos estaciones sobre un cable de cobre en par trenzado. Varios tipos de diferentes de canales son definidos, incluyendo full duplex de 64 Kbits/seg. sin switcheo, circuito switcheado, o canales de paquete switcheado.

802.10 Seguridad de Red

Este grupo esta trabajando en la definición de un modelo de seguridad estándar que opera sobre una variedad de redes e incorpora métodos de autenticación y encriptamiento. Los estándares propuestos están todavía bajo desarrollo en este momento.

802.11 Redes inalámbricas

Este comité esta definiendo estándares para redes inalámbricas. Esta trabajando en la estandarización de medios como el radio de espectro de expansión, radio de banda angosta, infrarrojo, y transmisión sobre líneas de energía. Dos enfoques para redes inalámbricas se han planeado: el enfoque distribuido y el enfoque de punto de coordinación. En el enfoque distribuido, cada estación de trabajo controla su acceso a la red. En el enfoque de punto de coordinación, un hub central enlazado a una red alámbrica controla la transmisión de estaciones de trabajo inalámbricas.

802.12 Acceso por prioridad de demanda LAN

Este comité está definiendo el estándar Ethernet de 100 Mbits/seg. Con el método de acceso por Prioridad de Demanda propuesto por HP y otros vendedores. El cable especificado es un par trenzado de 4 alambres de cobre y el método de acceso por Prioridad de Demanda usa un hub central para controlar el acceso al cable. Hay prioridades disponibles para soportar envío en tiempo real de información multimedia.

10.5.3. Ethernet

Ethernet es, sin duda, uno de los estándares IEEE de comunicaciones más populares. Dada su gran implantación se va a analizar con algo más de detalle en este apartado.

Ethernet fue desarrollado por Xerox Corp. en 1970. En la actualidad, se ha convertido en la capa física más popular de la tecnología LAN. Otros tipos de LAN incluyen Token Ring, Fast Ethernet, FDDI, ATM y LocalTask. La principal virtud de Ethernet es que permite un buen equilibrio entre velocidad, costo y facilidad de instalación. Este hecho combinado con la amplia aceptación del mercado y la capacidad de soporte de todos los protocolos de red populares hacen a Ethernet la tecnología ideal para la red de la mayoría de los usuarios de la informática actual. La norma Ethernet fue definida por el Instituto de Ingenieros Eléctricos y Electrónicos (IEEE) como estándar 802.3. Al adherirse a la norma de IEEE, los protocolos y equipos de red pueden interoperar eficazmente.

Medios físicos

Una parte importante en el diseño e instalación de una red Ethernet es la correcta selección del medio físico apropiado al entorno existente. Actualmente, se emplean, básicamente cuatro tipos de cableados o medios físicos:

Coaxial grueso. Cables estándar Ethernet, se usa para comunicaciones de larga distancia (hasta 500 metros), es rígido ya que tiene un grosor de ? pulgadas, se utiliza como columna vertebral al que se conectan cables coaxiales delgados con el conector AUI o conector DIX. Con frecuencia se pueden escuchar referencias al cable coaxial grueso como thickwire o 10Base5. Esto hace referencia a una red de tipo Ethernet con un cableado coaxial grueso, donde el 5 significa que el mayor segmento posible es de 500 metros. El cable coaxial es muy popular en las redes con topología de BUS. El cable coaxial grueso tiene una capa plástica adicional que protege de la humedad al conductor de cobre. Esto hace de este tipo de cable una gran opción para redes de

BUS extensas, aunque hay que tener en cuenta que este cable es difícil de doblar.

Coaxial fino. Cable estándar Ethernet, se usa para comunicaciones de larga distancia (hasta 185 metros), es flexible y tiene un grosor de ? de pulgada, se conecta directamente a la tarjeta de red de la computadora usando el conector T denominado BNC. Con frecuencia se pueden escuchar referencias al cable coaxial fino como thinnwire o 10Base2. Esto hace referencia a una red de tipo Ethernet con un cableado coaxial fino, donde el 2 significa que el mayor segmento posible es de 200 metros, siendo en la práctica reducido a 185 m. El cable coaxial es muy popular en las redes con topología de BUS.

Fig. 10.8: Cable coaxial

Cable UTP. El par trenzado se trata de dos hilos de cobre aislados y trenzados entre sí y envueltos por una cubierta protectora. Los hilos están trenzados para reducir las interferencias electromagnéticas con respecto a los pares cercanos que se encuentran a su alrededor. Se puede utilizar tanto para la transmisión analógica como digital, y su ancho de banda depende de la sección de cobre utilizado y de la distancia que tenga que recorrer. Es el tipo de cableado más económico y, por ejemplo, la mayoría del cableado telefónico es de este tipo. El par trenzado, a pesar de tener una longitud máxima limitada y de algunos aspectos negativos que presenta, es de hecho, la opción más usada y debe tenerse en cuenta debido a que se encuentra instalado en la mayoría de edificios, lo que permite emplearlo sin necesidad de cambiar el cableado. Además, resulta fácil de combinar con otros tipos de cables para la extensión de redes. Existen dos tipos de pares trenzados: los apantallados o STP y los sin apantallar o UTP. Los UTP son los más baratos aunque menos resistentes a interferencias. El UTP consiste en 4 pares trenzados una cierta cantidad de veces por metro, al igual que el STP, y son prácticamente iguales, salvo por las cubiertas metálicas que tiene el STP y que están ausentes en UTP. Esto hace ser a UTP más económico, menos costoso en mantenimiento y más fácil de manejar.

Fibra óptica. El cable de fibra óptica consiste en un centro de cristal rodeado de varias capas de material protector. Lo que se transmite no son señales eléctricas sino luz con lo que se elimina la problemática de las interfe-

Fig. 10.9: Cable de par trenzado

rencias. Esto lo hace ideal para entornos en los que haya gran cantidad de interferencias eléctricas. También se utiliza mucho en la conexión de redes entre edificios debido a su inmunidad a la humedad y a la exposición solar. Con un cable de fibra óptica se pueden transmitir señales a distancias mucho mayores que con cables coaxiales o de par trenzado. Además, la cantidad de información capaz de transmitir es mayor por lo que es ideal para redes a través de las cuales se desee llevar a cabo videoconferencia o servicios interactivos. En algunas ocasiones escucharemos 10BaseF como referencia a este tipo de cableado, en realidad estas siglas hablan de una red Ethernet con cableado de fibra óptica. Para la transmisión de información en redes locales para este tipo de cable se utiliza una fibra como transmisora y otra como receptor, como mínimo se pueden utilizar dos fibras por cable. Las distancias máximas obtenidas en redes locales son de 2,000 metros de nodo a nodo sin el uso de amplificadores.

Esta amplia variedad de medios físicos refleja la evolución de Ethernet y la flexibilidad de la tecnología. Cada tipo tiene sus ventajas e inconvenientes y, por tanto la adecuada selección del tipo de medio apropiado para cada caso, evitará costes de recableado, según vaya creciendo la red.

Fig. 10.10: Fibra óptica

Topologías

Se diseñan redes Ethernet típicamente en dos configuraciones generales o topologías: topología en bus y topología en estrella. Estas dos topologías definen la disposición de los nodos. Un nodo es un dispositivo activo conectado a la red, por ejemplo un ordenador o una impresora. Un nodo también puede ser un dispositivo o equipo de la red concentrador, conmutador o un router. Una topología de bus consiste en que los nodos se unen en serie con cada nodo conectado a un cable largo o bus. La topología en bus presenta la ventaja de que se pueden conectar un número elevado de nodos. El principal inconveniente es que una rotura del bus causará, normalmente, que el segmento entero pase a ser inoperable hasta que sea reparada la rotura. Como ejemplos de topología de bus tenemos 10BASE-2 y 10BASE-5. Dentro de la topología en estrella se encuentran 10BASE-T y Fast Ethernet. En esta topología generalmente un ordenador se sitúa a un extremo del segmento y en el otro extremo se termina en una situación central con un concentrador. La principal ventaja de este tipo de red es la fiabilidad, pues si uno de los segmentos "punto a punto" tiene una rotura, afectará sólo a los nodos de ese eslabón. El resto de usuarios continuarán operando como si ese segmento no existiera.

Tratamiento de Colisiones

Ethernet es un medio compartido, por lo que hay reglas para enviar los paquetes para enviar los paquetes, para evitar conflictos y proteger la integridad de los datos. Los nodos en una red Ethernet envían paquetes cuando ellos determinan que la red está libre, por tanto es posible que dos nodos envíen datos simultáneamente. En ese instante se está produciendo una colisión. Minimizar colisiones en un elemento crucial en la planificación y funcionamiento de las redes. El aumento de las colisiones es, a menudo, el resultado de demasiados usuarios en la red, lo que produce que se establezca contienda por el ancho de banda de la red. Esto provoca el detrimento de las prestaciones de la red desde el punto de vista de los usuarios. En concreto el paquete ethernet, tiene la estructura que se muestra en la Fig. 10.11. Donde los diferentes elementos se corresponden con:

- Preámbulo: los paquetes Ethernet comienzan por un preámbulo que tiene por objetivo sincronizar los receptores de los aparatos conectados y de efectuar un test de colisión.
- El final del preámbulo es identificado por dos bits de comienzo del mensaje "St" (Start).
- Las direcciones de destino y de origen se codifican ambas en 48 bits.
- El fragmento "Tipo" (8 bits) define el tipo de protocolo utilizado en la transmisión.
- Datos.

CRC (código de error). Este fragmento es necesario para que el receptor pueda validar el paquete.

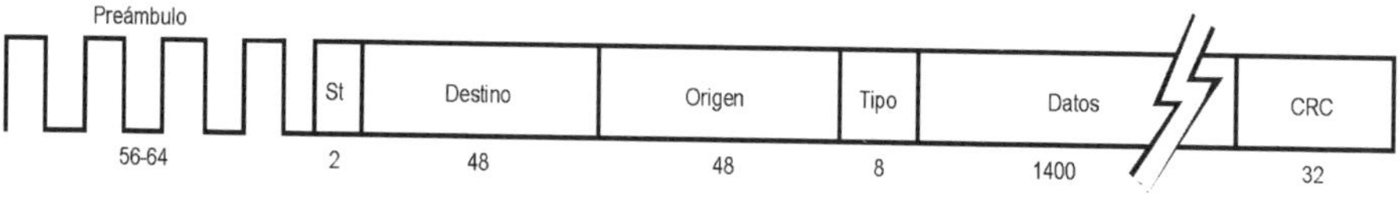

Fig. 10.11: Estructura de un paquete Ethernet

Productos Ethernet

La traducción de las normas y tecnologías que hemos descrito anteriormente se convierten en productos específicos que los administradores de las redes usan para construirlas. A continuación se enumeran los productos clave necesarios para construir una red Ethernet:

- Transceptores. Los transceptores se emplean para conectar un dispositivo a diferentes tipos de medios Ethernet. El transceptor intermedia en la transmisión y recepción de datos de acuerdo a las reglas particulares de cada medio.
- Tarjetas de Interfaz de Red. La tarjeta de red es la que conecta físicamente al ordenador a la red. Son tarjetas que se insertan en la computadora como si de una tarjeta de vídeo se tratase o cualquier otra tarjeta. Puesto que todos los accesos a red se realizan a través de ellas se deben utilizar tarjetas rápidas si queremos comunicaciones fluidas.
- Repetidores. Cuando una señal viaja a lo largo de un cable va perdiendo "fuerza" a medida que avanza. Esta pérdida de fuerza puede desembocar en una pérdida de información. Los repetidores amplifican la señal que reciben permitiendo así que la distancia entre dos puntos de la red sea mayor que la que un cable solo permite. Existen dos tipos de repetidores: los pasivos y los activos. El repetidor activo tiene alimentación externa mientras que el pasivo no la tiene. Un repetidor activo permite que los cables logren mayores distancias que los pasivos. En la gran mayoría de las veces no se recomienda el uso de dos repetidores pasivos de forma simultánea en la trayectoria de un cable.
- Concentradores. En una red, dependiendo de sus necesidades de crecimiento y de su topología, es posible a veces encontrar dispositivos especiales que juegan papeles importantes. Un concentrador o Hub es un elemento que provee una conexión central para todos los cables de la red. Los hubs son "cajas" con un número determinado de conectores, habitualmente RJ45 más otro conector adicional de tipo diferente para enlazar con otro tipo de red. Los hay de tipo inteligente que envían la información solo a quien ha de llegar mientras que los normales envían la información a todos los puntos de la red siendo las estaciones de trabajo

las que decidirán si se quedan o no con esa información. Están provistos de salidas especiales para conectar otro Hub a uno de los conectores permitiendo así ampliaciones de la red.

10.5.4. Token ring

Otro estándar de red muy utilizado es el Token Ring, a él se va a dedicar este apartado específico; al igual que se hizo para Ehernet. La red Token Ring es una implementación del standard IEEE 802.5, la cual se distingue más por su método de transmitir la información que por la forma en que se conectan las computadoras. A diferencia de Ethernet, en esta red un token (ficha virtual) circula de una computadora a otra. El token es un paquete físico especial, que no se debe confundir con un paquete de datos. Cuando una computadora desea mandar información debe de esperar a que le llegue el token vacío, una vez que recibe éste lo utiliza para mandar la información a otra computadora. Cuando la computadora destinataria de la información la recibe entonces retransmitirá el token nuevamente a la computadora de origen, de forma que así se libera el token para volver a ser usado por otra computadora.

El problema reside en el tiempo que debe esperar una computadora para obtener el token. Para solucionar este hecho se fuerza a que ninguna estación pueda retener el token por más de un tiempo dado (10 ms).

Las redes Token Ring fueron desarrolladas por IBM en los años 70 y fueron el primer tipo de Red de Área Local (LAN) de la tecnología IBM. Al ser una implementación de IEEE 802.5, las especificaciones de compatibilidad de Token Ring son casi idénticas a las del estándar, es más, el término Token Ring es generalmente usado para referirnos a ambas redes.

Comparación Token Ring/IEEE 802.5

Las redes Token Ring e IEEE 802.5 son básicamente compatibles, a pesar de que algunas especificaciones difieren ligeramente. Algunas diferencias dignas de reseñar son:

- Las redes IBM´s Token Ring se caracterizan por la conexión de los terminales a un dispositivo llamado MultiStation Access Unit (MAU), mientras que IEEE 802.5 no determina ningún tipo de topología.
- IEEE 802.5 no especifica un medio de transmisión determinado, en cambio las redes IBM Token Ring utilizan par trenzado.

Funcionamiento del Token Ring

Estas redes basan el control de acceso al medio en la posesión de un token (paquete con un contenido especial que permite la transmisión a la estación poseedora del mismo). Tal y como se ha explicado en apartados anteriores, cuando ninguna estación necesita transmitir, el token va circulando por la red de una a otra estación. Una estación que ha finalizado una transmisión, debe de retransmitir el testigo a la siguiente estación. Para garantizar que las estaciones puedan usar las estaciones en un tiempo máximo, se obliga a las estaciones a pasar el token después de un periodo de tiempo determinado.

Las redes de tipo Token Ring, como su nombre indica, tienen una topología en anillo y están definidas en la especificación IEEE 802.5 para la velocidad de transmisión de 4 Mbits/s. También existen redes Token Ring de 16 Mbits/s, pero no están definidas en ninguna especificación de IEEE. Los grupos locales de dispositivos en una red Token Ring se conectan a través de una unidad de interfaz llamada MAU. Esta unidad contiene un pequeño transformador de aislamiento para cada dispositivo conectado, el cual brinda una protección similar a la de Local Talk. El hecho de que el estándar IEE 802.5 para las redes Token Ring no establezca ninguna especificación a cerca del aislamiento, ha derivado en que la susceptibilidad de este tipo de redes a las interferencias sea muy variable.

El funcionamiento de una red Token Ring se puede resumir en los siguientes puntos:

- Si una estación posee el token y desea transmitir, entonces ésta divide el token, alterando un bit del mismo (cambia a una secuencia de start-of-frame), abre la información que desea transmitir y finalmente la transmite a la siguiente estación del anillo.
- Mientras la información del frame circula por las distintas estaciones del anillo, no existe otro token en la red y, por tanto, otras estaciones que deseen transmitir deberán esperar. Algunas redes soportan varios tokens simultáneamente. Con esta técnica de asignación del control de la red difícilmente se presentarán colisiones.
- Cuando la información del frame alcanza la estación de destino, ésta copiará la información para poder procesarla.
- La información del frame sigue circulando hasta la estación de origen donde es borrada. Esta estación chequea el frame para comprobar si alcanzó la estación de destino y si entregó la información correspondiente. (Acuse de recibo).

A diferencia de las redes que utilizan CSMA/CD como Ethernet, las redes basadas en el funcionamiento Token Passing están caracterizadas por la posibilidad de calcular el tiempo máximo que puede permanecer una estación sin poder transmitir información.

10.5.5. Interconexiones

Para conformar las topologías vistas durante el presente capítulo se requieren varios elementos básicos de interconexión, los cuales pueden incluir cierto nivel de computación en el manejo de la información para poder conectar distintos tipos de redes, o bien pueden consistir en meros retransmisores de la señal. Los elementos de interconexión más importantes son:

- Repetidores (repeaters). Un repetidor copia la información que recibe de un lado en el otro y amplifican su nivel. El repetidor es transparente a todos los niveles de las estaciones en comunicación, es decir, los niveles físicos de ambas redes deben ser idénticos. Por ello, los repetidores no se utilizan para acoplar subredes diferentes, sino para amplificar o prolongar una subred existente.
- Puentes (bridges). Se utilizan para acoplar subredes que trabajan con en el mismo protocolo en el nivel de enlace. Los soportes de transmisión y los métodos de acceso al bus de las redes a enlazar pueden ser diferentes. Los puentes se utilizan principalmente para unir redes locales que tienen diferentes topologías o cuando, en base a aplicaciones especiales, es necesario añadir determinadas estructuras a subredes. Este tipo de puentes se utilizan en subredes que, si bien utilizan un transporte de transmisión diferente (cable bifilar, fibra óptica), tienen la misma estructura.
- Encaminadores (routers). Sirven para enlazar redes OSI con niveles 1 y 2 diferentes. El encaminador determina además el camino óptimo (ruta de comunicación) de una información a través de una red existente (routing). Criterios para definir el camino óptimo pueden ser, por ejemplo, la longitud del recorrido o el retardo de transmisión mínimo. Para cumplir su tarea, el encaminador modifica las direcciones de origen y destino del nivel de la red de los paquetes entrantes antes de volver a transmitirlos. El hecho de que los encaminadores tengan que ejecutar tareas más complejas que los puentes, hace que trabajen a menor velocidad.
- Pasarelas (gateways). Se emplean para acoplar redes con diferentes arquitecturas, es decir, permite interconectar dos subredes cualesquiera. En base al modelo de referencia OSI, una pasarela tiene como misión convertir los protocolos de comunicación de todos los niveles. Los enla-

ces de red materializados mediante pasarela suponen complicaciones y ofrecen una velocidad más reducida.

10.6. COMUNICACIONES A NIVEL DE CAMPO

Las redes de área local de uso general han entrado en el mundo de las plantas de fabricación con objeto de posibilitar la integración de zonas diferentes entre sí. De esta forma, elementos de control que comandan diferentes partes de la instalación pueden intercambiar información y coordinar sus tareas. Es más, las elevadas prestaciones de estas redes permiten que los sistemas de gestión y mantenimiento puedan recibir información directa de la planta; lo que se traduce en una integración de la empresa que proporciona grandes posibilidades. De esta forma, cuando el sistema automatizado no alcanza el nivel de magnitud suficiente para justificar la implantación de un sistema CIM totalmente integrado, se procede a menudo a extender la red informática del nivel superior (como por ejemplo el protocolo TCP/IP sobre ETHERNET) conectada a ordenadores industriales que desarrollan el papel de gateway hacia los niveles inferiores. Si este fuera el caso, es aconsejable separar el segmento de red utilizado en las oficinas de aquellos de los ambientes de fábrica mediante un bridge, con objeto de hacer independientes los tráficos de ambas áreas (Fig. 10.12).

Estas soluciones permiten la conexión sencilla y eficaz de elementos físicos de la instalación, como sensores y actuadores, con el sistema de control sin necesidad de un cableado complejo y engorroso. Lo que las ha convertido en el pequeño gran avance que en los últimos años viene permitiendo simplificar la fase de instalación y puesta en marcha de las instalaciones industriales.

Hoy en día para poseer un sistema de producción eficiente y rentable se han de poder establecer mecanismos de supervisión y control que estén completamente integrados dentro de todo el sistema productivo. Por lo tanto la completa automatización de las fábricas exige el diseño de sistemas de comunicación que posibilitan la interconexión de equipos industriales.

Dentro de un sistema automatizado ideal, el nivel más alto puede ser interconectado con una red MAP a 10Mbits/s en banda ancha y multicanal. Su propósito será comunicar grandes paquetes de información de varios tipos con canales para el control, gráficos, vídeo, etcétera. Con este propósito se utiliza el modelo completo de siete niveles OSI para las comunicaciones. Esto da lugar a redes de tipo general que pueden ser conectadas con los niveles más bajos de la pirámide de fabricación mediante gateways (dispositivos que per-

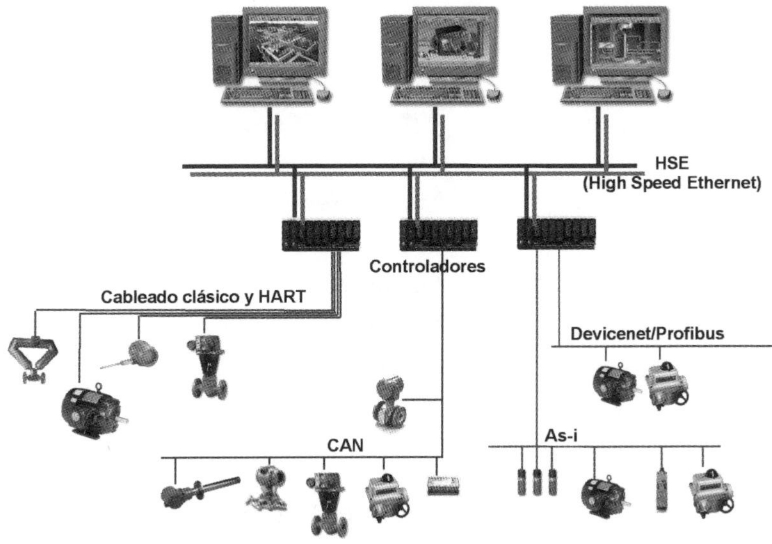

Fig. 10.12: Uso de diferentes buses de campo

miten interconectarse a buses de tipos y características completamente distintas). Los nodos de estas redes se conocen como MiniMAP y son adecuados para interconectar autómatas programables o controladores de procesos de varios lazos. Cuando se estudia la forma de interconectar el nivel más bajo de la jerarquía, se observa que pueden aparecer cientos de elementos sencillos; conocidos como elementos de campo. A este nivel tratar de implementar una solución del tipo MiniMAP resultaría muy costoso. El sistema de comunicaciones correspondiente para estos elementos se ha definido como bus de campo. La Fig. 10.13 proporciona una visión general de las diferentes posibilidades en este terreno y sus aplicaciones.

Dado el auge de este tipo de medios, y la gran cantidad y diversidad de los mismos, se va ofrecer una visión relativamente general de algunos de los más utilizados. Por tanto, en lo que sigue, se van a abordar en cierto detalle dos de los llamados buses de campo: HART y PROFIBUS, así como una de las redes utilizadas a bajo nivel: CAN. Para finalizar se hará una breve reseña de otros buses de campo; como son BITBUS e INERBUS-S.

10.6.1. El Bus HART

El protocolo de comunicaciones de campo HART (Highway Addressable Remote Transducer) está ampliamente aceptado en la industria como el están-

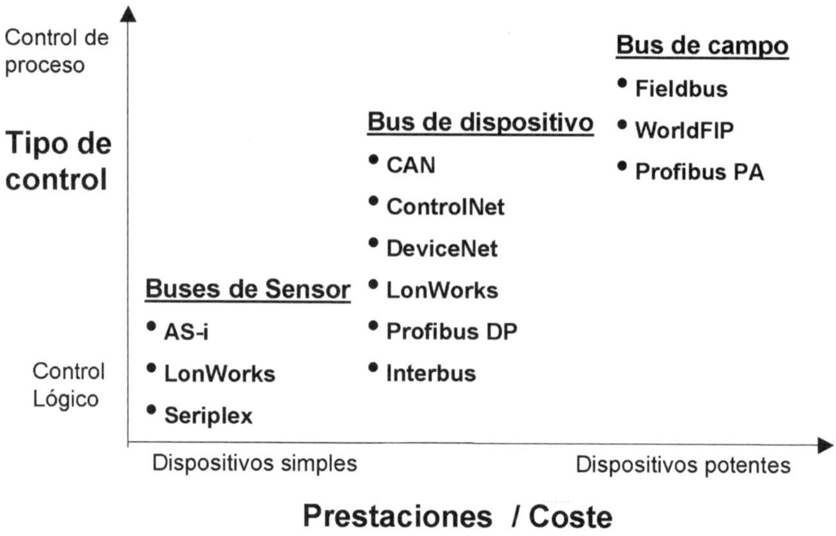

Fig. 10.13: Diferentes posibilidad de conexión de dispositivos en campo

dar para mejorar digitalmente las comunicaciones 4-20mA con instrumentos de campo inteligentes.

Hart hace uso del protocolo de Bell 202 Frecuency Shift Keying (FSK) estándar para superponer señales de comunicación digitales de bajo nivel encima de las señales 4-20mA. El protocolo HART se comunica a 1200 bps sin interrumpir la señal 4-20mA y permite a un usuario de aplicación tener dos o más actualizaciones digitales por segundo desde el dispositivo de campo. Como la señal FSK es continua en fase, no hay interferencia con la señal analógica. HART es un protocolo master-slave, lo que significa que un dispositivo de campo (esclavo) solo habla cuando es interrogado por un maestro. Existen varios modos de funcionamiento que permiten que este protocolo se adapte a diferentes usos.

Hoy en día se puede encontrar una amplia gama de productos de diferentes fabricantes que permiten este tipo de conexionado y muchos más están en desarrollo. La capacidad de comunicación bidireccional de los instrumentos que usan el protocolo HART puede mejorar significativamente la gestión de la información en la planta; abriendo un abanico de nuevas soluciones con costes reducidos.

10.6.2. C.A.N. (Controller Area Network)

Existen en la actualidad numerosos vehículos que poseen un gran número de sistemas electrónicos de control. El crecimiento de la electrónica en los automóviles es debido: por un lado a la demanda de los usuarios por mayor seguridad y confort; y por otro a los requerimientos por parte de los gobiernos en cuanto a emisión de gases y consumo de combustible. Desde hace algún tiempo se han venido utilizando dispositivos específicos de control que buscan satisfacer estas necesidades para el caso de la temporización de motores, en cajas de cambios, control de las válvulas del carburador y sistemas antibloqueo (ABS) y ASC. Sin embargo, la complejidad de las funciones implementadas en estos sistemas hace necesario un intercambio de datos más efectivo entre los diferentes dispositivos que los componen. Si se utilizan sistemas convencionales el intercambio de datos implica la necesidad de líneas de señal dedicadas; pero esto resulta cada vez más costoso y complicado a medida que las funciones de control se vuelven más complejas.

En este contexto Bosch desarrolló el "Controller Area Network" (CAN), el cual ha sido estandarizado internacionalmente (ISO 11898). Siendo numerosos los fabricantes de semiconductores que hoy en día fabrican chips con este estándar.

Usando CAN, controladores, sensores y actuadores son conectados por un bus serie. El bus consiste en un circuito simétrico o asimétrico de dos cables, que pueden estar apantallados o no. El protocolo CAN, que corresponde con la capa de enlace de datos del protocolo OSI, cumple los requerimientos necesarios para la transmisión en tiempo real de las aplicaciones en automoción. El protocolo de la red detecta y corrige errores de transmisión causados por interferencias electromagnéticas.

Otras ventajas de esta red son la configulabilidad del sistema global y la posibilidad de centralizar las funciones de diagnóstico. El uso de CAN en vehículos permite a cualquier estación comunicarse con cualquier otra sin que esto suponga una gran carga adicional para el sistema controlador (Fig. 10.14).

10.6.3. Profibus

Profibus es el sistema abierto de buses de campo líder en Europa y disfruta de aceptación en el mundo entero. Sus áreas de aplicación incluyen procesos de fabricación y automatización de edificios. Profibus es un estándar abierto internacional para buses de campo, que fue estandarizado en el European Fieldbus Standard EN 50 170. Esto proporciona óptima protección para los vendedores y para las inversiones de los usuarios; de forma que la independencia de los vendedores está asegurada.

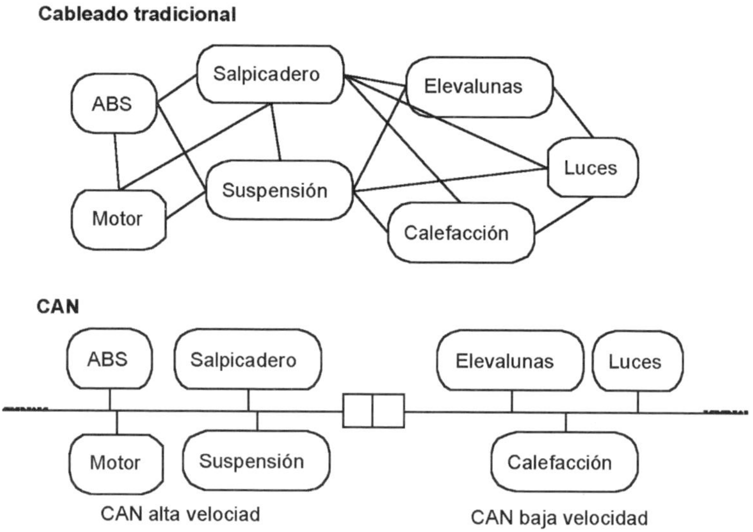

Fig. 10.14: Utilización del bus CAN para automoción

Hoy en día, todos los principales fabricantes de tecnología para la automatización ofrecen interfaces Profibus para sus dispositivos. La variedad de productos incluye a más de un millar de dispositivos y servicios distintos, de los cuales 200 están certificados; lo que asegura una fácil operatividad incluso en entornos con múltiples proveedores. Profibus ha sido utilizado con éxito en más de 100.000 aplicaciones actuales por todo el mundo. En enero de 1997, más de 1.000.000 de dispositivos habían sido ya instalados.

La tecnología Profibus es desarrollada y administrada por la "Profibus Usar Organization". Los miembros de esta organización ofrecen información avanzada y una competitiva introducción en el mercado. Entre los miembros hay fabricantes, usuarios, e instituciones de investigación. Grupos regionales de usuarios en los 16 países más industrializados del mundo ofrecen soporte en su lengua nativa. Todos los grupos regionales están unidos bajo la organización Profibus Internacional, que, con más de 600 miembros, es la mayor organización de un bus de campo del mundo.

Profibus está basado en estándares reconocidos internacionalmente. La arquitectura del protocolo está orientada al modelo de referencia OSI de acuerdo con el estándar internacional ISO 7498. En este modelo cada capa de transmisión maneja tareas definidas de forma precisa. La capa 1 (capa física) define las características físicas de la transmisión. La capa 2 (capa de

EN 5017 Volumen 2 y DIN 19245 partes 1 a 4		
Automatización de propósito general	Automatización de fábricas	Automatización de procesos
PROFIBUS-FMS Universal	PROFIBUS-DP Rápido	PROFIBUS-PA Orientado a Aplicación
- Gran variedad de aplicaciones - Comunicación Multi-master	- Plug /Play - Buena relación Coste/Prestaciones	- Alimentación por el bus - Seguridad intrínseca

Fig. 10.15: Aplicaciones de distintos miembros de la familia ROFIBUS

enlace de datos) define los protocolos de acceso al bus. La capa 7 (capa de aplicación) define las funciones de aplicación.

Profibus es un estándar abierto adecuado para una amplia gama de aplicaciones de fabricación, procesos industriales y automatización de edificios. La independencia y apertura de los fabricantes están garantizadas por es estándar Profibus EN 50 170. Con Profibus, dispositivos de diferentes fabricantes pueden comunicarse entre sí sin necesidad de una interfaz especial. Profibus puede ser usado, tanto para transmisiones de datos de alta velocidad con especificaciones de tiempo críticas, como para complejas tareas de comunicación extensiva. La familia Profibus consta de tres versiones compatibles (Fig. 10.15):

Profibus-DP

Optimizado para alta velocidad y conexión económica, esta versión de Profibus proporciona comunicación entre sistemas de control de automatismos y entradas/salidas a nivel de dispositivos. Profibus-DP puede ser usado para reemplazar comunicaciones paralelas con 24V o 0-20 mA. Profibus-DP usa las capas 1 y 2 de OSI así como la interfase con el usuario. Las capas de la 3 a la 7 no están definidas. Esta arquitectura asegura una transmisión de datos rápida y eficiente. La "Direct Data Link Mapper" (DDLM) proporciona al usuario una interfaz para acceder fácilmente a la capa 2. La interfaz especifica las funciones de aplicación del usuario, además del comportamiento del sistema y del dispositivo. La transmisión se realiza utilizando tecnología RS-485 o fibra óptica.

Profibus-PA

Está diseñado especialmente para automatización de procesos. Permite conectar a sensores y actuadores mediante una línea de bus común, incluso en áreas intrínsecamente seguras. Permite comunicación de datos y alimentación sobre el mismo bus usando tecnología de dos cables, de acuerdo con el estándar internacional IEC 1158-2. Profibus-PA usa un protocolo Profibus-DP extendido para la transmisión de datos, además del perfil PA, que define el comportamiento de los dispositivos de campo. La tecnología de transmisión, de acuerdo con el IEC 1158-2, proporciona seguridad intrínseca a la vez que permite que los dispositivos de campos puedan ser alimentados por el cable. Los dispositivos Profibus-PA son fácilmente integrables en las redes Profibus-DP usando un acoplador de segmento.

Profibus-FMS

Es la solución de propósito general para tareas de comunicación a nivel de célula. Los potentes servicios FMS abren las puertas a un gran campo de aplicaciones y proporcionan gran flexibilidad. También puede ser usado para extensivas y complejas tareas de comunicación. Profibus-FMS tiene definidas las capas OSI 1, 2 y 7. La capa de aplicación consiste en FMS (FieldBus Message Specification) y LLI (Lower Layer Interface). FMS contiene el protocolo de aplicación y proporciona al usuario una selección de potentes servicios de comunicación. LLI implementa las diferentes relaciones de comunicación y proporciona a FMS un acceso a la capa 2 independiente del dispositivo. La capa 2 (FLD, Fieldbus Data Link) implementa los controles de acceso al bus y seguridad de los datos. La transmisión es posible con tecnología RS-485 y con fibra óptica.

Profibus-DP y Profibus-FMS usan la misma tecnología de fabricación y protocolo de acceso al bus uniforme. De esta forma ambas versiones pueden trabajar simultáneamente en el mismo cable.

Las tres versiones de Profibus (DP, FMS, y PA) usan el mismo protocolo de acceso. Dicho protocolo está implementado en la capa 2 del modelo de referencia OSI. Esto incluye la seguridad de los datos y el manejo de los protocolos de transmisión y mensajes (telegramas).

10.6.4. Bitbus

El Bitbus es un producto Intel y fue especificado en 1984. Se desarrolló para garantizar el intercambio de datos entre SPCs y ordenadores industriales. Este sistema de bus tiene una estructura maestro/esclavo, que soporta tanto una topología de bus como de árbol (con repetidores) y permite comunicar un maestro y 27 esclavos.

Se puede alcanzar una velocidad de transferencia de 62,5 Kbit/s con una longitud de línea de 1,2 km. Si bien cuando la longitud se reduce a 300 m, la velocidad de transferencia puede aumentar a 375 Kbit/s. Los datos pueden ser transmitidos sobre cable de par trenzado o fibra óptica. La velocidad de transferencia de 375 Kbit/s en modo asíncrono.

Se accede al bus por elección ("polling"). Son necesarios un par de cables adicionales si se utilizan repetidores. Pueden ser implementados en topología multicapa por conexión de una unidad maestra y una esclava a un nodo.

10.6.5. Interbus-S

El Interbus-S fue estandarizado en 1987 como un sistema de bus de campo abierto por Phoenix Contact y como un bus de campo para el nivel de sensores/actuadores en el DIN19258. Tiene una estructura maestro/esclavo. La topología tiene la forma de un anillo físico en que la línea sale y vuelve.

Es importante diferenciar entre el bus remoto (12,8 km), el bus de instalación remoto (50 m) basado en las especificaciones RS485 y el bus periférico con niveles TTL (10 m). La distancia máxima entre dos terminales de bus adyacentes es de 400 m. Cada usuario es conectado al anillo y su dirección es determinada por su posición física en el mismo. El número máximo de usuarios viene especificado como 256 y la velocidad de transferencia es de 500 Kbit/s. El método de acceso a bus está basado en una base de tiempo fija.

10.7. COMERCIO ELECTRÓNICO

Con la extraordinaria difusión experimentada por Internet, el comercio electrónico llegará a convertirse, a mediano plazo, en un hecho tan habitual como el comercio convencional. Los medios de pago utilizados serán las tarjetas crédito, probablemente en una modalidad "inteligente". Pero para que ello ocurra, es necesario que todos los estamentos que intervienen en el proceso adquieran la convicción de que la seguridad en los diversos intercambios de información, es el elemento del que depende el posible crecimiento del comercio electrónico. Con el objeto de garantizar la seguridad y eficiencia de esta nueva forma de comercio, han venido apareciendo una serie de conceptos y técnicas asociadas a ellos, algunas de las cuales van a ser abordadas en este apartado.

10.7.1. TOP

TOP (Technical and Office Protocol) es un protocolo de oficina que especifica diferentes tipos de redes, modos de transmisión y opciones de cableado para capas inferiores. Sus límites de velocidad son 10 Mbps en redes locales IEEE 802 y 100 Mbps en redes troncales en Anillos Redundante y Paso de Testigo. Este protocolo está íntimamente desarrollado al desarrollo del comercio electrónico. En términos genéricos, los objetivos indispensables para el desarrollo de esta técnica de venta son los siguientes:

- Confidencialidad, que los mensajes transferidos o recibidos sean secretos y nadie más que su legítimo destinatario tenga acceso a ellos.
- Disponibilidad, que los recursos estén disponibles cuando se necesiten, y que no se usen indebidamente o sin autorización de su autor.
- Integridad y fiabilidad, que consiste en la certeza que el mensaje transferido no ha sido modificado en ninguna parte del circuito o proceso de transferencia.

Por definición, en el tema de la seguridad se pueden distinguir tres niveles:

- Seguridad a nivel de los sistemas.
- Seguridad en recursos y servicios.
- Seguridad de la información.

A continuación se va a realizar un breve análisis de estos niveles.

Seguridad a nivel de los sistemas

En el nivel de los sistemas, el administrador tiene la opción de arbitrar las siguientes medidas de seguridad:

- Control de contraseñas (passwords) o claves secretas de usuarios. Implica identificar contraseñas triviales o fáciles de detectar; manejar un sistema de contraseñas con tiempo de expiración, y detectar cuentas sin contraseñas que generen alarmas ante fallas reiteradas de acceso.
- Control de usuarios; es decir, revisión periódica de las características del usuario en relación con los privilegios otorgados, acceso a información disponible, horario de conexión asignado, etcétera.
- Control de acceso. Implica revisar periódicamente cómo, cuándo y desde dónde se puede acceder al sistema.
- Generación de informes que den cuenta de anomalías o problemas encontrados en cualquiera de los controles indicados anteriormente.

Seguridad a nivel de recursos y servicios

Las medidas de seguridad orientadas a proteger la red misma y los recursos y servicios involucrado, como ancho de banda, tiempo de respuesta, acceso a servidores de la red, etcétera, consisten en la instalación de mecanismos o dispositivos denominados cortafuegos (firewalls), cuya función principal es mantener un control del acceso a la red y los recursos. Básicamente existen tres tipos de cortafuegos:

- Filtro de Paquetes. Filtra sobre la base de la información contenida en un paquete, por ejemplo, puerto del servicio (FTP, SMTP, etcétera), tipo de protocolo (TCP, UDP, ICMP) o direcciones de origen y/o destino del paquete. Se puede realizar el filtro en la entrada, salida o en ambas partes. Se configura de acuerdo con un host, un conjunto de hosts o redes que pueden o no hacer uso de recursos o servicios en la red. También se puede restringir el conjunto de enrutadores con los que se puede intercambiar información de ruteo. Normalmente este tipo de cortafuegos se implementa en el enrutador que hace de puerta de entrada a Internet. La filosofía de los cortafuegos de filtro de paquete es "todo lo que expresamente no sea permitido será prohibido", lo que lo hace ser muy restrictivo.
- Compuerta (gateway) a nivel de circuito. Controla el acceso a la red según quién lo solicite y el servicio de red que se provee, y retransmite conexiones TCP. El origen conecta un port TCP de la compuerta, el que a su vez conecta al destino solicitado, al otro lado de la compuerta. El problema de este cortafuegos es que sólo traspasa bits desde el origen al destino y viceversa, por lo cual el usuario inadvertidamente puede subvertir el sistema de seguridad corriendo servicios de red en port no estándar.
- Compuerta (gateway) a nivel de aplicación. Es un mecanismo específico para una aplicación de red. Para cada servicio entre la red interna y externa se debe desarrollar una aplicación, por lo que se restringe bastante el uso de servicios especiales o nuevos.

Seguridad de la información: encriptación

La encriptación, o codificación de mensajes mediante la criptografía, es el procedimiento más fiable para intercambiar información de manera segura. Básicamente consiste en codificar un mensaje mediante algoritmos matemáticos, de tal forma que sólo pueda descifrarlo quien posea la clave de desencriptación.

DES. En 1977, el Gobierno Federal de los Estados Unidos aprobó DES (Data Encryption Standard) como el estándar oficial de criptografía, y todavía hoy constituye la base de los sistemas que garantizan la autenticidad y seguridad de las transacciones electrónicas. Con este algoritmo se cifran los mensajes de transferencia electrónica en bloques de 64 bits y se calculan

Códigos de Autentificación de Mensaje (Message Authentication Code, MAC) lo que garantiza que los datos sensibles de una transmisión (cantidad de la transacción, número de cuenta, número de tarjeta de crédito, etcétera) no se manipulen en forma fraudulenta. DES es un algoritmo de clave privada o algoritmo simétrico. Esto significa que las dos partes que intervienen en una comunicación segura deben conocer y compartir la misma clave de cifrado, lo que plantea problemas de distribución de claves. En 1993, Biham y Shamir (uno de los creadores de RSA) describieron un ataque a DES no basado en fuerza bruta, con una técnica denominada criptoanálisis diferencial y un conjunto de 247 mensajes en claro. En 1994, Matsui desarrolló otro ataque, con criptoanálisis lineal, en que una clave DES podía ser recuperada a través del análisis de 243 mensajes en claro seleccionados y conocidos. Este ataque requirió 50 días de proceso en 12 estaciones de trabajo HP 9735. Evidentemente, estas cifras no están al alcance de cualquier hacker, pero bastan para desestimar a DES como el estándar propio del comercio electrónico.

RSA. A principios de los años 90, los investigadores Rivest, Shamir y Adleman propusieron un estándar de codificación asimétrica, denominado RSA, por la unión de las iniciales de sus tres apellidos. Los algoritmos de clave pública, como RSA, se sustentan en una base matemática donde cada una de las partes involucradas dispone de un par de claves: una se denomina clave pública, y está destinada a ser distribuida libremente (de hecho, cuanto más ampliamente se haya distribuido esta clave, menos posibilidades habrá de "usurpación de identidad electrónica"). La segunda clave es privada y será conocida solamente por su legítimo propietario. Esta debe ser custodiada con el mismo celo con que se haría para una clave DES. La base matemática aludida anteriormente hace que mientras que un mensaje puede ser encriptado con la clave pública, es necesaria la clave privada para su desencriptación.

SET. Recientemente, la asociación entre Visa y Mastercard, con el apoyo de empresas de la industria de la computación como GTE, IBM, Microsoft, Netscape, SAIC, Terisa y Verisign, definió el estándar denominado SET (Secure Electronic Transactions), un conjunto de especificaciones que permitirá el desarrollo del comercio electrónico en Internet y otras redes públicas, de forma segura para todos los participantes: usuario final, comerciante, entidades financieras, administradoras de tarjetas y propietarios de marcas de tarjetas. Estas especificaciones permiten:

- Proporcionar la autentificación necesaria entre compradores, comerciantes e instituciones financieras.
- Garantizar la confidencialidad de la información sensible (número de tarjeta o cuenta, fecha de caducidad, monto de la transacción, etcétera).

- Preservar la integridad de la información que contiene tanto la orden de pedido como las instrucciones de pago.
- Definir los algoritmos criptográficos y protocolos necesarios para los servicios anteriores.

La encriptación de mensajes en bloques de 1.024 bits, como permiten RSA y SET, asegura su inviolabilidad, al menos para las capacidades de procesamiento de la computación de hoy. Sin embargo, y nuevamente, el problema no es técnico sino legal. En Estados Unidos, por ejemplo, está prohibida la encriptación de mensajes con algoritmos superiores a los 40 bits.

PGP. Por último, cabe mencionar a PGP (Pretty Good Privacy) un protocolo de dominio público para encriptar mensajes de correo electrónico, creado por Phillip Zimmerman y que ha alcanzado una gran popularidad en la red. Básicamente, utiliza el sistema RSA de llave pública. Este protocolo se puede encontrar en bastantes servidores aunque su uso está prohibido en un considerable número de países.

10.7.2. Comercio ODA, correo electrónico

A demás de los que pueden considerarse incluidos en TOP, es posible encontrar algunos protocolos y estándares usados en aplicaciones adicionales; como los que se enumeran a continuación:

- ODA (Arquitectura de Documentos de Oficina). Son un conjunto de protocolos que tienen en cuenta aspectos como el intercambio, la edición, el formateo y la presentación de documentos.
- Correo electrónico. Existen protocolos MOTIS y X.400 (OSI) o SMTP, que precisan aspectos básicos como la composición del correo, la transferencia del mismo, su notificación...
- Servicio directorio. Guías telefónicas, directorios de usuarios...
- Transferencia y administración de trabajos: JTM. Envío de procesos por lotes a computadores centrales.

10.8. CONCLUSIÓN

Las redes de área local de uso general han entrado en el mundo de la empresa y de la fabricación con objeto de posibilitar la integración entre departamentos y entre zonas de la planta. De esta forma, elementos de control que comandan diferentes partes de la instalación pueden intercambiar información y coordinar sus tareas. Así mismo, las elevadas prestaciones de estas redes permiten que los sistemas de gestión y mantenimiento puedan recibir información directa de la planta; lo que se traduce en una integración de la empresa que proporciona grandes posibilidades.

En este capítulo se ha comenzado introduciendo las redes de área local como primer paso hacia la integración de los diferentes departamentos de una empresa. Posteriormente se han analizado de forma general las topologías, protocolos y estándares que hacen posible las comunicaciones informáticas.

En el campo específico de la fabricación han ido apareciendo diferentes soluciones que permiten abordar de forma eficiente la integración de los diferentes elementos que componen una planta. Son las comunicaciones a nivel de campo a las que se ha dedicado un apartado de este capítulo.

Hoy en día, con el auge de Internet, las comunicaciones se han ido extendiendo a ámbitos muy diversos. Lo cual ha posibilitado la aparición de nuevas técnicas de trabajo a diferentes niveles. Entre los departamentos que han entrado con más fuerza en el mundo de las comunicaciones se encuentran los de ventas y marketing, lo que afecta especialmente al aprovisionamiento y a la distribución. El entorno resultante es el comercio electrónico, que tanta importancia está adquiriendo en la actualidad y al que se dedica el último apartado de este capítulo.

BIBLIOGRAFÍA

Barrientos, A., Peñín, L. F., Carrera J., *Automatización de la fabricación: autómatas programables, actuadores, transductores*, Sección de Publicaciones ETSII-UPM, 1995.

Barrientos, A., Peñín, L. F., Balguer, C. y Aracil, R., *Fundamentos de Robótica*, McGraw Hill, 1997.

Bedworth, D., Henderson, M. R. y Wolfe, P. M., *Computer integrated design and manufacturing*, McGraw Hill, 1991.

Boucher, T. A., *Computer Automation in Manufacturing - An Introduction*, Chapman and Hall, 1995.

Cerrada, C., Feliu, V., Adán, A. y Somolinos, J. A., *Fundamentos de Estructura y Tecnología de Computadores*, Ed. Ramón Areces, 2001.

Brown, J., *Production Management Systems*, Addison-Wesley, 1996.

Chang, Y., Makatsoris, H., Richards, H. *Evolution of Supply Chain Management: Symbiosis of Adaptive Value Networks and ICT*, Springer, 2004.

Comisión de las Comunidades Europeas, *Fabricación integrada por ordenador (CIM): cuestiones relativas a las competencias y cualificaciones para las pequeñas y medianas empresas, Eurotecnet*, Oficina de Publicaciones Oficiales de las Comunidades Europeas, Luxemburgo, 1992.

Cristóbal, J. M., "Programas de CAD general", *PCWorld* nº 171, págs 231-250, diciembre 2000.

García, A., *El Control Automático en la Industria*, Ediciones de la Universidad de Castilla-La Mancha, 2005.

Groover, M. P., *Fundamentos de manufactura moderna: materiales, procesos y sistemas*, Prentice-Hall Hispanoamericana, 1997.

Hannam, R., *Computer Integrated Manufacturing, from concepts to realisation*, Addison-Wesley, 1997.

Jiménez, A., Galán, R., Sanz R., Velasco, J. R., *Curso de Control Inteligente de Procesos*, Sección de Publicaciones ETSII-UPM, 1993.

Joshi, S., Smith, J., *Computer Control of Flexible Manufacturing Systems*, Chapman and Hall, 1994.

Kalpakjian, S., *Manufacturing Engineering Technology*, 3rd Edition, Addison-Wesley, 1995.

Kochan, A., Cowan, D., *Implementing CIM - Computer Integrated Manufacturing*, Springer Verlag, 1986.

Maleki, R., *Flexible Manufacturing Systems - The Technology and Management*, Prentice Hall, 1991.

Organización de Cooperación y Desarrollo Económico, *Gestión de recursos humanos y tecnologías de fabricación avanzada*, Centro de Publicaciones, Ministerio de Trabajo y Seguridad Social. Madrid, 1993.

Rehg, J. A., *Introduction to robotics in CIM systems*, Prentice-Hall, 1996.

Rembold, U., Nnaji, U., Storr, A., *Computer Integrated Manufacturing and Engineering*, Addison-Wesley, 1993.

Ríos, D., Ríos, S. y Martín, J., *Simulación: métodos y aplicaciones*, Ed. RA-MA, 1997.

Smith, G., *CNC Machining Technology*, Springer Verlag, 1993.

Tannenbaum, A., *Distributed Operating Systems*, Prentice Hall International, 1995.

Tanenbaum, A., *Redes de computadoras*, 3ª edición, Prentice Hall, 1997.

Waters, F., *Fundamentals of Manufacturing for Engineers*, UCL Press, 1996.

Weck, M., *Handbook of Machine Tools - Volumes 1-4*, Wiley, 1984.

Wilkie, J., Johnson, M., Katebi, R., *Control Engineering*, Palgrave, 2002.

Williams, D. J., *Manufacturing Systems - An Introduction to the Technologies*, 2nd Edition, Chapman and Hall, 1996.Wortmann, "Customer Driven Manufacturing", Chapman and Hall, 1997.